普通高等院校民航特色专业"十四五"规划教材·空管专业

中国民航出版社新经典教材文库

U0176513

空中交通管理中人的因素

（第二版）

主　编　石　荣　周　勇
副主编　罗渝川　牟海鹰

中国民航出版社有限公司

图书在版编目（CIP）数据

空中交通管理中人的因素/石荣，周勇主编.—2
版.—北京：中国民航出版社有限公司，2022.12
ISBN 978-7-5128-1174-4

Ⅰ.①空… Ⅱ.①石… ②周… Ⅲ.①空中交通管制–
人的因素（心理学）–研究 Ⅳ.①V355.1

中国国家版本馆 CIP 数据核字（2023）第 009702 号

空中交通管理中人的因素（第二版）

主 编 石 荣 周 勇

副主编 罗渝川 牟海鹰

责任编辑	刘庆胜　符雯婷
出　　版	中国民航出版社有限公司（010）64279457
地　　址	北京市朝阳区光熙门北里甲 31 号楼（100028）
排　　版	中国民航出版社有限公司录排室
印　　刷	北京富泰印刷有限责任公司
发　　行	中国民航出版社有限公司（010）64297307　64290477
开　　本	787×1092　1/16
印　　张	16.25
字　　数	366 千字
版　　次	2015 年 8 月第 1 版　2023 年 2 月第 2 版
印　　次	2023 年 2 月第 1 次印刷　累计第 6 次印刷
书　　号	ISBN 978-7-5128-1174-4
定　　价	55.00 元

官方微博　http://weibo.com/phcaac
淘宝网店　https://shop142257812.taobao.com
电子邮箱　phcaac@sina.com

 第二版前言

随着我国民航事业的飞速发展，空中交通管理受到的飞行安全及管理运行等各方面的压力正在日益增强。科学、有效地培养空中交通管制员良好的心理品质，正确引导他们认识空中交通管理中人的因素的重要性及对管理工作的影响成了当务之急，特别是对在校学生施行该方面的教育已刻不容缓。空管中人的因素是空管专业特性与心理科学相结合的一门新兴边缘学科，它的研究领域涉及空管工作中人与人的关系、人与设备设施的关系、人与程序的关系、人与环境的关系，以及人自身的生理、心理活动。本书是民航空中交通管理专业学生和大改航学生"人的因素"课程的教材，也可作为管制员、空管管理人员、飞行管理人员的参考读物，同时也可作为管制员执照理论考试的参考书。

基于空管行业发展的需要，以及民航局近年来发布的关于管制员的培训、管制执照考试的要求，在第一版的基础上，对空中交通管理中人的因素进行修订，增加高空环境对人的影响、飞行错觉两章内容，以满足管制员执照理论考试的需求。本书第一章首先对空管中人的因素知识体系进行了介绍；随后第二章探讨了威胁与差错管理，第三章是对管制员信息加工的认知因素分析；然后是对影响管制员工作表现的因素分析，如第四章生物节律、睡眠与疲劳，第五章应激与工作负荷；其次是群体和组织，如第六章管制员的情景意识、第七章班组资源管理、第八章信息沟通、第九章空中交通管理中的决策、第十章空管安全文化与SMS、第十一章空中交通管理中的自动化与工作站设计、第十二章空中交通管制人员选拔；最后介绍了飞行相关的两个内容，第十三章高空环境对人的影响和第十四章飞行错觉。本书在兼顾知识的系统性和逻辑性的同时，力求结构合理、语言简练、通俗易懂、图例丰富，适用于自学。

　　本书的作者是中国民用航空飞行学院飞行技术学院航空心理学教研室多年从事人的因素课程教学的骨干教师，编写提纲是在编写组集体讨论的基础上由石荣完成的。全书的第一章、第五章、第十章和第十二章由石荣老师完成，第四章、第九章和第十一章由罗渝川老师完成，第十三章、第十四章由周勇老师完成，第三章和第七章由牟海鹰老师完成，第六章由彭姓老师完成，第八章由邓娟老师完成，第二章由王丽老师完成。最后石荣、周勇老师对教材进行了统稿。

　　本书在修订过程中得到了中国民用航空飞行学院飞行技术学院、飞行技术学院航空心理学教研室、空中交通管理学院和教务处的大力支持，空中交通管理学院潘卫军教授对本书提出了宝贵的意见，在此深表谢意。特别感谢邓娟老师对本书无私的奉献。

　　限于编者知识理论水平和实践经验，书中不妥之处在所难免，敬请读者指正。

编者

2022 年 12 月

目　录

第一章 绪 论

随着民航事业的飞速发展，空中交通管理所受到的来自飞行安全及管制运行等方面的压力正日益增强。科学有效地培养空中交通管制员良好的心理品质，正确引导他们认识空中交通管理中人的因素的重要性及对管制工作的影响正是本书目标之所在。

本章的主要目的是为读者建立起本学科的知识框架，以便于读者在以后各章的学习中，能够在这一理论框架的前提下掌握空中交通管理中人的因素的精髓。本章主要包括空中交通管理中人的因素的含义、研究对象、性质及研究范围，常用人因模型介绍，以及空中交通管理中人的因素的发展历史等内容。

第一节 空中交通管理中人的因素的含义、研究对象、相关学科和研究范围

一、空中交通管理中人的因素的含义

空中交通管理是一个复杂的有机系统，它的目的在于使飞行流量得到安全、有序和快速的调配，在这个系统中人与机器相互作用，共同完成系统功能。因此空中交通管理中人的因素（Human Factors in Air Traffic Management）可界定为：通过了解人的能力和限制，使人与系统的设计及要求相匹配，指导人与系统在要求相互矛盾时如何处置相互之间的关系，从而改善系统的安全性，防范可能出现的事故（Hopink，1995）。

对于上述界定，可以从以下两个方面进行理解：

（1）通过了解人的能力和限制，使人与系统的设计及要求相匹配，指导人与系统在要求不相符时如何处置相互之间的关系。ATC系统是一个复杂的人机系统，在系统内，要充分发挥先进设备的作用，必然要求成功的人机搭配。尽管管制员接受过相同的培训，具备相同的资格，但并非人人都能承担同样的任务、从事同一种工作。一个安全有效的ATC系统包括合适的技术和拥有高素质和学识渊博的专业管制员。他们应该具备理解和使用有效设备、提供满意的ATC服务的能力。否则，当人被赋予了超出其能

力的任务时就会阻碍技术的发展。空中交通管理中人的因素确定了系统与人相互作用的程度，彼此如何相互适应，如何最终满足人与系统之间不同的要求。这其中涉及人类运用察觉、感知、理解、记忆、信息处理等心理原理去测量个体管制员的工作绩效及其在系统运行中所发挥的作用。

（2）改善系统的安全性，防范可能出现的事故。它通过研究与人构成界面的各要素之间的关系，人自身的优势和局限，以寻求各要素与管制员的最佳匹配，使航空系统的整体效益达到最佳，从而保证飞行安全，防止事故的发生。

二、空中交通管理中人的因素的相关学科

空中交通管理中人的因素有自身的理论体系，同时又从许多学科中吸取了丰富的理论知识和研究手段，使它具有多学科、交叉性和边缘性的特点，该学科的根本目的是通过揭示管制员、管制设备、环境三要素之间相互关系的规律，确保该系统总体性能的最优化。

1. 航空心理学（Aviation Psychology）

航空心理学是空中交通管理中人的因素的主要基础学科之一，是研究航空系统中设计和操纵中人的行为的科学。它通过研究特定环境中人的行为，从而了解人的内部心理过程和心理状态以及动机、情绪、个性等心理现象。其关于人的信息加工研究的成果，可为空中交通管理中人的因素提供科学原理和设计参数。

2. 航空工效学（Aviation Ergonomics）

由于空中交通管理中人的因素是对空中交通管理系统内所有资源，包括硬件、软件、环境及人力资源的有效和合理的使用过程，它不可避免地要涉及人—机界面的诸多问题。航空工效学则正是研究工作空间规格和设计是否合理、空中交通的需求与提供管制的设备和设施之间是否匹配以及模拟器设计中人的因素问题的学科。因此，它也是空中交通管理中人的因素课程的必然组成部分。

3. 航空医学（Aviation Medicine）及航空生理学（Aviation Physiology）

它们主要研究空管工作环境对管制员身体的影响，生物节律扰乱、睡眠缺失、疲劳及药物酒精对管制员特殊的副作用等问题的科学，是从人体解剖特点和人体生理过程深入探究其原理和机制的基础，是人的因素的必然组成部分。

4. 人体测量学（Anthropology）、飞行事故调查学（Flight Accident Investigation）及统计学（Statistics）

在设计工作界面和大多数设备的过程中，身体测量和肢体运动特点的评估是一个重要的环节。其主要研究静态结构性人体测量尺寸数据和动态功能性测量数据，是人—机—环

境系统设计的重要依据。人体参数不仅在不同种族、不同年龄和不同性别的人群中有差异，在特定的群体中这些差异也是明显的。因此，在一项设计之初，首先就必须测量人体的各种参数。人体测量学的知识与技术便成为解决上述问题的途径。大多数航空事件都涉及人的因素。因此，要增进安全意识就必须提高认识事故和事故征候中存在的人的因素的能力。这样才能从过去的经验中吸取教训并采取更新更好的措施防止事件的重复发生。虽然无法阻止人类犯错，但完全可以降低其频率，减小其后果的严重性。空管不安全事故和事件调查的结果及其分析是空管中人的因素的重要知识来源和发展动力，而且对广大的管制员也具有重大的教育意义。而统计学则是分析数据与事故调查结果，以及预测飞行安全趋势的必不可少的工具。

三、空中交通管理中人的因素的研究范围

（一）SHEL 模型

SHEL 模型是描述人的因素的概念模型（图 1.1）。SHEL 模型最初由 Edwards（1972）提出，F. Hawkins（1975）对其进行发展和完善。SHEL 模型给出了影响系统运行的各个界面要素，并建立了各要素之间的相互关系，SHEL 模型广泛应用在航空人为因素分析中。

SHEL 并不是一个单词，而是由 Software（软件）、Hardware（硬件）、Environment（环境）、Liveware（人）的首写字母所组成。该模型表明了航空系统中与管制员构成界面的四个要素及其相互关系，常用于分析空中交通管理中人的因素的研究范围和管制员差错的来源。从 SHEL 模型图中可以看出，与管制员构成界面的四个要素是：硬件界面、软件界面、环境界面及人的界面。系统中各界面之间的交接处是凹凸不平的，意味着各界面之间必须谨慎匹配，否则，系统内应力将会过高，最终引起系统的断裂和解体，事故也就在所难免。从 SHEL 模型图还可以看到，管制员位于模型的中心，其他要素围绕在它的周围。可见，无论自动终端情报服务系统

图 1.1　SHEL 模型图

（ATIS）多么先进，管制员都将始终是管理系统中最重要、最易变化和最不可靠的因素。不但显示器和操纵器的使用和设计必须考虑人的特性，使其更加适合于人的特点，更重要的是，模型中心的管制员也必须了解与自己构成界面的其他要素的局限，并不断完善自身，才能避免出错，减少事故的发生。

（二）空中交通管理中人的因素的研究范围

根据 SHEL 模型，空中交通管理中人的因素的研究范围包括五个方面。

1. 管制员与硬件的关系

研究管制员与硬件（如雷达模拟机、显示器、通信系统、飞行进程单、信息牌等物理性管制设备）之间的相互适应问题。硬件怎样设计才符合管制员的特点，管制员怎样使用硬件才能保障飞行安全。

2. 管制员与软件的关系

研究合理的管制程序、进程单程序、应急程序以及标准通话语言等，以便简化管制工作、减小管制员的工作负荷，尽可能减少管制员的差错。

3. 管制员与环境的关系

探索特定工作环境（如噪声、温度、湿度、天气以及空域环境等；空管单位的安全观点、安全文化、规章制度等）对管制员的影响，管制员对特定环境的适应过程和适应规律，以便促进管制员—环境界面的相容。

4. 管制员与其他人的关系

研究班组成员之间、管制员与其他管制活动关联者之间，特别是管制员与飞行员之间的协作，个体之间的信息沟通、班组协调与配合，空管领导艺术等社会心理学和管理学等问题，以便促进人—人界面的相容。

5. 管制员个体的生理、心理学问题

在空管设备设计、空管环境营造、空管程序设计，以及管制工作和空管安全管理过程中都必须考虑管制员个体的生理、心理局限及人体测量学参数。如视敏度、颜色敏感度、生物节律与疲劳程度、记忆局限、反应时、注意局限、工作态度和个性特征等。这些问题都是空管中人的因素研究的重要内容。

第二节　人的因素研究的概念模型和基本研究法则介绍

使用相关模型和法则来帮助理解人的因素问题十分有效，它可以帮助我们用简单的方法认识复杂的系统，抓住关键要素、核心问题和解决问题的方向。前面已经介绍了 SHEL 模型，下面主要介绍几种与空管中人的因素研究密切相关的模型、法则和定律。

一、Reason 模型

Reason 模型是英国曼彻斯特大学教授 J. Reason（1990）提出的系统安全状况的分层次模型（如图 1.2 所示）。该模型认为，根据系统的分层次性特点，任何系统都可以根据其自身的属性分成不同层次。由模型图可见，不论在哪一个层面上，都存在着许多缺陷或不足（像是被蛀蚀的孔）。Reason 认为事故的发生是由系统失效引起的，而系统失效可以分为显性失效和隐性失效，前者会对系统造成即时负面影响，由不安全行为，即人的差错和违规所致；后者指不会对系统造成即时负面影响，具有延滞性，由组织过程中错误的决策、监察不到位及操作者准备不充分等所致。然而，有缺陷并不一定爆发事故，只有当缺陷贯穿了各个层面时，事故才得以爆发。同时也说明，不爆发事故，并不能否认缺陷存在的客观性。该模型充分展示了系统安全的思想，更为建立系统安全理论奠定了基础。

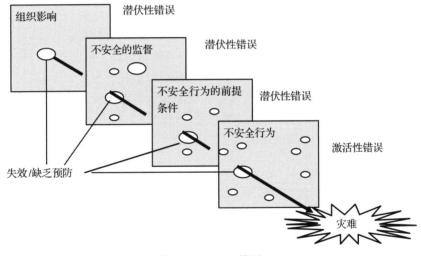

图 1.2 Reason 模型
（引自 Reason，1990）

二、事故链

事故链也被称作系统安全理论，该理论认为事故的发生通常不是孤立事件的结果，而是多种系统缺陷凑到一起的结果。事故的发生是因为一系列事件处置不当，一环扣一环，从而最终酿成的，阻断这个链条的任何一个环节事故就可避免。图 1.3 表明，多因素导致事故是一种普遍的现象。不安全因素或事件是事故链的构件，现实中应避免这些构件连成一串，从而防范事故的发生。

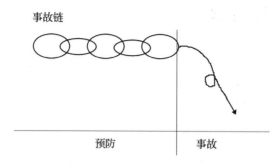

图 1.3　事件链与事故预防

三、DECIDE 模型

DECIDE 是由 Detect、Estimate、Choose、Identify、Do、Evaluate 六个英文单词的首写字母组成的，是管制员在判断决策过程中常用的模型。

D——Detect 觉察，觉察异常情况的过程；

E——Estimate 估计，对以上觉察的情况进行分析和评价，确定其原因和风险；

C——Choose 选择，在多个供选方案中，选择一项最佳的解决方案；

I——Identify 鉴别，对所选择的方案进行风险和有效性分析；

D——Do 行动，执行所选方案，一般要求班组配合完成；

E——Evaluate 评价，评价行动的效果。

四、墨菲定律

墨菲定律指出，凡是有可能犯错的地方，一定会有人犯错，而且以最坏的方式发生在最不利的时机。墨菲定律告诫人们对可能犯错的地方不能掉以轻心、存侥幸心理。因此，凡是有可能犯错的地方都要有有效的防范措施，只有消除了犯错的可能性，事故才可以避免。

其数学解释为：

在 n 重贝努利（Bernoulli）试验中，

$$P_n(k) = C_n^k p^k (1-p)^{n-k} = C_n^k p^k q^{n-k} \ (k = 0,1,2,\cdots,n; q = 1-p)$$

k 表示事件 A 错误发生的次数，p 表示事件 A 出现错误的概率，q 表示事件 A 不出现错误的概率，当试验次数 n 趋向无穷大时，$P_n(k=0) = C_n^0 p^0 (1-p)^{n-0} = q^n$，即事件 A 一次错误也不发生的概率趋于零；$\sum_{k=1}^{n} P_n(k) = 1 - P_n(k=0) = 1 - q^n$，即事件 A 至少发生一次差错的概率趋于 1。这也说明，一次差错也不发生是不可能的，至少发生一次差错是肯定的。

五、海恩法则

飞机涡轮机的发明者德国人帕布斯·海恩提出了一个在航空界关于飞行安全的海恩法则。海恩法则指出，每一起严重事故的背后，必然有 29 次轻微事故和 300 起未遂先兆以及 1000 起事故隐患。如图 1.4 所示。海恩法则强调两点：一是事故的发生是量的积累的结果；二是再好的技术，再完美的规章，在实际操作层面，也无法取代人自身的素质和责任。

海恩法则揭示出，事故案件的发生看似偶然，其实是各种因素积累到一定程度的必然结果。任何重大事故都是有端倪可查的，其发生都是经过萌芽、发展到发生这样一个过程。要防止重大事故的发生，必须减少和消除无伤害事故，要重视事故的苗头和未遂事故，否则终会酿成大祸。

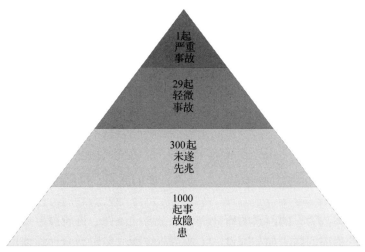

图 1.4 海恩法则示意图

（引自民航局空管局人为因素课题组，2002）

六、黑天鹅事件和灰犀牛事件

黑天鹅事件一般是指那些出乎意料发生的小概率高风险事件，一旦发生影响足以颠覆以往任何经验，具有不可预测性。一般来说，黑天鹅事件满足以下三个特点：①它具有意外性；②它产生重大影响；③虽然它具有意外性，但人的本性促使人们在事后为它的发生编造理由，并且或多或少认为它是可解释和预测的。

灰犀牛事件是指大概率且影响巨大的潜在危机，这个危机有发生变化或者改变的可能，是可预测的。灰犀牛事件的特征：①概率很高；②破坏力巨大；③可以预测；④可以预防。米歇尔·沃克在《灰犀牛：如何应对大概率危机》中给出了灰犀牛事件的应对策略：①要承认危机的存在；②要定义"灰犀牛"风险的性质；③不要静止不动，也就是不要在冲击面前僵在原地；④不要浪费已经发生的危机，要真正做到从灾难中吸取教训；⑤要站在顺风处，眼睛紧紧盯住远方，准确预测远处看似遥远的风险，摒除犹疑心态，优化决策和行动过程；⑥成为发现"灰犀牛"风险的人，就能成为控制"灰犀牛"风险的人。

对于民航而言，要不断拓展对航空安全知识的认知边界，加强对航空安全风险的实时监测、预警与辅助决策技术方面的基础研究，真正做到既要防范"灰犀牛"，更要高度警惕"黑天鹅"，努力用大概率思维防范小概率事件，牢牢守住不发生系统性风险的底线。

第三节　空中交通管理中人的因素的历史

一、人的因素的历史

人的因素的发展与人类的技术发展息息相关，由考古学的研究可知，在石器时代原始人已经开始制造简单的工具以扩展人的能力。可以说人们开始制造简单工具的时代，就已经奠定了人类工效学的雏形。人的因素的发展与科技的发展密不可分，20 世纪初，F. W. Taylor 进行的著名的铁锹作业实验，以及与其同时期的 F. B. Gilbreth 与 L. M. Gilbreth 夫妇开展的动作研究和工厂管理方面的研究，可以说是当代人的因素研究的起源。

第一次世界大战为人的因素的研究提供了重要的条件。该阶段主要研究如何减轻疲劳及人对机器的适应问题，如英国设立了疲劳研究所，美国为合理地使用兵力资源进行了大规模的智力测验。此外，在战争中已经使用了现代化装备，如飞机、潜艇和无线电通信等，新装备的出现对人员的素质提出了更高的要求，在一定程度上改善了人机匹配，使工作效率有所提高。一战之后，人员选拔和训练在工业生产中受到重视而得到应用。1924 年在美国芝加哥西方电气公司开始进行的长达 9 年的霍桑实验，是人的因素发展历史中的一个重要里程碑。霍桑实验研究发现，工作效率不仅受物理的、生理的因素影响，而且还受组织因素、工作气氛和人际关系的影响。从此，情绪、动机等社会因素对于提高生产效率的作用逐渐引起了重视。

第二次世界大战进一步推动了人的因素的发展。二战期间，许多国家大力发展效能高、威力大的新式武器和装备，但由于片面注重新式武器和装备的功能研究，忽视了人的能力和限制导致人机不能很好匹配，经常发生机毁人亡和误击目标的事故。如战斗机中座舱及仪表位置设计不当，造成飞行员误读仪表和误用控制器而导致意外事故；或由于操作系统复杂、不灵活及不符合人的生理心理特点而造成命中率低。失败的教训使人们认识到，只有当武器装备适应操作者的生理、心理特点和人的能力限度时，才能发挥其高效能。人的因素是设计中不能忽视的一个重要条件。从此，人机关系的研究从使人适应机器转入到使机器适应人的新阶段。

作为一门技术并有自己特定研究对象的人的因素的诞生，应归功于1949年英国工效学研究协会和1957年美国国际工效学协会的成立。通过人因工程学或人的因素研究的制度化，创办刊物、定期召开学术会议等活动，使该领域的研究与交流具有了全球化的性质。

二、空中交通管理中人的因素的历史

航空中人的因素的研究起源于第一次世界大战时期，英、美等国为了提高其空军飞行员的基本素质，开始进行飞行人员选拔的研究。二战期间，为了使设计出来的飞机能够更好地被飞行员使用，设计者开始重视人的心理和机器之间的匹配，同时人们发现航空雷达兵在长时间注视雷达后会出现注意警觉性降低而导致信号脱漏的问题，加之应低能见度和夜间飞行的需要，产生了最初的空中交通管制。此时，管制工作建立在一些程序化的规则之上，接受管制服务的航空器在飞行期间始终保持一定的安全间隔，在管制员的引导下飞至目的地，而且一旦在空中遇上诸如恶劣天气等危险情况时将得到事先警告。随着航空器数量的增多以及对空中交通管制服务要求的提高，管制员的工作负荷随之增加了。管制空域开始按地理情况和高度界限来划分扇区，在同一扇区内一名或多名管制员负责该扇区的管制工作。有时也用减少扇区面积来满足日益增长的要求。但是，航空器在脱离一个扇区后进入另一个扇区的移交任务加重了管制员和飞行员的通信工作量，有的地方为进一步划分扇区不得不额外增加协调和通信的任务。空中交通管理工作中人的因素的重要作用由此便凸现了出来。

早期关于空管中人的因素的研究中，重点主要放在任务的执行和管制员的选拔上。20世纪50年代，著名的实验心理学家Fitts和他的同事在报告中阐述了一个关于空管中人的因素研究的长期工程，这个报告成了后继研究者们主要的参考资料，多年来一直被人们引用，也引起了人们对空管工作的重视。他的观点和建议后来被称为"Fitts目录"，得到了世人的认可。

20世纪70年代以后，随着科技的进步，航空安全状况出现了新的问题，此时虽然硬件技术得到了长足的进步，但航空事故率却仍然居高不下。经过对航空事故的分析发现，人的因素在现代航空事故的诱发因素中所占的比例高达80%以上，由此航空界对安全问题的认识产生了一次大的飞跃，人的因素引起了广泛的重视和关注，并引发了一系列航空安全管理的变革。

1975年，国际航空运输协会（IATA）20世纪技术会议在伊斯坦布尔举行。伊斯坦布尔会议是民用航空中人的因素的一个重要的转折点，它标志着人的因素的重要性已经得到了民航界官方的承认。

1976 年国际民航组织以大会决议的形式，号召各成员国重视人的因素的宣传与研究，随后又出版了一系列关于人的因素的指导性材料。

1986 年，国际民航组织确立了发展人的因素项目计划的基础，即在各成员国的经验基础上，提供开发人的因素的培训材料和措施，使各成员国更加了解航空中人的因素的重要性。同时，国际民航组织成立了由不同背景、不同研究方向和代表不同地区的国际航空界专家组成的安全与人的因素小组；发布了关于"飞行安全与人的因素"的 A26-9 号决议，对人的因素的定义、任务、目的进行了界定。航行委员会提出了以下目标：根据各缔约国的经验，研究实用的人的因素材料和方法，并将其提供给各缔约国，使他们对人的因素在民用航空中的重要性更加重视，并做出积极的反应。另外，修订现有 I 附件和其他手册中有关人的因素在目前和未来运行环境中的作用方面的内容，从而提高航空安全。特别要强调那些会影响未来国际民航组织 CNS（Communication，Navigation and Surveillance）/ATM（Air Traffic Management）设计、更改和使用的人的因素问题。

1990 年在苏联列宁格勒、1993 年在美国的华盛顿、1996 年在新西兰相继召开了人的因素国际研讨会，试图通过这些努力推动世界航空界对人的因素问题的探索；1991 年 9 月在蒙特利尔召开的第十次航行会议上，强调了人的因素在未来空中交通管理系统设计和过渡阶段中的重要影响，并指出"自动化在减少人的差错方面存在着巨大潜力"，建议在开展人的因素研究时，一定要将新航行系统（CNS/ATM）的使用和过渡方面的课题纳入其中。按照此次会议的建议，国际民航组织航行委员会同意修改 A26-9 号决议的内容，将新航行系统纳入人的因素工作之中，重点放在新航行系统相关的人—机界面上。

1993 年，ICAO 发布了"空中交通管制中人的因素"的 241-AN/145 号咨询通告，描述了空管人因的一些基本问题，其中包括工作站设计和人员的选拔与训练。

1994 年，ICAO（Circular 249）发布了 CNS/ATM 系统中的人因学问题咨询通告，介绍了以人为中心的概念。

1996 年，ICAO（Doc 9683）出版了人因训练手册，第一部分介绍了航空中人的因素的概念，第二部分则给出了运行人员人因学训练大纲。

1997 年，ICAO（Doc 9758）出版了空中交通管理系统人因学指南，该手册包含了为政府和设备供应商在空管设备设计技术和认证程序时融入人的因素原理的指导性意见。

1998 年，ICAO 出版了航线运行安全审计手册（LOSA，Doc 9803），该手册为营运者进行安全审计，获取日常营运过程中的安全数据提供了指南。航空安全审计目前已在航空公司、机场等民航领域内实施，我国民航亦于 2005 年在航空公司全面开展此项工作。在最近的文献中（2007，2008）已有关于建构空管安全审计体系的报道，所使用的审计工具和方法移植于 LOSA。

2000 年国际民航组织依据在近几年完成的飞行安全及人的因素十年行动计划中取得的经验，启动了一个新的五年计划。随后，国际民航组织又有了新的举措：建议组织应该提供人的因素方面的训练；通过修订《芝加哥公约》的有关附件，在人员执照、航空器的运行、航空电信、空中交通服务及航空器失事调查中增加人的因素训练内容；增加人的因素在未来运行环境中的作用，侧重在未来 CNS/ATM 系统中，人的因素问题对系统设计、过渡和使用中的影响；出版了有关空中交通管制（ATM）的人为因素指南 ICAO Doc 9758-AN/966（2000 年第一版）；在航空器运行文件（国际民航组织 Doc 8168）、《空中规则与空中交通服务》（国际民航组织 Doc 4444）和运行手册的编写（国际民航组织 Doc 9376）中都加入了有关人为因素的条款。

2005 年 10 月，ICAO 起草了空管中的威胁与差错管理（Threat and Error Management in Air Traffic Control，TEM）咨询通告草案，于 2008 年 9 月正式出版。其主要内容包括：TEM 的概念框架，包括定义、组成要素、威胁与差错的对策，以及威胁与差错的后果、空管中 TEM 的讨论，包括定义、空管中的威胁和差错、非期望状态，以及实际 ATC 情景分析、将 TEM 融入安全管理及日常运行监测。

未来的空管系统将运用更多的科技、计算机、自动设备、战略手段。但不管自动化程度多高，空管工作的中心仍将会是人，即管制员。对他们仍要加以选拔和培训，给予锻炼的机会以提高他们的知识、经验、技巧及处理特情的能力。从某个角度来说，人的因素对空管工作所做的贡献与空管工作本身所做出的贡献是一样的，即是使空管工作更安全、有序、流畅。空中交通管制技术在不断更新。数据链和卫星通信的迅猛发展、雷达设备和数据处理质量的提高、防撞系统的改进、正在开发的始发机场和目的机场间的直线航路将取代现行空中航路，这些技术的发展给人们提供了更广阔的选择方式，但也必须考虑到安全、效率、成本以及与人的能力和限制相匹配的诸多方面。这些发展将改变空管工作的程序、惯例和工作环境与管制员的职责，它们都涉及人的因素问题，未来的任何改变都是为了一个目的——保证和提供安全。

三、我国民航的空管人因研究

受国际上空管人因研究和应用的影响，中国民航飞行学院于 1997 年开始为空管专业的学生和空管专业成人教育开设了"空中交通管理中人的因素"课程。

针对我国民航安全形势，中国民航于 2001 年启动了"民用航空中人为因素研究与应用"课题。该课题研究的范围涵盖了民航生产的关键领域，划分为机组资源管理、空管人因、机务维护中人的因素三个子课题。在民航局空管局的领导下，空管人因子项目组先后完成了以下内容的研究：

（1）空管不安全事件的调研和数据的统计分析。

（2）建立了空管不安全事件数据库。

（3）组织了空管人因研讨会。

（4）编辑印刷了《空中交通管制中人的因素》教材。

值得一提的是，随着我国民航空管人因研究的深入和广泛应用，民航局空管局及各地区空管局日益重视对空管人因的研究和应用，在人员选拔、规章制定、安全管理及人因培训等方面做了大量工作，涌现出了一批水平较高的学术队伍，从而为我国民航的空管人因的持续深入研究奠定了基础。

思考题

1. 简述空中交通管理中人的因素的含义、性质及研究范围。
2. 简述 SHEL 模型的含义及其在空中交通管理中人的因素中的作用。
3. 简述研究人的因素的主要概念模型和基本法则。
4. 简述空中交通管理中人的因素科学诞生的主要历史事件。

第二章 威胁与差错管理

威胁与差错管理（Threat and Error Management，TEM）来源于美国得克萨斯州立大学威胁与差错管理模型（UTTEM），最初 TEM 模型仅仅适用于飞行层面的操作，而现在它可以用于民航业组织内部的不同层面和不同分支。ICAO 于 2005 年发行了《空管威胁与差错管理》咨询通告（征求意见草案），目的便在于对空管人误进行控制，以期提高民航运作的安全与效率。该通告着重于空中交通管制（ATC）的工作环境，提出并讨论了空中交通管制员的 TEM 使用角度。

TEM 模型有以下几种作用：作为一个安全分析工具，这个模型可以用于关注单一事件，比如对一件突发事件的分析；同时也可以用于分析一系列事件当中的系统模式规律，例如操作检查；TEM 模型可以用于验证执照持有标准，从而更全面地从安全管理的角度来诠释执照资格，最终成为在职培训的有力工具；这个模型也可以成为指导培训要求的大纲，帮助机构提高培训干预的有效性，从而提高机构安全措施的有效性。

本章将从威胁与差错管理模型入手，介绍威胁与差错以及非期望状态的概念，提出空管运行中 TEM 的策略和措施，并给予详细的实例分析。

第一节 空管中的威胁与差错管理概述

一、空管中的威胁与差错管理模型

从空管的角度来说，TEM 模型包含三个基本组成部分：威胁、差错和非期望状态。图 2.1 是威胁与差错管理模型的一个总览。实线表示的是常见情况，虚线表示的是比实线更罕见一些的情况。威胁在空管运行中是不可避免的事件，如果威胁管理不当就会诱发差错，差错管理不当就会导致非期望状态的出现，如果非期望状态还不能得到有效管理，就会恶化成事故征候或事故。TEM 模型建议，威胁与差错管理必须是管制人员日常工作的一部分，因为威胁与差错都存在发生非期望状态的可能性。管制人员也必须注意非期望状态的管理，因为这也会带来潜在的安全隐患。非期望状态的管理是 TEM 模型的一个重要组成部分，和威胁与差错管理一样重要。非期望状态的管理很大程度上是避免出现不安全后果和保证管制工作安全的最后机会。

在威胁、差错及非期望状态的管理过程中，运行人员的反应一般分为三种。

（1）管制人员没有察觉出来威胁、差错或非期望状态，或者忽略威胁、差错或非期望状态，没有作出任何反应。

（2）管制人员察觉出威胁、差错或非期望状态并采取纠正措施，把后果减轻、控制在可以忽略的范围以内。

（3）管制人员虽然察觉出威胁、差错或非期望状态，但其作为或不作为使当前状况继续恶化、蔓延，诱发了新的差错、其他非期望状态甚至事故征候或事故。

相应的，我们可以把管制员对威胁、差错或非期望状态进行管理的结果分为四种：无严重后果、诱发（新的）差错、诱发（新的）非期望状态与诱发事故征候或事故。

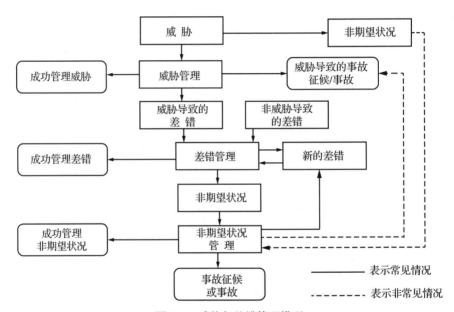

图 2.1　威胁与差错管理模型

（引自 Threat and Error Management in air traffic control，ICAO，2005）

二、空管中的威胁

在 TEM 模型中，威胁可定义为：超出空管人员控制力之外的使得管制工作复杂性增加的事件，并且管制员必须处理这些事件来保证安全。在典型的空中交通管理活动中，空管人员必须考虑应对各种复杂情况来保证空中交通的顺利进行，这些复杂性情况包括：不利的气象条件、机场周围的高山、拥挤的空域、飞机故障，以及机组人员、地勤人员及机务人员等管制室之外的人员带来的差错。TEM 模型将这些复杂情况都视为

威胁，因为它们都有可能对管制员的工作表现带来负面影响，从而降低空管安全系数。

威胁本身并不一定是问题，但管理不当就可能诱发差错，进而可能诱发非期望状态，甚至导致事故征候或事故出现。例如，有人到管制室参观或学习，这一事件本身并不危险，但是如果参观或学习人员的行为分散了管制员的注意力，就有可能诱发管制员出现差错。一些威胁可以预防，因为管制员可能提前预见到或已知这些威胁，例如，管制员可以根据天气预报的信息来预测跑道的变化或变道，不清晰的陆空通话要求管制员必须准备备选方案来应对这些情况。有些威胁可能无法预防，会在意想不到的时候发生，例如，有些飞行员听错呼号而去执行管制员给其他飞机的指令，管制员则必须应用其在培训中和实际操作经验得到的技能和知识来应对这种威胁。无论是可以预料或难以预料的威胁，管制员都需要采取合适的措施来应对这些威胁。

在 TEM 模型中，我们应该将设备设计的工效学缺陷、有待完善的程序、组织因素等都视为潜在的威胁。它们存在于管制员实际工作中的每个工作日，这些因素可能会引起严重后果。此类威胁的事例还包括不经常使用的系统功能，它们通常被当作备用工作方式或辅助方式使用，只有当系统以特定方式使用时，威胁才有可能表现出来。无论管制员花多大力气进行预期，管制员都无法避免或消除由于设备质量差或程序不合理等原因导致的威胁，对此类威胁，唯一可行的方法是管制员使用应对措施，管理此类具有破坏力的威胁。

TEM 模型认为威胁是客观存在的，并且是不可能被避免的，例如设备故障就是一种威胁，无论是主要设备或次要设备故障，或是设备因检修而不可用，都是一个实际的威胁，而且一个主要设备突然发生故障，其潜在后果会比一个次要设备因维修而不能使用严重得多。如果威胁（雷达失效）导致了差错以及间隔减小，这就造成了一种非期望状态（威胁与差错的管理不当所致），在这个时候，管制员就会忽略威胁与差错，而去处理非期望状态。根据 TEM 理论，威胁是客观的情况或事件，是不能完全预防或消除的，它们只能被管理，不管管制员做什么或预测到了多少威胁，他们都只能通过自己的措施和对策来管理和控制威胁的潜在后果。当然，从威胁到差错再到非期望状态的发生，这个情况也不是必然会出现的，而且三者可能不总是一种线性关系，威胁有时会直接导致非期望状态而不是差错，管制人员可能有时会在没有威胁的情况下也出现差错。

威胁管理是差错管理和非期望状态管理的基础，管制人员对于威胁的管理不当会经常引起管制人员的差错，相应地，差错随后就会造成非期望状态。威胁管理是通过将威胁影响安全的情况消灭在萌芽阶段，提供一种最积极的措施，来确保空管安全系数。综上所述，在空管工作中，管制员作为威胁的管理控制者，是将威胁带来的后果减到最小的最后一道防线。

（一）空管中威胁的分类

ATC 工作中的威胁可以分为以下四个大类：
（1）内部威胁。
（2）外部威胁。

（3）空中威胁。

（4）环境威胁。

上述四个大类的威胁又可细分成表 2-1 中列出的各个小类。对这些威胁的清楚认识有助于提出个人及管制部门的应对措施，从而在正常的 ATC 操作中保持安全裕度。

表 2-1　各大类的亚类威胁

内部威胁	外部威胁	空中威胁	环境威胁
设备	机场设计	飞行员	天气
工作间因素	导航辅助设施	飞机性能	地理环境
程序	空域结构/设计	无线电通信	
其他管制员	相邻管制单位	交通流量	

1. 内部威胁

1）设备

设备设计是常见的空管威胁之一。在每天的管制操作中，设备故障和设计缺陷是管制员必须在不同程度上进行管理的事件。这类威胁还包括质量低劣的无线电通信设备以及与其他管制中心之间的电话连接，因为这些设备并不总是随时都能正常工作。如果输入的数据被自动系统所拒绝，管制员就必须寻找系统不接受输入的原因和采取补救的措施，此时，自动系统输入也就可能成为威胁之一。在世界各地的许多管制设施中，设备数量不够也是一种威胁。最后，空管中的重大威胁在于与正常管制工作同时进行的维护工作（有计划安排的或未通知的维护）。

2）工作环境威胁

这类威胁由以下的事件构成：强光；反射光；室内温度；调整不合适的座椅；背景噪声等等。如果有室内灯光的反光出现在屏幕上，管制员的工作就更难顺利进行。如果有内部灯光在塔台的窗户上反射，那么塔台管制员在夜间看清交通状况就很困难了。高分贝的背景噪声（例如，来自冷却设备的风扇声）会使得管制员难以准确地理解无线电通信传来的声音。同样的，高分贝的背景噪声会使传出的声音难以被接收方听清楚。

3）程序

程序也可能构成管制威胁。这不仅适用于处理空中交通的程序，而且也适用于内部通信和外部通信以及协调程序。烦琐或者不合适的程序可能会导致执行障碍，管制员本打算帮助调配飞机，却无意中产生了潜在的误差或进入了非期望状态。

4）其他管制员

同一部门的其他管制员也可能成为管制威胁。交通情景的解决方案提议有时可能没

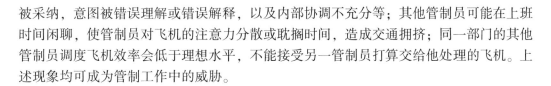

被采纳，意图被错误理解或错误解释，以及内部协调不充分等；其他管制员可能在上班时间闲聊，使管制员对飞机的注意力分散或耽搁时间，造成交通拥挤；同一部门的其他管制员调度飞机效率会低于理想水平，不能接受另一管制员打算交给他处理的飞机。上述现象均可成为管制工作中的威胁。

2. 外部威胁

1）机场布局

机场的布局和结构可能会成为塔台管制员实施管制工作的威胁源。如果连接停机坪和跑道中央的滑行道短，这就要求管制员对绝大多数进场和离场的飞机安排在跑道上掉头。如果滑行道与跑道平行，交叉道口位于两端或介于之间，飞机就没有在跑道上调头的必要。有些机场的设计和运行使跑道经常被穿越（飞机自滑行穿越，或是拖车拖动穿越）。在跑道的周围建造滑行道不失为良策，相关的飞机和车辆都可以长期使用。

2）导航设备

导航设备意外失效（如维护原因等）会对管制工作构成威胁，可能会导致管制程序改变、导航精度降低、安全间隔受影响等。同一跑道具有双向仪表着陆系统（ILS）也是这类威胁的事例。正常情况下的任一时刻只需一个 ILS 工作，因此跑道改变时，当前跑道方向的 ILS 可能还没被启动工作，而管制员已经许可飞机截获 ILS，此时导航设备的不工作就可能成为一种威胁。

3）空域规划与设计

空域的设计和分类是另外一种潜在的威胁。如果使用空域被禁止飞行，很难处理大流量交通问题。禁飞区域或危险空域并非始终有效，如果提供给管制员的通信程序不够充分，它就可能给管制工作过程带来威胁。例如，向 A 类空域提供服务的风险比 E 类空域小，因为 E 类空域存在未知交通状况，可能会干扰管制员实施管制。

4）相邻管制单位

相邻管制单位的管制员可能会忘记协调空中交通情况，管制移交协调可能没有问题但却错误地实施了移交，这就可能会侵犯空域边界。邻近管制中心的管制员可能不会同意非标准的移交，从而要求提出其他解决方案。邻近管制中心可能不能够接受移交给他们的管制飞机的数量。不同国家的管制员之间可能存在语言障碍。上述因素都可能成为管制中的威胁。

3. 空中威胁

1）飞行员

不熟悉空域或机场的飞行员可能造成管制威胁。飞行员在需要采取机动时有可能不会告知管制员（比如避开雷雨），这种情况便可能使管制工作受到威胁；飞行员可能会忘记报告通过高度或航路点，他们可能收到管制指令，随后却没有遵循指令，在 TEM 体系下，飞行员的每一个疏忽都会给管制工作带来一次威胁。

2）飞机性能

管制员要熟悉他们接触的不同机型的正常性能，但有时飞机的性能与预想的有所不同。如果一架波音 747 的目的地机场与起飞机场很近，它爬升时的坡度和速度更大，跑道滑跑距离较短，原因在于燃油负载少。一些新一代的涡桨飞机在起飞后的初始阶段性能比普通的喷气机好。新机型最后进近的速度远高于老机型。飞机在性能方面各有不同，如果不予以注意，就可能会造成管制威胁。

3）无线电或电话通话

飞行员的复诵错误会构成管制威胁，同样管制员的确认错误也会对飞行员构成威胁。陆空通话程序的目的在于发现和纠正此类差错（避免造成威胁）。但是，在实践中它并非十全十美。语言问题会使飞行员和管制员之间的通话受到影响。在同一频率上使用两种不同的语言，两个或更多管制单位使用同一频率都可被视为此类威胁。

4）交通流量

管制员对于管制区域内正常交通流量及其处理方式已经习以为常，但非常规飞行活动，如航拍飞行、校验飞行、跳伞活动等都是对正常管制工作的威胁。管制员对这些非常规飞行活动了解得越早越好，它将使管制员有更多的机会对这些威胁进行管理。

4. 环境威胁

1）天气

天气对于空管或许是最常见的威胁，管制员要对天气威胁进行合理管理，至少应当清楚自己值班期间的当前天气状况和未来天气情况发展趋势。例如，风向变化可能导致跑道的改变；交通越繁忙，跑道变化的时间要求就越重要；管制员应进行策略上的规划，把跑道变更对交通流量的干扰降至最低限度。对于航路管制员而言，了解管制区域的天气状况有助于预判飞行员的改航请求，拥有当地天气现象和风切变等突发天气事件的知识和经验有助于对天气威胁因素进行有效管理。

2）地理环境

此类威胁包括位于管制责任区域内的高地形或障碍物。例如，居民区造成的威胁不那么明显，在飞行时不能低于某些高度或不能在某些时段飞行。由于受环境因素影响，有些机场在一天的某些时候改变使用跑道是强制性的。

（二）空管交接班情景中的威胁分析

大多数管制人员在开始工作的时候已经知道，在 TEM 模型里威胁是一个重要因素，TEM 模型认为，管理人员可以将这一点更明确化，并写进规章加以管理。以下两种情景说明了如何使用 TEM。

1. **理想的情景**

一般 ATC 的工作交接可按以下步骤来进行：

（1）空中交通管制员在轮班之前要检查格式清楚、内容有效的简令材料。在接替同事的工作之前，管制员接收到那天最近更新的天气情况，并从其他管制员处获得 ATC 设备的技术状况。

（2）在分配的工作台前戴上耳机后，管制员要先花几分钟时间监听将要交班的同事与他所指挥的飞机之间的通信交流，之后，管制员告知同事他可以接管了，同事再将需要马上处理的任务以及与邻近管制部门/席位达成的短期协议交代给他。

（3）管制员接替了岗位工作并开始与飞行员建立通信，为了确保交接顺利进行，其同事仍然会在旁边观察几分钟，等两个管制员都证明了交接工作已顺利交接后，被替换的管制员就可以离开去休息了。

（4）交接期间，天气状况如预期的一样仍然很好，风向也与使用跑道完全一致。ATC 设备无技术问题，当天也没有维护工作的计划。

（5）管制员的工作没有超过其最大工作负荷，在交接班期间有几个复杂的交通状况出现，管制员会及时发送和简要通知到相关的飞行员。

（6）一个半小时后，休息的同事回来重新从该管制员手中接岗。该同事旁听管制员与飞行员的通话，并监控交通状况，稍后，他表示可以接管指挥了。该管制员告知同事当前的任务与职责，但仍在他旁边以告知他与邻近管制台的最新协定以及需马上处理的任务。一旦证实同事已能应对自如后，该管制员则可离开管制席位去休息。

（7）管制员在第一次休息回来后，还需要在不同的工作岗位上再工作两个更长的时间段。

2. **实际管制情景**

在实际的交接班中可能存在以下情况：

（1）到达值班室后，管制员直接到他要接替的岗位上，在他的同事离开管制岗位之前，管制员只有很短的时间去观察交通状况和戴好耳机。

（2）空中交通状况是复杂的，并且和管制员预期的状况很不相同。管制员花了些时间重新设置 ATC 设备，但是发现 ATC 设备的自动系统不是所有功能都能使用。

（3）气象室已预测到了天气将变差，但是管制员没有注意到天气变化信息，因为他在接替工作之前没有看到预报。结果，天气变化使他吃惊，当他要去适应新的状况时，特别在交通高峰时期，他的压力就会很大。

（4）在两个多小时的拥挤和复杂的交通管制之后，他的同事戴好耳机和通话器来接替该管制员的工作，并且表示能接替该管制员的工作。为了能在下一班接岗前休息15 分钟，管制员就立刻从他的工作岗位上离开了。

（5）下一个时段，管制员在一个交通流量相对较小的席位上。由于注意力不集中，管制员好几次都错过了机组的第一次呼叫，当机组第二次呼叫时，他才反应过来。此外，他的同事也不得不提醒他将飞机转交给他们的管制频率。幸好在飞机飞出管辖区域前，管制员尽力完成了一切工作。

（6）在经过一次短暂休息后（休息期间，管制员还处理了一些紧急的文字工作），他又返回到紧张繁重的交通指挥中。正当他与飞机及其他管制席通话交流忙得不可开交的时候，一个维护技术员进来就问他，是否现在可以按计划检测备用无线电通道。由于此项工作是部门领导同意的计划，因此管制员勉强同意。几个技术人员出现了，并在管制员指挥飞机的同时开始了他们对设备的检测工作。

（7）管制员注意到无线电工作不正常，他要求技术员停止工作并且接通紧急无线电设备，选择合适的频率又花去了几分钟时间。但是使用紧急设备后通信能够正常进行。空中交通没有因无线电失效而受影响，高度间隔一直维持着正常间隔。技术员解决了引起主无线电失效的问题，几分钟后，管制员又能够正常通信了。

在实际管制工作中，大多数具有一线实践经验的管制员认为第二种情景出现的概率更大。但是在实际工作中，只要没有发生差错事件，这种由第二种情景引起的事件都很少报告出来，所以在安全报告系统中很少见到对上述第二种情景的报告。事实上，在第二种情景中有好几个因素（尤其是当这些因素没有引起管制员重视的时候）都对安全构成了潜在影响。在 TEM 体系中，这些因素都是威胁。

三、管制员的差错

管制员的差错可定义为：管制员的作为或不作为导致结果偏离了组织或管制员本身的意图或期望。对差错不管理或错误管理都会导致非期望状态，管制环境中的差错会降低安全系数，增加非期望状态的出现概率。

管制员的差错可能是自身引发的，也可能是与威胁相关的，例如没有检查到飞行员的复述错误；安排一条已经被占用的跑道给飞机或车辆；在自动化的系统中选择一项不恰当的功能；数据输入错误等等。在差错导致非期望状态或导致出现空管不安全事件之前，管制员需要检查到差错并采取相应措施，这是 TEM 模型最强调的一点。TEM 模型中的差错可以分为三类：设备操作差错、程序差错及通话差错，表 2-2 为空管常见差错示例。

表 2-2　空管常见差错示例

设备操作差错	· 雷达使用：选择了不恰当的雷达资源，例如，选择了不恰当的范围、模式选择差错。 · 自动系统：向自动系统进行了错误输入；无线电或内部通信系统：选择了不正确的频率；选择了错误按钮或内部通信地址；通道阻塞时发报。 · 飞行进程单：进程单放置位置错误；进程单放置在错误的托架上；进程单没有传递给正确的管制员。

续表

程序性差错	· 交接班：遗漏项目或交代项目错误；匆忙交接班；在接班管制员没有准备好接替之前离开管制席。 · 信息：进、离场程序的信息没有或没有及时地提供给飞行员；天气或 ATIS 信息没有或没有及时提供给飞行员；导航设施状态的信息没有或没有及时提供给飞行员。 · 资料：使用了错误的进离场图；没有阅读简报资料。 · 检查单：遗漏项目，没有正确使用检查单； · 最小间隔：使用了错误的最小间隔（如尾流间隔）。
通信交流差错	· 管制员与飞行员：误解请求；错误的确认；错误的放行许可，滑行道、登机门或跑道通信错误。 · 管制员与管制员：本单位通信交流差错或误解；与相邻单位协调过程中通信交流差错或误解。

（引自 Threat and Error Management in air traffic control，ICAO，2005）

人的因素观点认为：完美的人并不存在，差错是人类行为的必然组成部分，虽然差错不可避免，却是可以加以管理和控制的。差错可能会给航空系统造成不利后果，但是如果运行人员及时觉察并妥善管理好差错，就可以避免差错发展成为事故。据得克萨斯大学统计，1996 年美国大陆航空公司机组识别并管理差错的比率为 15%，后来公司通过实施积极的差错管理策略，两年后公司机组识别并管理差错比率上升为 55%。虽然人的差错难以完全避免，但是如果管制员在工作中有意识运用差错管理技能，那么绝大部分差错都不会导致严重后果。

四、空管中的非期望状态

（一）非期望状态的定义

非期望状态的定义为：会导致安全系数降低、非预期的交通情景运行条件。空管中非期望状态的例子包括：飞机爬升或下降到不该到达的飞行高度层，或者转向一个飞行计划或引导之外的方向，设备故障或机组出差错等事件。无效的威胁管理或差错管理可能造成非期望状态，从而导致管制中的危急状况，并降低安全系数。非期望状态通常被认为是事故或事故征候的前奏，所以管制员必须管理好非期望状态，管制员对非期望状态的有效管理可以减少空管事故或事故征候。

非期望状态是管制员对威胁或差错管理不当造成的，它的风险要比威胁与差错更大，对安全的危害更加明显，非期望状态的出现表明系统的安全裕度正在下降，例如，一架正在爬升到指定高度的飞机又得到了爬升到另一个高度的指令，机组人员将新指定的高度错误地复述成更高的高度，但管制员没有注意到机组人员的错误复述，结果飞机爬升到一个错误的高度（非期望状态），引起垂直间隔不够（后果）。

因此，在空管工作中管制员对非期望状态的识别和管理非常重要。当出现非期望状态时，管制员应该按照相关的 TEM 程序，立刻对非期望状态进行管理，这一点常常比威胁与差错的管理更为紧迫，因为这是避免事故征候或事故的最后机会。对管制员进行TEM 模型培训的一个重点就是使其能及时地从差错管理转换到非期望状态管理，例如，管制员犯了一个数据输入差错，后来发现飞机已经爬升到了一个不正确的飞行高度层（非期望状态），管制员就必须要优先处理潜在的交通冲突（非期望状态管理），而不是优先去更正输入系统的数据（差错管理）。

（二）空管中非期望状态的情景分析

非期望状态的管理需要管制员在管制过程中随时密切观察飞机的实际变化，飞机是否按照管制员所期待的方式在运行，一旦出现非期望状态，立刻采取管理措施，以避免不必要的结果出现。以下是空管非期望状态示例。

非期望状态情景 1——地面

（1）飞机该停止滑行时却继续滑行；该继续滑行时却停下来。
（2）飞机进入不该它使用的滑行道；飞机没有进入本该使用的滑行道。
（3）飞机进错登机门或泊位。
（4）飞机不该推出时被推出；该推出时没被推出。
（5）飞机从非指定位置退出跑道；飞机在指定位置没有退出跑道。

非期望状态情景 2——空中

（1）该转弯时未转弯；不该转弯时转弯；飞机转弯方向为非飞行计划方向。
（2）飞机爬升或者下降到其他飞行高度（高度层）；飞机没有爬升或者下降到指定高度或高度层。
（3）飞机没有在规定的时间或地点到达某一高度或航路点。
（4）飞机飞到错误的航路点或位置；飞机没有飞到指定的航路点或位置。
（5）飞行速度不符合规定。

第二节　威胁与差错及非期望状态的管理

作为管制员职责的一部分，管制员必须对威胁、差错和非期望状态采取相应的应对措施，来保证 ATC 操作的安全系数。这些应对措施包括：基于系统的措施，如各种报

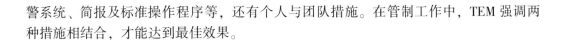

警系统、简报及标准操作程序等，还有个人与团队措施。在管制工作中，TEM 强调两种措施相结合，才能达到最佳效果。

一、威胁与差错管理措施

（一）基于系统的措施

一些管制员运用的关于威胁、差错和非期望状态的对策，是建立于民航系统提供的资源上的，我们将其称为基于系统的对策，以下是空中交通管制员使用的基于系统的措施的方法。

（1）最低引导高度警告/最小扇区高度警告系统（Minimum Sector Altitude Warning，MSAW）。

（2）短期冲突警示系统（STCA）。

（3）标准操作程序（SOP）。

（4）简报。

（5）职业培训。

（二）个人与团队措施

个人和团队的对策包括由人因训练或班组资源管理（TRM）训练带来的检查技能、知识及态度，以下是个人和团队对策的流程简介。

（1）团队对策：领导和交流的环境——主要用于信息的流通和团队成员的配合。

（2）计划应对措施：计划、准备、简报、突发事件管理，这是对预料到的威胁和未预料到的威胁进行管理的基础。

（3）执行性应对措施：监控/交叉检查、扫视、飞行进程单管理、工作负荷和自动化管理，这是差错觉察技能，主要用于检查差错和应对差错。

（4）评价/修订对策：飞行计划的评估和调查——主要用于管理不断发生变化的情况。

二、威胁与差错管理流程

在 TEM 模型中，对威胁进行管理的第一步是先对威胁进行识别。例如，气象室已提供了常规的天气预报信息，建立了一种了解恶劣天气威胁的方式，同样的，在一定的高度或水平飞行中，为了能提供更准确的雷达航向，管制员会询问飞行员关于风的情况（方向和速度）。

管理威胁的第二步是实时信息共享，与其他管制员一道了解威胁情况。在这里，我们举个"飞机性能"的例子来说明：当管制员观察到一架波音 747 飞机在起飞机场和目的机场距离相对较近的飞行过程中爬升速度要比平均的爬升速度快时，塔台管制员应对起飞机场的管制员告知这个情况，这就是威胁信息共享的一个实例。

在环境威胁的事件中，如果高地形或障碍物在雷达屏幕上显示出来，那么对管制员来说，管理环境威胁就会变得更容易。另外，在居民区也应如此，由于减噪程序缘故，要避免低于某些高度或避开某些时段。必要时，这些高度可以显示在雷达显示屏上，便于管制员对威胁予以充分管理。

管制员也可以通过保留多个威胁发生时的信息从而更容易管理威胁。识别威胁和威胁出现之间的时间越长，威胁被有效管理的机会就会越大。对于已接到简报的校验飞行（survey flight）、航拍飞行等能够使计划做得更加周密。如果没有简报，突如其来的额外工作负担可能会干扰管制员的正常操作。表 2-3 为 ATC 提供的管理威胁与差错的策略。

表 2-3　空管威胁与差错管理策略

策略	描述
团　队	
通信环境	建立并保证开放式通信的环境。
领导	管理者显示与团队/部门/单位的领导和合作才能。
团队整体表现	作为风险管理者整体，团队的表现好。
计　划	
简令	通过简令提供互动和可操作的信息。
计划说明	操作计划和决定经讨论和认可。
偶然事故管理	团队成员为安全管理威胁采取有效策略。
执　行	
监视/交叉检查	团队成员积极监视并交叉检查其他团队成员的管制工作。
工作量管理	操作任务要优先考虑和正确的管理，去处理最初的 ATC 职责。
自动化管理	正确进行自动化管理。
正确的应急跑道管理	要正确的组织和更新应急跑道信息。
评价/修订	
评估计划	必要时对已有计划进行复习和修正。
询问	团队成员不怕去询问去调查/或解释目前的行动计划。

（引自 Threat and Error Management in air traffic control，ICAO，2005）

第三节　TEM 理论体系下的实际 ATC 事件分析

对实际案例的分析有助于我们更好地理解威胁与差错，并更好地掌握威胁与差错管理的技能。以下对国内外一些案例中的威胁与差错进行了分析。

案例 1：雷达进近管制

事件经过：一架波音 737 在盲降时截获航向道失败，与其在同一高度的另外一架 A320 正在相反方向的四边下降。波音 737 继续截获航向。两架飞机的横向距离迅速减小。管制员注意到波音 737 穿过航向信标台，指挥其右转截获航向，并指挥 A320 右转避让波音 737。A320 飞行员报告目视看到波音 737。

威胁：飞行员未按照 ATC 指挥转向（截获）。

非期望状态：波音 737 未截获航向信标，继续前进；两架飞机之间距离急剧减小。

可能发生的后果：间隔减小。

非期望状态管理：管制员在察觉到偏离后对两架飞机增加指挥。

结果：事件得到管理，威胁情况得以化解。

案例 2：机场管制环境

事件经过：一架波音 747 着陆后在跑道上滑跑。平行跑道上另一架波音 747 正在接近快速脱离道，而这正是刚着陆飞机离开跑道的地方，地面管制告诉它在交叉道口等待，塔台管制告诉跑道上的波音 747 飞机，另一架飞机将会让道，告诉飞行员，"继续滑行，脱离跑道后与地面管制联系，频率 121.7"。飞行员报告此指令收到，之后发现波音 747 继续在跑道上滑行，向下一快速脱离道滑去，这意味着波音 747 占用跑道的时间要比管制员预期的时间长，塔台管制员被迫指令五边 DC10 复飞。

威胁：冲突飞机在不同频率上工作，波音 747 机组错误理解了塔台管制的指令。

差错：塔台管制员使用术语不标准。

非期望状态：波音 747 继续在跑道上滑行，向距离较远的快速脱离道滑去，而此时 DC10 正在五边进近。

非期望状态管理：塔台管制指令 DC10 复飞。

结果：危险情景得以化解。

案例 3：机场管制环境

事件经过：为了使飞机加速离场，飞机分布在跑道附近三个不同的交叉道口。当塔台管制员打算许可在跑道头对准跑道的 ABC737 起飞，他发现一架 A310 在波音 737 的前面从另一道口进入跑道。A310 没有收到塔台管制有关进入跑道的任何指令。当 A310 与管制通话请示时，得到的指令是跑道前等待，机组人员也予以认收。由于 A310 已经穿过了"许可线"（道口处标注的黄色线），塔台决定让 A310 先行离开跑道，然后让737 起飞。后来证明，A310 机组错误理解地面管制的信息，并且换了频率。"按顺序，在 XYZ737 之后。"当 A310 看见 XYZ737 在 ABC737 之前起飞后，他们把这当作进入跑道等待的提示。

威胁：使用多个道口。地面管制员使用术语"in sequence"被机组人员误解，A310 机组没有听从塔台管制跑道前等待的指令。

非期望状态：A310 在没有得到塔台管制的许可或指令的条件下进入跑道。

非期望状态管理：塔台发现 A310 的滑动，做了离场顺序的改变。

结果：危险情况得到有效管理。

案例 4：机场管制环境

事件经过：在主跑道归航的一系列飞机中最后一架得到许可进近到离场跑道。因为当时没有离场飞机。此时塔台管制员正在和一名地面管制员闲聊，此时地面管制向塔台管制交接一架出港的飞机，随后许可经离场跑道起飞。起落航线上的飞机尚未着陆。管制员向外一看，起落航线上的飞机正在做离场跑道五边进近，而出港飞机已经对准跑道，管制员指令出港飞机加速离场，告诉起落航线上的飞机前面有飞机起飞。离场飞机升空时到场飞机刚好穿过跑道入口。

威胁：管制员在与地面管制员和助理管制员闲聊（分心）。

差错：五边有得到着陆许可的飞机情况下还许可地面飞机起飞。

非期望状态：许可两架飞机在同一时间使用同一跑道。

非期望状态管理：管制员向外看时，意识到自己犯了错误。他考虑了让五边的飞机复飞，但鉴于两架飞机的相对位置和盛行风强的情况，他断定飞机能够有充分的时间离场，进场飞机能够完成着陆。结果让出港飞机在五边有飞机的情况下加速离场。同时提供了进场飞机的相应情况。

结果：情况得到有效管理。

案例 5：程序性区域管制

事件经过：区域管制员于 03:50 接到相邻管制中心关于一架波音 767 的协调信息：飞机为非 RVSM 状况，飞行高度为 FL370，预计在 0440 经过 XYZ 航路点。该管制员准确无误地将这些信息记录在草稿栏，但在电子标记栏却输入了 FL350（在草稿栏，FL370 与时间 0350 写得非常接近）。之后，管制员进行了工作交接班。相邻管制中心不久后又呼叫了新接班的管制员，告知预计飞往 XYZ 航路点。这名管制员重复了预计的航路点和 FL350。相邻管制中心通知这名管制员，波音 767 的高度应为 FL370。管制员再次确认了高度。不久后，管制员注意到在 FL380 相同航路上有一架 A330，他与相邻管制中心协商并让对方指挥波音 767 下降至 FL350，然后再指挥 A330 爬升到 FL390。

威胁：非 RVSM 飞机在 RVSM 空域飞行；在草稿栏，类似数字挨得太近；第一名管制员输入了错误的数据（飞行高度差错）；工作交接班；预计时间修正。

非期望状态：飞机不在原定高度（如，从第二名管制员的角度）。

非期望状态管理：协调修改预计时间时，管制员严格遵守标准协调程序（风险管理策略），发现了飞行高度异常情况。管制员通过指挥 A330 爬升，并让相邻管制中心指挥波音 767 下降，很好地解决了非正常情况。

结果：事件处理/解决。

案例 6：雷达区域管制

事件经过：之前，空中交通流量大，管制的一个工作时段超过 45 分钟。后来空中交通流量减小。因此计划席位被并入雷达席位，从而将整个扇区工作人员减少至一名管制员。最低要求的扇区讲评开始了，该管制假设了整个扇区的管制情况，他注意到飞机高度和他与下一扇区协调的高度不一致。随后，他与下一扇区协调，并传递了修正的高度信息。

威胁：工作量小；两个席位被并入一个席位；一人运行；最低要求讲评。

差错：与下一扇区协调的高度差错。（注意：如果是席位合并后离开扇区的人员所犯差错，它可能成为留下的这一名管制人员的威胁。）

非期望状态：飞机不在与下一扇区协商的高度。

非期望状态管理：管制员与下一扇区人员协调正确高度。

结果：事件处理/解决。

案例 7：海洋管制

事件经过：海洋航线上，8 架飞机从非雷达区域飞往雷达覆盖区域。这些飞机高度在 FL300 到 FL370 之间，第一架飞机到最后一架飞机距离大约 40 海里。其中两架飞机高度相同（FL320），距离约 13 海里（要求 5 海里）。前一扇区管制员将飞机动向告知了下一扇区，并询问接收扇区管制员是否需要飞机限速以保持距离。接收扇区管制员回复不需要限速，但他提出能雷达引导飞机时，由于频率覆盖限制他将无法直接与飞行员交流。第一架波音 747 离开第一名管制员空域时，波音 747 报告"遭遇轻微颠簸，速度下降至 .84 马赫。"

威胁：从非雷达区域飞往雷达覆盖区域；同一飞行高度分配给两架飞机；接收扇区管制员拒绝限速；频率覆盖限制；第一架波音 747 速度减小。

非期望状态：同一高度同一航线，速度大的飞机在速度小的飞机后面。这可能引起两名管制员都无法与飞机联系的突发情况。

非期望状态管理：第一名管制员指挥第二架波音 747 飞机爬升至 FL330（唯一可用高度），并与下一扇区协调良好。

结果：事件处理/解决。

案例 8：塔台管制

2004 年 9 月 24 日，首都机场。塔台管制员的指挥预案是安排离场的 CCA109 在跟进着陆的 CDG201 和 CES507 之间起飞。当 CDG201 飞越跑道 36L 入口时，CES507 在其后面 14 公里。CDG201 着陆后，CCA109 按照管制指令进跑道并做好起飞准备。当管制员向 CCA109 发布起飞指令时，CES507 距跑道头 8.5 公里。当 CES507 距跑道头 7 公里时，管制员注意到其地速显示为 460，管制员提醒 "CES507, continue approach 36L, caution your speed"。CCA109 开始起飞滑跑时，CES507 距跑道头 6 公里。考虑到 CES507 进近速度大，可能无法落地，管制员继续提醒 "CES507, if you go around, maintain runway heading and..."，机组回答："Roger, go around, CES507."管制员立即纠正："Negative, if go around...（随后马上改用中文通话）如果你复飞，保持 900 米，保持一边。"CES507 回答："好了，保持一边，保持 900 米，CES507。"当管制员进一步证实："你是要复飞吗？"CES507 回答："我已经复飞了。"此时 CES507 距跑道头 4 公里，地速 390。考虑到如果 CCA109 继续起飞后极可能与复飞的 CES507 发生飞行冲突，当 CCA109 滑跑距离跑道南头 350 米左右时，管制员果断指挥 CCA109 中断起飞。最终 CCA109 在距离跑道南头约 950 米处停下来，飞行员向管制员报告完成中断起飞。

基于威胁与差错管理模型分析如下。

威胁：飞行流量集中，跑道占用率高，飞机之间的间隔紧凑。英语通话，空地交流存在沟通不畅的可能。CES507 的进近速度过大，有可能难以落地。CES507 误解了管制员的指令，复飞打乱了交通秩序。复飞的飞机与起飞的飞机之间有可能小于间隔标准。

差错：管制员提醒的时机和内容都不妥当，容易造成误解。管制员通话术语不规范。

威胁管理：提醒 CES507 减速。对 CES507 复飞提前作出预案。

差错管理：通话由英语转为汉语。证实飞行员的意图和状态。

非期望状态：CES507 复飞。

非期望状态的管理：接受 CES507 已经复飞的现实。及时指挥 CCA109 中断起飞。

结果：无严重后果。

案例 9：德国博登湖空中撞机事件调查报告（此案例留作读者分析）

在 2002 年 7 月 1 日晚上，一架图 154 和一架波音 757 飞机在德国尤伯林镇上空中相撞。一架飞机按照空中交通管制员的要求下高度；另一架飞机按照防撞警告系统（TCAS）的建议降高度，在空中飞行的两架飞机的操作被德国指派给瑞士苏黎世的区域管制中心（ACC）来管制。就在那晚，苏黎世区域管制中心的 ATC 自动系统和其他 ATC 设备的话语通信系统有维修工作在进行。

5月19日，德国航空部事故调查科公布了博登湖空中撞机事件调查报告。这次空难发生于 2002 年 7 月 1 日德国与瑞士交界的博登湖上空，一架 DHL 的波音 757 货机和 Bashkirian Airline 的图 154M 客机在巡航过程中相撞，旅客和两个机组共 71 人全部遇难。

空难过程简述如下，德国南部的部分空域由瑞士空管机构 SKYGUIDE 负责，事故发生当时两机都由其指挥，而苏黎世的雷达系统因为维护工作部分功能失效，特别是空中碰撞预警系统，但是管制员和有关单位都没有得到通知。23 时 29 分，图 154 由德国慕尼黑管制中心移交瑞士苏黎世管制中心，航线由西向东，高度 12000 米，水平间距 7 海里。23 时 23 分，波音 757 获准由南向北飞向德国斯图加特。当时苏黎世中心只有 Peter Nielsen 一人当班，同事都休息喝咖啡去了，而他为了指挥另外一架飞机临时换到别人座位上。23 时 33 分，德国卡尔斯鲁厄管制中心雷达防撞系统报警，有关人员因为和飞机没有无线电联系，所以只好用电话通知苏黎世方面，可是恰恰此时苏黎世的专线电话故障，无法接通。23 时 34 分，Nielsen 觉察到碰撞危险，两次用无线电指挥图 154 下降避让。几秒钟后两架飞机的 TCAS 系统发出警报，波音 757 机组按照 TCAS 指示下降避让，图 154 机组面对 TCAS 和管制员的矛盾指令，决定执行管制员指令继续下降，结果 23 时 35 分两机于 10634 米高空相撞，波音的机尾撞上了对方的机身和左机翼。

本章在威胁与差错管理（TEM）理论基础上，科学地分析了空中交通管制运行中面临的威胁和可能出现的差错。威胁与差错管理的目标并非是消除威胁与差错，而是把其危害控制在一个可以接受的范围以内。如果我们通过分析能预先知道哪些情况下有哪些威胁，空管人员容易产生哪些差错，并且知道这些因素是如何作用的，就可以消除这些因素带来的不良后果，降低空管不安全事件、事故和事故征候发生概率，从而更好地提升空管运行的安全。

思考题

1. 简述威胁、差错、非期望状态的含义。
2. 简述威胁与差错管理模型。
3. 简述如何运用 TEM 理论分析空管不安全事件。

第三章　管制员信息加工的认知因素分析

把个体的心理活动视作一个信息加工过程（information processing），将人脑看作类似于计算机的信息加工系统，用信息加工的观点和方法来描述人的认知过程，是现代认知心理学的主要观点。在空中交通管制的整个过程中，与空中交通管制工作相关的各种信息在管制员机体内"流动"。管制员从感知到航空器等与空中交通管制相关信息开始，直至最后做出判断决策，实施相应的管制行为，都与管制员如何接收、编码、储存、提取和使用信息的过程直接相关。它包括注意、知觉、表象、记忆、思维和语言等。管制员对信息的加工受到多种因素的影响和制约。就管制员自身而言，其感知、记忆、思维、注意等认知因素，气质、性格、能力、态度等个性因素，睡眠与疲劳等生理因素，都会对信息加工产生影响。这些因素交互作用，有时可能会使管制员对一些重要的信息遗漏或疏忽，产生错误分析和判断，导致出现飞行冲突甚至是更为严重的后果。本章将在对人的信息加工过程模型简要介绍的基础上，就影响管制员信息加工的感觉、知觉、记忆、思维、注意等认知因素进行分析和讨论。

第一节　人的信息加工过程模型

人的信息加工过程一般可以通过不同的信息加工阶段来表示：包括对环境信息的感知，信息的中枢加工或对信息的转换、对信息做出反应或信息的输出阶段。认知过程中的感觉相当于信息的输入过程，记忆与思维相当于信息的中枢加工，做出反应则相当于信息的输出。人的各种行为表现，无论是简单的还是复杂的活动，都离不开信息的加工过程。

关于人的信息加工过程，国内外学者均对其进行了大量研究，并提出相应的信息加工过程模型。这些模型在一定程度上描述了人的信息加工的基本过程及其相互关系。

一、威肯斯与霍兰兹的人的信息加工阶段模型

图 3.1 是著名人因工程学专家 C. D. Wickens 与 J. G. Hollands 教授提出的人的信息

加工模型。该模型为分析人与系统的交互作用和进行任务分析时的不同心理加工过程提供了一个框架。

　　该模型认为，人的信息加工过程表现为感觉加工、知觉、认知与记忆、反应选择与执行、反馈等一系列的阶段，每一阶段的功能在于将信息转变为某种其他操作。并且指出信息加工程序中没有固定的起始点，既可以从模型最左端的环境刺激输入、感觉加工开始，也可以从操作者希望启动的程序中间的某个地方开始。

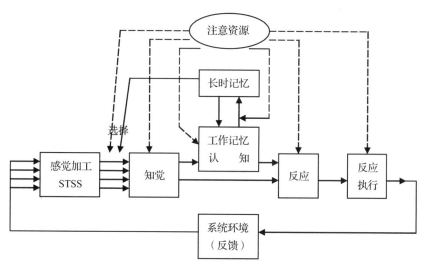

图 3.1　人的信息加工阶段模型
（引自威肯斯、霍兰兹，2003）

二、朱祖祥等人的信息加工过程模型

　　这一模型描述了人的信息加工的各个基本过程及其相互关系，如图 3.2 所示。

　　感觉过程是人的信息加工的第一阶段，又叫感觉登记或感觉贮存。它贮存输入感觉器官的刺激信息，但这些信息在感受器内保持的时间很短，如果不对输入信息做进一步处理，这些信息就会迅速衰退直至完全消失。感觉过程中获得的信息，进一步传递到大脑相应中枢，就进入知觉过程。知觉过程在感觉过程的基础上进行，它对当前输入的信息与记忆中的信息做进一步的综合加工。知觉过程有记忆过程的参与，从而使得知觉具有反映认知对象整体形象的特点。

　　信息经知觉过程的加工后，或存入记忆，或进入思维和决策过程。思维过程是在记忆基础上进行的更为复杂的信息加工过程，通过比较、分析、综合、判断、推理等活动，排除与问题解决无关的信息，在与问题有关的信息中探寻信息间的因果联系，最后找到问题的答案。思维过程也是不断进行决策的过程，例如在解决问题过程中，首先要对有关信息与无关信息做出决策，确定有关信息后，则要对何者为主要信息何者为次要信息做出决策，确定主要信息后又要对如何运用主要信息、解决问题的步骤或方案进行决策，直至问题最后解决。反应则是将决策付之于行动的过程，这种决策信息就会以指令形式传输到相应器官，支配其做出相应的动作。

对于人的各种输出或反应，个体可以借助感觉器官获得反应活动结果的相关信息，从而构成模型中所示的反馈环节。通过反馈，人们对自己的活动进行自我调节。虽然在绝大部分时间里，视觉反馈起主要作用，但对于某些活动，由听觉、触觉、动觉等感觉系统提供的反馈也很重要。

此外，所有信息加工过程中都离不开注意。通过注意，个体能够将心理活动指向并集中于信息加工的过程与内容，它对信息加工起着导向和支持作用。

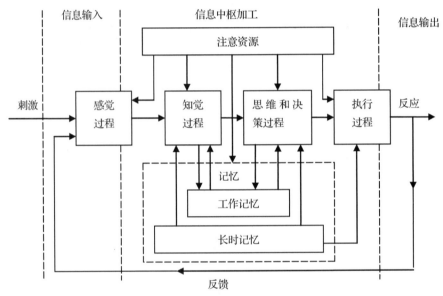

图 3.2 　人的信息加工过程模型

（引自朱祖祥，2003）

三、管制员信息加工模型

我国学者阎少华提出管制员信息加工模型，如图 3.3 所示。

该模型可以体现管制员的操作过程及影响操作的因素，并且信息加工的过程和功能还可以用于管制员操作差错的分类。

模型中的接收与感觉处理阶段表示管制员对外界信息（如雷达数据的变化）和自身信息（如发话开关的感觉）的初始接收与感觉处理；感知过程是对感官接收的信息进行识别的过程，该过程与长时记忆中储存的知识和经验相关联，同时需要注意资源的分配。在信息加工过程中，感知、短时记忆、判断与计划、响应选择和响应执行都需要耗用注意力，情景意识又决定注意力的分配，所以大多数差错都属于失去情景意识并与注意力有关。模型中的内部操作形成因素表示影响管制员操作的个人心理因素和生理因素，例如疲劳、情绪、应激水平等等，它决定着管制员的操作状态。模型中的外部操作形成因素是指影响管制员操作表现的空域设计、团队协作、操作程序、组织氛围、工作环境、人机界面等因素，它决定着管制员的操作表现水平。

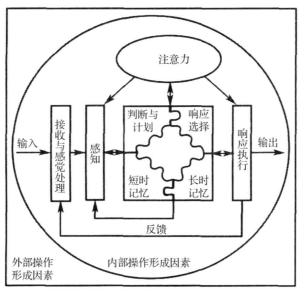

图 3.3　管制员信息加工模型
（引自闫少华，2009）

第二节　感　觉

一、感觉的含义

感觉是人脑对直接作用于感觉器官的客观事物个别属性的反映，是人体内外的各种信息通过一定的刺激形式作用于感觉器官，引起分布在感受器中的神经末梢发放神经冲动，这些神经冲动沿神经通路传送到大脑皮层相应部位，进而产生感觉。感觉是经过神经系统的信息加工所产生的对该刺激物个别属性的反映。一个物体有它的光线、声音、温度、气味等属性，人的每个感觉器官只能反映物体的一个属性，如眼睛看到光线，耳朵听到声音，鼻子闻到气味，舌头尝到滋味，皮肤摸到温度和光滑的程度等等。每个感觉器官对直接作用于它的事物的个别属性的反映就是一种感觉。

感觉主要包括视觉、听觉、味觉、嗅觉、动觉、平衡觉、温度觉等。尽管是一种最简单的心理现象，但感觉却是个体认识客观世界的第一步，它在人的心理活动中起着十分重要的作用。只有通过感觉，人们才能够分辨出事物的各种属性，感知它的声音、颜色、重量、温度、气味；才能了解自身的运动状态、姿势，以及身体内部器官的工作情况。感觉为人的知觉、记忆、思维等复杂的认知活动提供了原始资料，没有感觉，一切较高级、较复杂的心理现象就无从产生。

二、感受性和感觉阈限

感觉是在刺激物直接作用下产生的，但并不是所有的刺激都能引起感觉。通常情况下，个体只能够对一定范围内的刺激做出反应，如飞行员仅仅通过身体感受，无法发现飞机姿态的微弱变化，管制员没有听见强度太低的声音，看不清跑道上出现的航空器上跌落的细小部件等。这就存在着个体对刺激物的感觉能力，即感受性的问题。

感受性是指感觉器官对适宜刺激的感觉能力。作为一种能力，感受性通常是以感觉阈限的大小来度量的。人的每一种感觉的感受性和感觉阈限，都有绝对感受性和绝对感觉阈限、差别感受性和差别感觉阈限两种形式。刺激只有达到了一定的强度才能被觉察到，那种刚刚能觉察到的最小刺激量称为绝对阈限，而绝对感受性就是指刚刚能够觉察出最小刺激量的能力。表3-1即为几种主要感觉器官的绝对阈限值。刚刚能觉察出差别感觉的刺激间的最小差别称为差别感觉阈限，也叫最小可觉差别，而对最小差别量的感觉能力就是差别感受性。差别感受性和差别感觉阈限成反比，人机系统设计中，常常利用信号的能量差异进行信息编码，如航空器的告警系统采用不同强度和不同频率的声音混合编码，以提高告警信号的信息传递效果。

表 3-1　人类重要感觉的绝对阈限

感觉类别	绝对阈限
视　觉	晴朗的夜空中可以见到 30 英里外的烛光
听　觉	安静条件下可以听见 20 英尺外手表的滴答声
味　觉	一茶匙糖溶于 2 加仑水中可以辨别出甜味
嗅　觉	一滴香水扩散到 3 个房间的套房
触　觉	一只蜜蜂翅膀从 1 厘米高处落在你的面颊上
温冷觉	皮肤表面温度有 1℃ 之差即可觉察

（引自 Baron，1989）

感受性和感觉阈限存在着个体差异，即便是同一个人，由于年龄、身体健康状况、疲劳等多种因素的影响，其感受性和感觉阈限也会有所变化。

三、感觉适应

同一感受器接受同一刺激的持续作用，感受性可能会发生一定程度的变化，这就是感觉适应的现象。管制员长时间注视雷达显示屏，可能会降低视敏度（辨别事物细节的能力），对显示屏上出现的微小刺激变化不敏感，这就是视觉的适应。"入芝兰之室，久而不闻其香；入鲍鱼之肆，久而不闻其臭。"就是嗅觉的适应。为了降低噪声干扰，保证管制设备的良好工作性能，管制员的工作环境常常相对封闭，缺少空气的自然流通。许多管制室空气不够清新，刚进入时常常感到空气浑浊。但随着时间的流逝，大家常常很快就适应了这样的工作环境。事实上，空气欠清新的工作环境，往往会对管制员的工作表现产生不良影响，长时间在这样的环境下工作，管制员更容易产生疲劳体验，信息感知能力也会下降。

四、视觉、听觉与前庭觉

（一）视觉

视觉是物体的影像刺激视网膜所产生的感觉，是通过视觉系统的外周感觉器官接受外界环境中一定频率范围内的电磁波刺激，经中枢有关部分进行编码加工和分析后获得的主观感觉。光线透过眼的折光系统到达分布有感光细胞的视网膜，在视网膜上形成物像，神经冲动沿视神经传导到大脑皮质的视觉中枢产生视觉，从而分辨所看到的物体的轮廓、形状、大小、颜色与亮度等等。人眼只能够感受外界环境中一定频率范围内的电磁波刺激，其适宜刺激是频率为300～750太赫兹的电磁波，即可见光部分。

折光系统由具有透光和折光作用的角膜、房水、晶状体和玻璃体组成。当眼睛注视外部物体时，由物体发出的光线通过上述折光装置使物像聚焦在视网膜的中央凹上，形成清晰的物像。正常人眼具有一定的调节作用，通过折光系统，尤其是晶状体形状的改变，使得远处或近处的物体都能在视网膜上形成清晰的物像。

感光系统是视网膜，它的最外层是感光细胞层，直接感觉光刺激并将其转换成神经冲动。根据形态和功能的不同，感光细胞可分为视杆细胞和视锥细胞两种。视杆细胞主要分布在视网膜的周围部分，它对弱光很敏感，却不能感受颜色和物体的细节。视锥细胞主要分布在视网膜中央部分，它专门感受强光和颜色刺激，能分辨物体颜色和细节，但在暗光时却不起作用。

管制工作需要管制员具有良好的视力水平。受多种因素影响，人的视觉器系统可能出现一定的问题，即所谓视觉障碍，难以清晰视物，甚至失明。管制员群体中的视觉障碍，主要体现在近视与远视两个方面。眼睛近视时，眼球的厚度会比正常眼睛大，导致物象聚焦成像在视网膜前面；眼睛远视时，眼球的厚度会比正常眼睛小，导致物象聚焦成像在视网膜后面。晶状体的自我调焦不能完全弥补这一问题，只能够通过佩戴眼镜或手术进行矫正，凹透镜可以矫正近视，凸透镜可以矫正远视。随着年龄的增长，到40岁后，晶状体逐渐硬化，弹性减弱，近距离视物困难，更适合看远处物体的形态，出现老视（即老花眼），戴凸透镜能够矫正老视。

（二）听觉

听觉是声波作用于听觉器官，使其感受细胞兴奋并引起听神经的冲动发放传入信息，经各级听觉中枢分析后引起的感觉。听觉是仅次于视觉的重要感觉通道。它在人的生活中起着重大的作用。人耳能感受的声波频率范围是16~20000赫兹，以1000~3000赫兹最为敏感。

人对声调频率和强度都有很高的辨别能力。听觉有适应及疲劳等生理现象。听觉适应所需时间很短，恢复也很快。听觉适应有选择性，即仅对作用于耳的那一频率的声音发生适应，对其他未作用的声音并不产生适应现象。如果声音较长时间（如数小时）连续作用，引起听觉感受性的显著降低，便称作听觉疲劳。听觉疲劳和听觉适应不同，它在声音停止作用后还需很长一段时间才能恢复。如果这一疲劳经常性地发生，会造成听力减退甚至耳聋。

（三）前庭觉

前庭觉也叫平衡觉、静觉，它是由人体作加速度或减速度的直线运动或旋转运动时所引起的感觉。平衡觉的感受器位于内耳的前庭器官。前庭器官包括半规管和耳石器两个部分，半规管是反映身体旋转运动的器官，耳石器是反映直线加速或减速的器官。

平衡觉与视觉、内脏感觉都有联系。当前庭器官兴奋时，视野中的物体似乎出现移动，人的消化系统也可能出现呕吐、恶心的现象。如晕车、晕船现象，就是由于前庭器官受到刺激所引起的。

第三节　知　觉

一、知觉的含义

知觉，是人脑对客观刺激整体属性的反映，是人对感觉信息的组织和解释的过程。知觉以感觉作为基础，是现实刺激和已储存知识经验相互作用的结果，是一种主动的、有选择性的构建过程。当区域管制员观察雷达显示屏时，所看见的不仅仅是一些符号、线条和色彩，还认识到上面所显示的是某一空域范围内的航空器分布状况、变化趋势等信息，随即在大脑中产生了飞机、航路等的整体形象，这就是知觉。

人对刺激物个别属性的反映，对刺激给予感觉器官的直接感受，通常总是与其过去

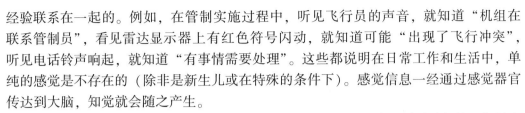

经验联系在一起的。例如，在管制实施过程中，听见飞行员的声音，就知道"机组在联系管制员"，看见雷达显示器上有红色符号闪动，就知道可能"出现了飞行冲突"，听见电话铃声响起，就知道"有事情需要处理"。这些都说明在日常工作和生活中，单纯的感觉是不存在的（除非是新生儿或在特殊的条件下）。感觉信息一经通过感觉器官传达到大脑，知觉就会随之产生。

需要指出的是，知觉的产生是以感觉信息为前提，并且与感觉同时进行的，但是它并非各种感觉的简单总和。在知觉中除了包含感觉之外，还包括有记忆、思维和言语活动等等。知觉属于高于感觉的感性认识阶段。

二、知觉的一般特性

（一）选择性

知觉的选择性是指个体的信息加工能力有限，在同一时刻只能对作用于其的部分刺激进行感知。个体心理活动的选择性受到多种因素影响，主观原因主要体现在个体的态度、需要、兴趣、人格特征、知识经验等等，客观原因则主要体现在刺激的新异性、外在特征、与环境中其他刺激物的关系等方面。在众多因素中，个体的主观期望有着特别突出的作用，陆空通话中存在的飞行员抢频，误将管制员发给其他航空器的指令当作给自己的指令加以回答和执行，就与此有一定的联系。尤其是飞行员在对特定信息有较强期待，或者是因流量控制等原因等待过久的情况下，很容易出现抢频。

（二）理解性

知觉的理解性是指个体对知觉对象常常会以自己已有的知识经验加以解释，并用语词予以标志。人们对对象进行知觉时，通常会结合以前获得的有关知识和亲身的实践经验，来理解所知觉的对象。对于进程单上所标注的一些数字与字母，在管制工作中，管制员看到的不会仅仅是数字和字母，他们会基于这些符号，对符号所代表航空器的飞行趋势形成主观的认识和判断。这就是知觉理解性在实际工作中的体现。

（三）整体性

知觉的整体性是指知觉的对象尽管由不同部分组成，有着不同的属性，但个体总是将它知觉为一个有组织的整体，而非将其知觉为各个孤立的部分。在知觉活动中，人们对于整体的知觉往往会优先于对个别成分的知觉。空中交通管制工作中，管制员看见雷达显示屏上所显示的一些符号，不会仅仅将其看作一些简单的几何图形、一些不同的色彩，而会将空间上接近的符号、线条和色彩组合在一起，从而在大脑中浮现出空域中的飞行交通状况，这些飞机分别是高度多少，飞行趋势如何，进而对未来几分钟是否产生飞行冲突作出判断。

（四）恒常性

知觉的恒常性是指知觉对象的物理特性在一定范围内发生变化时，个体的相应知觉形象并不因此而发生变化。例如，同一扇门从不同的距离、角度和明暗条件下看过去，虽然视网膜上的物象各不相同，但仍将其知觉为同一扇门。知觉恒常性现象在视知觉中表现得很明显，主要有大小恒常性、颜色恒常性、形状恒常性、明度恒常性等等。一架波音 767-300 型飞机，在停机坪上与在滑行道、跑道等不同位置时，由于观察距离和角度的不同，其在管制员视网膜上的影像大小和形状存在着一定差异，但管制员仍将其知觉为等大的同一架飞机，这就是大小恒常性的表现。

第四节　记　忆

一、记忆的含义

记忆是指个体对其经验的识记、保持和再现（回忆和再认）。用信息加工的观点来看，记忆就是信息的输入、编码、储存和提取。

管制员的工作需要记忆大量的信息，这些信息是管制员做出正确的判断和决策、确保管制工作正确有效实施的前提和基础。通过记忆，管制员把航空器和运行环境的信息进行编码、存储和读取，其中部分信息可能会被储存较长时间，甚至永久存储起来，如所管制扇区的频率、不同航空器的机型特点、所管制区域空中交通的特点、进离场航线的结构特点及其飞行程序，与相关空中交通管制单位的协调程序、手段及操作规程等等。其中部分信息则只可能只会存在一小段时间，如飞行员或相关单位的即时要求、对管制指令的确认与复诵等。

二、记忆的系统

记忆是一个系统，如图 3.4 所示，它可以分为感觉记忆、短时记忆和长时记忆三个不同的子系统。

感觉记忆也叫感觉登记、瞬时记忆，是指感觉刺激停止之后所保持的瞬间印象。其保持时间不超过 1 秒或 2 秒。例如，二次雷达所显示的信息输入之后，其视觉映像会保存十分之几秒的时间。虽然信息在感觉记忆中保存的时间很短，但却非常重要，它是人类记忆信息加工的第一个阶段。进入各种感觉器官的信息，首先被登记在感觉记忆中。监控雷达时，正由于有感觉记忆，眼动和眨眼的时间才不会影响知觉的连贯性。在与飞行员或其他管制员交流时，由于有感觉记忆，才能把他们的语词知觉成连贯的句子。

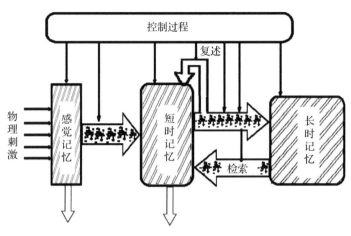

图 3.4 记忆系统的模式图
（引自黄希庭，1991）

短时记忆是唯一对信息进行有意识加工的记忆阶段。信息在短时记忆中储存约 20 秒消失，如果加以注意，信息在短时记忆中的保持同注意的时间一样长，可以远远超过 20 秒。短时记忆也叫工作记忆，感觉记忆和长时记忆中的信息个体是无法意识到的，这两种记忆中的信息只有被传送到短时记忆中，才能被检测、组织和思维。短时记忆中，输入信息经过再编码，容量扩大，与长时记忆中的信息发生了意义上的联系，编码后的信息进入了长时记忆，必要时还可将储存在长时记忆中的信息提取出来，解决面临的问题。短时记忆的容量是有限的，较之记忆的其他两个阶段，它储存的信息少得多。短时记忆的信息容量可用组块作为单位来测量。所谓组块是指人们在过去经验中已变为相当熟悉的一个刺激独立体，如一个字母、一个单词、一个数字、一个成语等。研究表明，人的短时记忆的信息容量为 7±2 个组块。

长时记忆是指信息经过充分的和有一定深度的加工后，在头脑中长时间保留下来。这是一种永久性的储存，时间为 1 分钟以上，容量没有限度。长时记忆中的信息是否为有组织的知识系统，这对个体的学习、判断决策，以及问题解决有重要意义。知识系统的组织程度不同，提取的速度也会不相同。长时记忆对管制工作有着重要的意义，作为一名合格的管制员，必须熟记各项规章、管制条令、机场细则、通话规则、空域结构、机型性能数据，以及各种特情处置方案等等，只有将这些信息牢记在心，毫厘不差，才能使其随时处于待用状态，在管制工作中准确、迅速地调用各类相关信息，确保工作的有效性。

三、遗忘

（一）遗忘的含义

遗忘是指个体对识记过的材料不能再认或回忆，或者表现为错误的再认和回忆。

管制工作中的错、忘、漏现象，其中的"忘"就是指遗忘。国内曾经发生过不少起因管制员的遗忘所导致的事件。例如，一架外航由韩国方向至东南亚的航班由于需要绕飞雷雨，必须改航路从我国上空飞往东南亚。通报席上的管制员在了解清楚情况之后，觉得情况紧急，立即将计划做入电脑，然后准备打电话向民航局申请。这时他想要用的电话正好铃响，于是接了电话后就去处理另一件事。这样一来，他忘了向民航局申请这件事。当飞机由上海区域向南昌区域移交时，南昌区域发现没有这个航班的计划，于是不接收这架飞机，并造成这架飞机返航。再如，2000 年 5 月 18 日国内某机场，SAS996 进场下降，CBF6126 离场爬升，管制员准确判断了可能的冲突，下达了 SAS996 下降到 2400 米，CBF6126 上升到 2100 米，保持了 300 米高度差，而后又处理了几个问题后就忘了此事，最后当 SAS996 下降到 1800 米，两机在相遇时小于安全间隔。

遗忘有着先快后慢的特点。图 3.5 所示的艾宾浩斯遗忘曲线，充分体现出了这一特点。由图可以看到，其纵轴表示学习中记住的知识数量，横轴表示时间，而曲线则表示记忆量变化的规律。它说明在学习中的遗忘开始是很快的，学习结束后大约半小时，半数以上的内容已经想不起来，一天过后，遗忘的速度逐渐慢下来，而到了第二天，能记住的东西基本上就不大会忘记了。这也就是说，记忆或遗忘的进程不是均衡的，而是在记忆的最初阶段遗忘的速度很快，后来就逐渐减慢，到了相当长的时间后，几乎就不再遗忘了。对有关航空器的临时申请或有关通报，如不及时处置或予以记录或关注，该航空器的有关信息，可能会忘得很快。

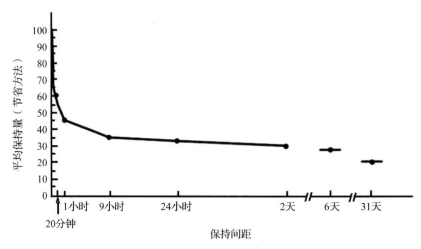

图 3.5　31 天时间内无意义音节的遗忘率

（引自：Ebbinghaus，1885）

（二）遗忘理论

关于遗忘的原因，学者们提出了各种解释。主要理论有衰退理论、干扰理论、线索—依存遗忘理论（提取失败理论）等几种。

衰退理论认为遗忘是记忆痕迹随时间推移而逐渐消退的结果。从信息加工的观点来看，记忆痕迹是指记忆的编码。从条件反射理论来看，记忆痕迹是指在感知、思维、情绪和动作等活动时大脑皮质有关部位所形成的暂时神经联系。暂时神经联系的形成使经验得以识记和保持；暂时神经联系的恢复，使旧经验以回忆、再认等形式表现出来。这种理论比较容易为大家所接受，但要证明其科学性却比较困难。在管制工作中，通过模拟机练习一些管制程序，就是为了建立和加强记忆痕迹，防止其逐渐消退。

干扰理论认为遗忘是因为个体在学习和回忆之间受其他刺激的干扰所致。如果将干扰排除，个体记忆就能恢复。心理学家曾做过这样一个实验，请实验者按一定顺序学习一系列的单词，然后让他们自由地回忆，也就是说，想到哪个单词就说出哪个单词。结果发现，最先学习的单词和最后学习的单词，其回忆成绩最好，而中间部分的单词回忆成绩最差。据此，心理学家描绘出了关于记忆的"系列位置曲线"（如图3.6），并将这种现象称为"系列位置效应"。有学者认为，最先学习的单词和最后学习的单词，其回忆成绩比中间部分的好，是由于最先学习的单词只有前摄干扰（抑制）的影响，最后学习的单词只有后摄干扰（抑制）的影响，而中间学习的单词既有前摄干扰（抑制）的影响，也有后摄干扰（抑制）的影响。管制工作中，经常进行信息沟通有积极作用，但也要防止由于沟通对当前工作可能产生的负面影响。

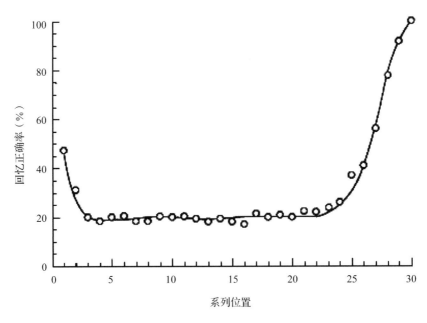

图 3.6　自由回忆的系列位置曲线

（引自 Murdock，1962）

线索—依存遗忘理论（提取失败理论）认为，遗忘是因为一时难以提取出所需要的信息，一旦有了正确线索，经过搜索，个体所需信息就会得以提取。

此外，在压力、疲劳等状况下，管制员的记忆能力也会受到比较大的影响。有研究指出，当个体承受压力时，体内就会产生皮质醇，它会杀死海马状突起里的脑细胞，而这种大脑侧面脑室壁上的隆起物在处理长期和短期记忆上起主要作用。疲劳对于记忆，尤其是短时记忆能力的影响也很大，表现为容易忘记刚说的话、刚做过的事。

第五节 思 维

一、思维的含义

思维，是人脑对客观现实的概括的、间接的反映。由于思维的概括性和间接性，人类才能以感性材料和非感性材料为媒介，认识那些没有直接作用于自身的各种事物，也可以预见事物的发展变化进程。

二、思维的类型

思维可以划分为多种类型，如根据思维所要解决的问题的内容，可以把思维划分为动作思维、形象思维和抽象思维；可以依照思维的独特性，把思维划分为常规思维和创造思维；可以根据思维的意识性，把思维划分为内向性思维和现实性思维；也可以根据思维探索答案的方向，把思维划分为聚合思维和发散思维。这里，就最后一种划分进行说明。

聚合思维是依据已有的信息和各种设想，朝着问题解决的方向，求得最佳方案和结果的思维操作过程。例如，管制员在解决空域内航空器可能存在的飞行冲突时，把与当前情景有关的各种信息综合分析，从几种可能方案中选择出一个最佳解决方案。只有当问题存在有一个正确答案或一个最好解决方案时，才会有聚合式思维。

发散思维则是以一个目标（或任何一个事物）为中心，把思路向四面扩散，沿着不同的方向、不同的角度思考问题，从多方面寻找解决问题答案的思维方式。如针对空域有限的问题，思考如何提高空域利用率，大家从不同角度进行思考，提出各种方案，就是发散思维。

由聚合思维和发散思维的含义与特点，可以明显看出两者之间的差别，但聚合思维与发散思维之间又有着密切的联系。当分析某起空管不安全事件发生的原因时，通常会做出种种分析、提出多种假设，这就是发散思维；通过进一步的调查分析，逐一排除其中的部分假设，最终找出唯一的正确答案，这又是聚合思维。

三、思维的影响因素

在管制工作中，管制员对于实际问题的解决，其思维过程可能受到多种因素的影响。有些因素有助于思维活动对问题的解决，有些则会起妨碍作用。人们在面对模糊不清或模棱两可的提示和信息时，往往会更倾向于选择自己期望得到的一种。在某些情况下，管制员的知觉是在模棱两可或信息量不足的基础上形成的，此时，管制员便可能会在不知不觉的状态下填补上他们自己认为缺少的信息，或按照自己认为合理的方式对模棱两可的信息加以解释，予以分析和思考。

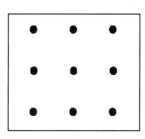

图 3.7　九点图

人的知觉特点影响着问题解决的思维过程。图 3.7 中有 9 个黑点，请用四条连续但不重叠的直线，把图中九个黑点全部连接起来。在完成这一任务时，也许会感到有些困难，多次尝试后也许会认为问题无法解决。其原因是思维活动受到人的知觉特性的影响：这九个黑点被划在一个正方形的方框内，这个方框和九个黑点很容易被知觉为一个整体，很可能会认为所画出的直线不能画出方框之外。实际上，这里并没有不能将直线画出方框边界的条件限制。克服了这一先入为主的影响，这个问题就不难解决了。

在管制工作中，管制员有时会采用某种固定的思维模式去分析问题和解决问题，这种固定的模式是已知的，事先有所准备的。定势或惯性思维，是人的心理活动的一种准备状态，表现为问题解决过程中的思维倾向性。定势或惯性思维既有一定的积极作用，也可能存在负面的影响。某公司一架波音 737 飞机在国内某机场进近过程中（该机场当时未装二次雷达），塔台管制员告诉机组的着陆条件是使用 19 号跑道着陆，但机组经常到该机场值班飞行，对机场相当熟悉，起飞之前就直接根据气象情报选了 01 号跑道的进近程序（主降方向）。当得到塔台的指令后，复述的指令虽然也是 19 号跑道进近，但通话者既未将指令通报给机组其他人员（失去了相互"交叉检查"的机会），又没有完成"进近简令"工作。在定势思维的驱使下，机组仍旧按 01 号跑道着陆，造成了跑道方向使用错误的飞行事故征候。

管制员的先入之见很容易造成管制协调和指挥的错误。以下是摘自《空管在线航空安全公报》（第 6 期）的一起不安全事件。

区域管制室在一份安全报告中说：相邻管制区向区域管制员移交的是 CBF6805（广州—厦门）动态，协调席误听成为 CBF6305（广州—福州）。在接受移交后，协调席管制员发现移交的航空器二次雷达编码和 CBF6305 起飞报中的不一致，随即向相邻管制区证实："CBF6305 应答机改了吗？"相邻管制区管制员回答说："改了。"于是，协调席将重新移交的二次编码记录在 CBF6305 的进程单上，并进行了人工相关。飞机过管制交接点后，塔台管制员询问区调过交接点的那架飞机是否是到厦门落地的，协调席说不是，于是塔台就在雷达上删去了该航空器的雷达信号。直到两分钟后 CBF6805

请求下降，区域对空管制主班对此表示疑问，向机组证实其航班号后，才意识到把航空器的动态搞错了，随后向塔台作了更正，塔台当时落地航班较多，动态的突然改变给他们造成了很大的被动。在这起事件中，协调席想当然地认为相邻管制区移交的飞行动态是CBF6305，先入为主的印象使得协调席管制员发现雷达显示与移交内容不符时，直接断定是航空器的二次编码发生了改变而忽略了其他可能的原因，当然在证实时相邻管制室也没有意识到区域管制室证实的是另一个航空器，双方都没有意识到各自谈论的内容并不相同。

第六节　注　意

一、注意的含义

注意作为一种心理状态，是心理活动（意识）对一定对象的选择和集中。

注意的对象可以是自己内部也可能是外部的事件。人在任何特定的时刻都可能会受到自身和周围环境中无数刺激的作用，但是并不是对所有的刺激都加以反应。在某一时刻或瞬间，人的心理活动或者意识可能会选择一定的对象，而离开或忽视了其他对象。例如，管制员在进行程序管制时，可能只是关注于守听飞行员发出的信息，而对周围可能存在的参观人员、其他同事的行为视而不见。

在注意状态时，心理活动不仅选择、指向于一定的刺激，而且还集中于一定的刺激。心理活动的集中性有两种情况：一是在同一时间内各种有关心理活动共同集中于一定的刺激，如管制员集中精力于飞行冲突的调配；二是就同一种心理活动而言，它不仅指向于一定的对象，而且维持这种指向使活动不断深入下去，如长时间对二次雷达显示屏上的有关信息实施监控。

人在注意方面表现出的局限性，比知觉表现出的局限性对系统功能的影响更大。在实际工作中，管制员可能得经常面对大量的视觉信息和听觉信息。当接收的信息量远远超出人所能够注意的范围时，管制员往往只能注意其中一部分而忽略其他部分。如在雷达管制中，当飞行流量较大时，一些不熟练的管制员将注意力分配到进港飞机上，并力图安排最合理的进场次序，这时就比较容易忽视出港飞机的飞行动态，并造成潜在冲突。

二、注意的特性

（一）注意的广度

注意的广度也称注意的范围，是指一个人在同一时间内能清楚地观察到对象的数

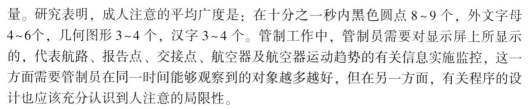

量。研究表明，成人注意的平均广度是：在十分之一秒内黑色圆点 8~9 个，外文字母 4~6 个，几何图形 3~4 个，汉字 3~4 个。管制工作中，管制员需要对显示屏上所显示的、代表航路、报告点、交接点、航空器及航空器运动趋势的有关信息实施监控，这一方面需要管制员在同一时间能够观察到的对象越多越好，但在另一方面，有关程序的设计也应该充分认识到人注意的局限性。

注意的广度的影响因素主要体现在三个方面：

1. 注意对象的特点

在相同的情况下，注意对象不同，注意的范围会有很大变化。其一般规律是注意的对象越集中、排列得越有规律、越能成为互相联系的整体，注意的范围越大；反之，注意的范围就越小。例如，在同样一段时间内浏览字母，对排列成行的字母要比分散在各个角落的字母注意的数量要多；对组成词的字母比孤立的字母注意的数量要多。如集中在某繁忙区域内的有秩序的进港飞机，虽然架数较多，但由于其有秩序、区域集中，而且是同一类型的刺激，所以管制员能够完全注意到飞行动态。这也是为什么进程单排列有序、书写工整可以提高管制员的工作效率的道理。

2. 注意行为的任务

在注意对象相同的情况下，由于任务不同，注意的范围也会有所变化。任务简单、明确，注意的范围就越大；任务复杂、不明确，注意的范围就小。有学者对管制员浏览二次雷达屏幕时，提出了不同的任务：第一种任务是观察是否所有的标牌都有高度指示，第二种任务是观察是否有高度在 7800 米下的航空器，研究结果表明，在极短时间内前者所把握的标牌数量要比后者多。

3. 个人的知识经验

一个人在某一方面的知识经验越丰富，他在这一方面注意的范围就越广阔。训练有素、经验丰富的管制员浏览进程单、雷达的速度通常会比见习管制员快很多，因为他们对进程单、对雷达标牌的注意范围更广。随着管制工作经历的增加，见习管制员的注意范围也将会变得更加广阔。

在实际管制工作中，采用以下的方法调整人—机关系，可以扩大管制员的注意广度：

（1）调整雷达屏幕，使航空器符号、编码、位置信息以尽可能明显的方式显示；

（2）将与管制工作密切相关的数据整理成表格，如各型飞机的进近速度可列为表格，置于管制席位上方，可以避免在管制进程中因查询数据而分散注意力；

（3）在不影响指令发布的情况下，将雷达屏幕的显示范围调大一些，使繁忙区域得以更集中地显示出来，避免管制员出现遗漏；

（4）删除不必要信息，如进近管制员没有必要注意 10200 米飞越的航空器，对于已移交的飞机，可删去其在屏幕上的编码以避免干扰。

（二）注意的稳定性

注意的稳定性指注意保持在某一对象或某一活动上的时间的长短。

人的注意具有波动性，对于单调的刺激，起伏的周期一般为 2~3 秒至 12 秒，也有实验证明，成人的高度有意注意最长可维持 20 分钟。注意的稳定性与注意对象的特点、人的状态有一定关系，内容丰富、活动变化、有意义的对象，人对所从事的活动意义理解深刻、态度积极、兴趣浓厚，身体健康、情绪稳定，都有助于保持注意的稳定。管制工作对于管制员注意的稳定性有着较高要求，显示器和工作流程设计科学、排班合理、管制员充分认识到管制工作的重要性，对于注意稳定性有积极意义。

（三）注意的分配

注意的分配是指人在进行两种或者多种活动时能把注意指向不同对象的现象。例如，在管制工作中，管制员往往得同时承担多种任务，在监控荧光屏上航空器运动趋势、与计算机进行人机对话的同时，还得注意监听、与飞行员进行无线电通话，很多时候还得同时处理飞行进程单。这就需要管制员必须具备较强的注意力分配能力。如果出现注意的过度集中，如当主、副班管制员同时对某一飞行冲突过度关注时，就可能会对其他的飞行冲突视而不见、听而不闻，出现新的飞行冲突，甚至是其他更为严重的事件。

注意的分配是有条件的，同时进行的几种活动的复杂度、熟悉程度和自动化程度都会影响注意分配的难易程度。

空中交通管制员要学会分配好自己的注意力，需要照顾全局，不能把注意力过分地集中在某一点。如发出指令后注意力转向听机组复诵有无错误的同时，双眼要不断扫视责任区范围内的所有航空器，做到"眼观六路、耳听八方"。一个扇面上同时出现几个冲突，首先调哪个，其次调哪个，最后调哪个，是不可同等对待的。例如，决断飞行的飞机请求复飞，地面飞机请求滑行，就不能够让前者稍等，而先去安排后者的滑行路线。处理这类问题存在着轻重缓急的差别，一定要突出重点。必须注意的是，这个重点的依据是事态的紧迫性，与飞机的大小、有无应答机、国际国内航班、军航民航、飞行性质没有关系（专机、特情除外）。分配注意力有时又要一心多用，一只耳朵接听移交电话，另一只耳朵监听其他波道，手记进程单，眼睛监视空中动态。

注意的智源限制理论指出，注意是一种心理智源，人对输入信息进行操作的智源在数量上是有限的，只有一个任务没有用尽所有的智源时，那么注意才可以指向另外的任务。当管制员得同时完成多项任务时，如果这些任务所需要的心理智源超过了该管制员所拥有的心理智源时，就不可能将注意分配于每一项任务，就会出现顾此失彼的现象，直接危及飞行安全。见习管制员在刚上岗时，由于每项任务对他来说都比较陌生，都需要占据他较多的注意容量，如果在这一阶段教员放手过大，就容易表现出注意分配困难、紧张，"错、忘、漏"现象时有发生。如 1995 年 7 月厦门区调，1995 年 7 月上海进近，1996 年 3 月北京区调，都发生过见习管制员在管制教员不在场时下达错误指令导致管制差错的事件。

（四）注意的转移

注意的转移，是指根据活动任务需要，有意识地把注意从一个对象转移到另一个对象上。注意转移的快慢和难易，依赖于原来注意的强度，与新注意对象的特点也有一定关系。

注意的转移这一心理品质对于管制工作也有着积极的意义。管制工作需要管制员的注意力经常在不同的作业任务间进行必要的转移。如指挥多架航空器时，需要及时在多架航空器间进行通话的转移，尤其是当管制员面临多方面的飞行冲突时，要能够根据航空器的具体情况，在不同飞行冲突之间往复转移注意力。能准确把握时机，科学频繁地转移注意，是一名优秀管制员必须具备的品质。

注意的转移与注意的分散是不一样的。注意的转移是根据任务需要进行的心理活动，注意的分散则是受无关因素干扰，注意力偏离当前管制工作。当有人来管制室参观，某位管制员手机铃响或与他人谈及某些事件，相邻管制席位与飞行机组或其他部门或单位人员发生冲突，出现如争吵等情况时，一旁与此事并不相干的其他席位的管制员却想听个究竟，此时这位管制员的注意力就发生了转移，出现注意力分散现象。即使看到了飞行冲突，也不会迅速引起高度重视。1998 年 2 月 14 日，南方航空公司 CSN3502 航班与中国航空公司 CGA5932 航班发生飞行冲突。当时，广州进近管制室值班管制员指挥 5932 航班上升到标准气压高度 2100 米，指挥 3502 航班下降到场压 1800 米。之后 3502 航班询问相对飞机高度并保持 2190 米。管制员意识到指挥错误，指挥两机各自右转避让。事后经雷达证实，两机相遇时，高度差仅 150 米。在这起事件中，管制员收到两航班预达同一点的时间，而且碰巧预达时间也一致。这使得管制员没有将足够注意力转移到两架航空器上，并且忽略了两架航空器的差别，更没有考虑两架航空器的内在联系，即相对飞行穿越高度，没有联想到潜在的飞行冲突。当管制员向 CGA5932 发出上升到标准气压高度 2100 米的指令后，由于没注意到 CSN3502 与 CGA5932 的内在联系，没有前后综合起来考虑，就想当然地发出 CSN3502 下降场压 1800 米的指令，造成两架飞机潜在冲突。这起飞行冲突的主要责任在于管制员，管制员在具体管制过程中，注意力分配不当，对飞行动态缺乏全面分析。

三、实际管制工作中注意分配和转移的模式

邓文颖在其《影响管制员注意行为的因素和注意力分配的模式》一文中，提出了管制员在管制工作中的注意分配和转移的模式。

假设某扇区内有（A、B、C、D、E、F、G、H）8 架飞机，在正常情况下，如果各飞机之间没有冲突，管制员的注意转移模式呈现"环行"（如图 3.8），每循环一圈所用时间一般不会超过 5 分钟。

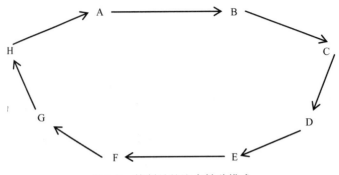

图 3.8　管制员的注意转移模式

　　如果 A、B 飞机之间有冲突，管制员的注意力会很自然地集中到 A、B 两架飞机上。但管制员把注意力都集中在 A、B 两架飞机上，就会忽略其他飞机，使其他飞机"失控"，出现"错、忘、漏"。这时，如果其他飞机之间又发生冲突，就会被管制员忽略，发生管制差错。因此管制员在调配冲突时，注意力的转移可以是"星型"模式（如图3.9），把冲突飞机置于注意力转移的核心，在集中精力调配冲突的同时，每隔一段时间，就看一下其他飞机，这样就可以及时发现其他飞机的异常情况。

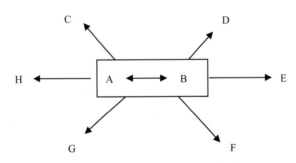

图 3.9　注意力转移的"星型"模式

　　实际情况中注意对象的数量很多，这就需要把所有的注意对象按重要性分成不同级别的"核心区"。对不同级别的"核心区"，注意转移的时间间隔是不同的（如图3.10）。例如，某机场的起落航线上有 4 架飞机，地面有一架飞机，塔台管制员需要注意的对象不仅包括起落航线上的飞机，还包括地面的飞机、即将进入塔台管制范围的飞机、道面情况、天气情况、导航设备情况、净空情况等。在这种情况下，可以把空中的飞机划分成第一级别的"核心区"，注意转移的时间间隔为半分钟；把起落航线、机坪、滑行道以及进近管制室的相关情况划分成第二级别的"核心区"，注意转移的时间间隔为两分钟；把飞行情况、净空情况、设备情况和天气情况等划分为第三级别的"核心区"，注意转移的时间间隔为 10 分钟。整个席位上，注意的分配与转移的模式就是图 3.10 的形式。管制员在实际工作中，不仅要对注意对象进行浏览，而且要对有关信息进行计算，并且要进一步制定调配方案，这个过程非常复杂。如果注意对象的数量过多就会出现两种情况：一是对所有对象进行浏览，计算所用的时间很长，待调配方案制订后，情况又发生了变化，错过了管制时机；另一种情况是为了不错过管制时机，被迫忽略某些注意对象，这样就会出现顾此失彼和"错、忘、漏"现象，无论哪一种情况发生都会危及飞行安全。所以，要及时采取措施避免管制员需要注意的对象过多，超过他的能力。因此，增设扇区增设席位是行之有效的方法。在上面塔台管制员的例子中，如果设立两个席位，一个席位只负责飞机的调配，另一个席位负责与进近管制室的协调以及监视设备情况、道面情况及天气情况等等，就可避免上述两种危险情况的发生。

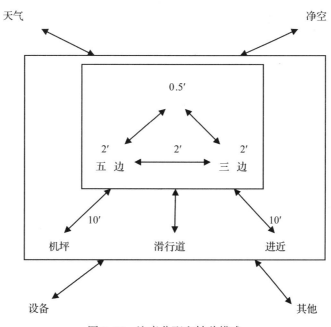

图 3.10　注意分配和转移模式

思考题

1. 简述管制员信息加工模型。
2. 简述知觉的特性与管制工作的关系。
3. 简述遗忘的相关理论及其对管制工作的指导意义。
4. 简述思维局限性对管制工作的影响。
5. 简述注意的特性与管制工作的关系。

第四章 生物节律、睡眠与疲劳

  航空活动中，疲劳、睡眠缺失及人体昼夜生物节律扰乱是影响飞行安全的重要因素。1988 年 NASA 的一项报道指出，在已经公布的众多飞行事故中，大约有 21% 的飞行事故直接与飞行员的疲劳有关。2001 年 FAA 对空中交通管制员的一项问卷调查结果显示，约 80% 的空中交通管制员在工作中有疲劳感，其中 20% 的空中交通管制员经常性、频繁地甚至一直感到疲劳，并认为疲劳已经对他们的工作能力造成了影响，只有约 30% 的空中交通管制员一直处于比较良好的工作状态。有研究指出，至少有 70% 的空管人为差错事件直接或间接由疲劳所致。2006 年，由于空管人员疲劳工作导致芝加哥奥黑尔国际机场接连发生两起性质严重的跑道侵入事件，险些造成航空器在跑道上相撞的事故。NTSB 在调查中发现，其中一起事件中空中交通管制员在前一天晚上只有 4 小时的睡眠，而另外一起事件中的当事空中交通管制员患有睡眠紊乱症。在我国，1999 年 6 月 23 日，郑州区域管制室管制员由于当班管制员在岗位沉睡不醒，造成航班无人指挥 17 分钟；2001 年 9 月 16 日，北京管制区域也发生了在 20 分钟内 6 个中外航班均无法与北京区域管制室建立通信联系的事件；2006 年和 2008 年分别在长沙、上海管制区域发生一起因空中交通管制员在夜间值班时瞌睡事件，导致对空中飞行动态的监控和指挥失控，其中一起还引发了严重的飞行冲突。多种因素会导致空中交通管制员产生疲劳体验，睡眠不足或睡眠紊乱，进而影响个体的生理与心理功能，影响个体的工作表现。疲劳、睡眠与生物节律之间有着密切的联系，彼此之间相互关联、相互制约，本章将对人体的生物节律、睡眠与睡眠缺失、疲劳问题进行说明。

第一节 生物节律

一、生物节律的含义与功能

  生物节律（biological rhythm）是生物在漫长的进化历程中，在体内形成的一种近似

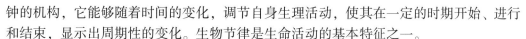

钟的机构，它能够随着时间的变化，调节自身生理活动，使其在一定的时期开始、进行和结束，显示出周期性的变化。生物节律是生命活动的基本特征之一。

生物界进行有规律的周期性活动是一种普遍现象，从无神经信息系统的单细胞动物到人脑这样最复杂的结构，各个等级的生物结构中都存在有生物的节律。有机体生存期间，除保持内环境相对稳定外，其各种功能还显示出同步于周围环境物理参数之间周期性变化的节律现象。人体的各种生理、生化功能，心理行为和反应以至细胞形态和结构等都具有节律性变化的特点，如脑电波、呼吸、心跳、体温等等都有着周期性和重复性的特点。人体既存在像心率活动那样以若干秒为周期的、像睡眠与觉醒那样以天为周期的生物节律，也有着像女性月经那样以月为周期的生理节律，甚至有着随季节而变的生物节律。其中的一些生理节律对人的心理和社会行为，如工作表现等都有着明显的影响。

二、昼夜节律

（一）昼夜节律的含义

昼夜节律是指人体生理、心理功能近似以 24 小时为一个周期的内源性节律，也被称作似昼夜节律（circadian rhythm）。人类的这种功能受"内在时钟"的控制，以适应地球表面的昼夜交替变化，并在外环境作用下，逐渐形成内环境稳定和节律稳定。

昼夜节律具有内源性特征。即使人与外界时间信息完全隔绝，其睡眠、觉醒、体温、内分泌等功能仍会表现出一定的周期性特点。在这种情况下，人体会表现出内在的固有的节律特征，这种在缺乏外界时间信息条件下仍能继续保持的生理节律称为"自主性节律"（self rhythm）。一般来说，自主性节律的周期通常为 24 小时左右。生物节律系统能够接受外界环境的信号，通过位相重置效应，调整内源性的生物节律，使之适应外界环境的变化。

地球自转一周历时 24 小时，在地球表面上生活的所有生物，在 24 小时内都要经历一段白昼和一段黑暗的时间。昼夜循环交替是人类感受最深刻的环境条件节律变化之一，在地球自转的 24 小时里，人的觉醒和睡眠是其生物节律最明显的表现之一。一般来说，白天是人们从事工作、学习、娱乐等活动的时间，而当夜幕降临以后，活动逐步减少，并最终进入睡眠。现已证明，除睡眠和觉醒的周期性节律之外，人的心血管、呼吸、内分泌、代谢等生理功能，以及感知、记忆、思维、注意等心理功能，也都显示出与环境周期相同步的似昼夜节律性变化。

（二）生理功能的昼夜节律

人体几乎有 100 种以上的生理功能具有昼夜节律性，如体温、内分泌、泌尿、呼吸、心血管、神经活动，甚至造血机能都表现出傍晚高潮而在凌晨陷入低潮的特征，它们以 24 小时为一周期进行变化。就交感神经活动而言，白天交感神经活动占优势，而夜晚则是副交感神经活动占优势。

生理功能的昼夜节律中，最典型的就是人体体温的昼夜变化。人的体温在早晨4~6时最低，7~9时迅速升高，此后上升缓慢，17~19时达到最高，22时后缓慢下降。人的体温的最高值与最低值之间相差约1℃。当体温下降时，睡眠会逐渐到来，而体温升高时，人则会从睡眠中醒来。

（三）心理功能的昼夜节律

心理功能也存在似昼夜节律性变化。警觉度、反应时间、视觉寻觅速度等功能都在早晨（刚睡醒）最差，而在下午或黄昏时（体温节律的高峰）最好。

Higgins（1975）和 Klein（1972）均对人的心理功能或工作能力进行了卓有成效的研究。实验结果如图4.1所示：在掷球测验中，心理运动能力，即手—眼协调能力从上午9时开始逐渐上升，在15~16时左右达到最高，此后逐渐降低，在凌晨4~6时左右下降到最低点；在符号划消测验中，从上午9时开始成绩逐渐上升，分别在12时和18时左右达到其峰值，此后成绩逐渐下降，在24时以后成绩急速下降，在凌晨4~6时左右下降至最低点；从反应时来看，自上午9时开始成绩逐渐下降，在凌晨3~6时左右下降至最低值；在数字递加测验中，从上午9时开始成绩逐渐提高，在18时左右达到其最好成绩，此后逐渐下降，在3~6时左右成绩下降至最低值。

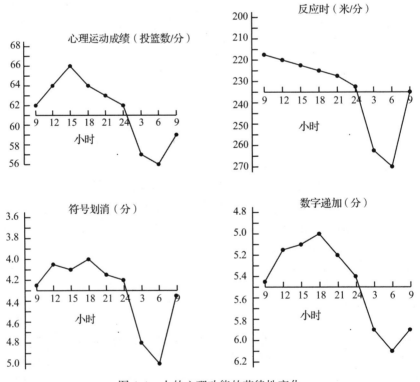

图4.1 人的心理功能的节律性变化
（引自 Klein et al., 1972）

通过符号划消测验的表现，可以测查个体的注意搜寻能力与警觉性，反应时可以考查个体的反应速度，数字递加测验可以对个体的数字运算能力进行测验，这些能力既是空中交通管制员必须具备的心理品质，也是飞行员的基本能力要求。由此可见，空中交通管制员和飞行员的工作能力都具有昼夜节律性。事故调查也表明，凌晨 4~6 时也是飞行事故或不安全事件的易发时期。因此，每一名空中交通管制员都必须重视这一时间段的可能工作表现，为飞行员提供最佳的空中交通管制服务。

需要指出的是，人体的心理功能存在的昼夜节律性会随着时间的改变，在一定范围内发生变化。通过练习和不断实践，图 4.1 中的各种能力曲线可以上升或变得平坦，工作动机提高或努力程度增加也可以改善人的工作能力。

（四）昼夜节律扰乱

人体的生理活动具有一定的节律性，一旦这种节律与外界变化不同，便会影响人的活动能力，就可能出现昼夜节律扰乱现象。飞行员的向东或向西的跨时区飞行、夜间飞行，空中交通管制员的轮换班尤其是夜班工作，都是造成这种情况的典型事例。

昼夜生物节律的形成，是人体生物钟与外界环境，如日照变化、工作生活规律等共同作用的结果。生物钟是昼夜节律的内因，外界环境是昼夜节律的外因，它对昼夜节律具有一定的调节作用。正常情况下，人体的内源性节律总是与外界环境的时间线索保持同步关系，但在外界环境发生突然变化时，人体的内源性节律会因其固有的惰性，不能立即跟上外部时间动因的突然变化，从而导致内源性节律与外界环境节律的短暂去同步，出现昼夜节律扰乱。这种状态就可能影响人体的生理、心理机能，甚至导致身体不适，出现睡眠紊乱，产生较为严重的疲劳体验。

空中交通管制员的夜班工作造成的昼夜节律扰乱现象，是必须关注的突出问题。绝大多数空中交通管制员都面临着值夜班的问题，值夜班时，他们不得不在深夜充分调动自己的全部身心机能，尽可能提供最佳的空中交通管制服务，以确保飞行的安全与高效。在人体自身需要休息和睡眠时，他们却得保持良好的觉醒水平。夜班工作的管制员的睡觉时间安排在白天，而白天睡觉时从光线、环境安静程度等方面均与夜间不同，因而白天的睡眠质量不可避免地变差，体力与信息加工等心理机能的恢复受到影响，很容易产生疲劳感。从对夜班的适应能力来看，适应能力较强的人，一般可在 2~3 天内很快适应，但许多人要有较长的适应时间，有些人则根本无法适应。

三、月节律

月节律（lunar rhythm）是指有机体生理与心理功能会随着月份的变动而呈现节律性变化的现象。

19 世纪末，奥地利心理学家 H. Swoboda 和德国内科医生 W. Fliess 通过长期的临床观察发现，人类存在着以出生日算起的体力盛衰周期和情绪波动周期。此后，奥地利因斯布鲁大学 A. Teltscher 教授也发现，人体还存在着以一定天数为周期的智力节律。后来，人们把这三位学者的研究结果综合在一起，统称为"人体生物节奏三节律"，其理论称为人体生物节律理论或 PSI 周期理论。PSI 周期理论即以体力（Physical）、情绪（Sensitive）、智力（Intellectual）的周期为主线，认为人自出生之日起直至死亡终止，体力、情绪、智力都进行着相当于正弦曲线的周期性节律变化。其中体力周期为 23 天、情绪周期为 28 天、智力周期为 33 天。如图 4.2 所示。因此，人们生命中各时期的生物节律状态是可以预测的。在曲线正相的日子称为"高潮期"，在曲线负相的日子称为"低潮期"，曲线正负相交替的 24 小时称为"临界期"。

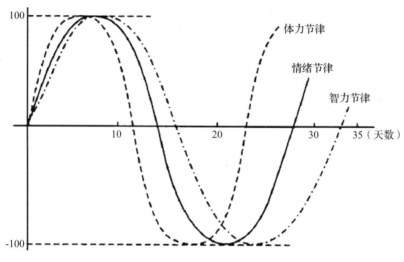

图 4.2　人体昼夜节律周期示意图

　　生物节律处于不同时期，人的生理心理状态是不一样的。在高潮期，人的体力充沛、精力旺盛、情绪饱满、反应灵敏、工作效率高，容易取得较好的工作成绩；在低潮期，体力衰退、容易疲劳、烦躁、健忘、判断迟钝、工作效率低，难以发挥出自己的正常水平。在临界期，人体各器官机能下降，处于不稳定状态，表现为头脑反应迟钝、心情不安、粗心马虎，极易出现人为差错。如果体力、情绪、智力三节律同时处于临界期，则称为"危险期"，极易发生事故。日本一家铁路公司查阅了 1963—1968 年间发生的 331 起事故，发现其中 59% 的事故发生在司机的"临界期"，1969 年该公司开始实行生物节律计划，全年的事故一下减少了 50%。一名瑞士学者对 700 起交通事故的分析发现，57.3% 的事故都发生在驾驶员的三种生物节律处于临界日的时候。杜毅运用该理论对 1998 年 1 月至 2004 年 2 月期间中南地区管制原因造成的 9 起飞行事故征候、15 起严重差错事件进行调查分析，这些事件一共涉及 33 名管制员。结果发现，这些事件与当班管制员的人体生物节律指标有一定的相关性，其中 93.3% 的飞行事故征候与严重差错事件发生在当事人生物节律的临界状态。

　　众多事例表明，PSI 周期理论能够在一定程度上对人的身心活动表现予以预测和解释，并且美国和日本的一些公司利用人体的 PSI 周期，合理安排员工工作时间。尽管这些工作也取得了一定的成效，并在 20 世纪 80 年代前后在美日风靡一时，但迄今为止，PSI 周期理论与事故之间的因果关系并未得到科学实验的证实，而且对大量飞行事故的统计学分析表明飞行事故的发生时间与所谓的 PSI 周期没有任何相关。鉴于此，如今美日等国家对该理论的研究热潮也已大大减退。尽管如此，管制员在实际生活中还是应当避免在上述生物周期的低潮期从事管制工作。如果预测到工作当日正好处于低潮期或临界日，可以主动向班组长提出将自己安排在简单扇区、扇区的非繁忙时段、协调位或计划位等劳动强度较小的岗位。班组长也应当掌握每个班组成员的生物节律状况，科学排班，并及时监控班组成员的精神状态和工作表现。如果管制员恰巧在临界日或低潮期值班，也不必过分紧张，应提醒自己小心谨慎、保持清醒头脑和良好心态、严格按章操作，并告诉班组有关人员对自己的工作予以积极监控，将可能出现的工作差错概率降到最低。

四、年节律

除了昼夜节律、月节律以外，研究还表明有机体生理功能还会随着季节的变动而呈现节律性的变化，这就是年节律（circannual rhythm）。例如人体的基础代谢率冬季高于夏季，体液含量夏季高于冬季，交感神经活动冬季高于夏季，有机体的这些活动均有随季节变动而变动的特点。这些变化主要是由于有机体在长期的演化繁衍过程中，对外界气候条件不断适应的结果。如在实验室的恒定环境中饲养的大白鼠在冬季仍显示出能量代谢增高变化；恒温环境条件下饲养的羊，在冬季仍然出现垂体后叶催产素分泌反射性增强等。这些实验表明，即使照明、气温条件恒定，动物生理功能仍存在着年节律。

季节变动与管制工作表现似乎也有一定关联。2002 年，中国民航总局空管局人为因素研究工作小组对 1992 至 2001 年间中国民航的空管不安全事件的调查分析指出，每年空管不安全事件有半周期性的季度性起伏，见图 4.3。第一季度至第二季度的空管不安全事件具有增长趋势，第三季度至第四季度的空管不安全事件具有递减趋势，全年的尖峰期为第二季度和第三季度。该研究还指出，春夏两季空中交通量大、天气复杂和人员疲劳更易导致空管不安全事件的发生。与月节律一样，年节律对人的智力、情绪和体力等的影响也未得到科学验证，但生活经验表明，人在不同季节的身心表现的确存在一定的波动，因此，在管制工作中也可以对其予以适当关注。

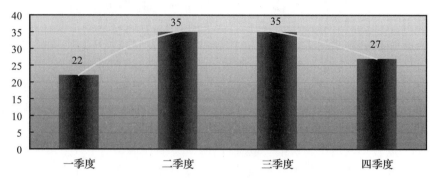

图 4.3　空管不安全事件的季度分布情况
（引自民航总局空管局人为因素课题组，2002）

第二节　睡　眠

一、睡眠与睡眠的作用

睡眠是一种主动过程，通过睡眠，使疲劳的神经细胞恢复正常的生理功能，精神和体力得到恢复。

睡眠作为有机体节省能量的机制之一，是人类最重要和最基本的生理活动，占人生近三分之一的时间。睡眠是消除身心疲劳、恢复体力、促进生长发育、增强机体抵抗力以及延缓衰老的主要方式。睡眠不足者，表现为烦躁、激动或精神萎靡，注意力涣散，记忆力减退；而睡眠充足者，精力充沛，思维敏捷，办事效率高。可见，睡眠使能量得到贮存，有利于精神和体力的恢复；而适当的睡眠是最好的休息，既是维护健康和体力的基础，也是确保良好工作绩效的保证。

二、睡眠周期

睡眠时同样存在生物节律。根据脑电波和生理表现，可以发现人从清醒到入睡的整个过程中，人的脑电波有着不同的变化。在大约 90～100 分钟的时间内会经历一个有 5 个不同阶段的周期（如图 4.4）。通过脑电图（electroencephalogram，简称 EEG）可以精确显示睡眠周期中的脑电活动，可以利用其了解和揭示睡眠的特质。

如图 4.4 所示，脑电波图中有六条曲线，除第一条曲线表示清醒状态之外，从第二条曲线以下代表睡眠的五个阶段。根据脑电图及其他身体的变化判断，正常人入睡先进入非快速眼动睡眠（non-rapid eye movement sleep，non-REMs）。非快速眼动睡眠又可以分成四个阶段：

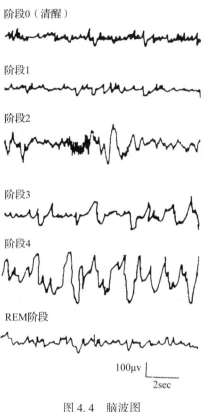

阶段0（清醒）

阶段1

阶段2

阶段3

阶段4

REM阶段

100μv

2sec

图 4.4　脑波图

(睡眠中不同阶段出现不同的脑波态型。图下之拐角线，横线下数字表示两秒钟
曲线的距离，代表频率。竖线为微伏打数，代表振幅。引自 Atkinson，1983)

　　阶段 1 是睡眠的开始，平时所说的昏昏欲睡的感觉就属于这一阶段。对于睡眠正常
的人来说，这一阶段大约有几分钟的时间。人会感到朦朦胧胧，很容易被惊醒，并能听
到周围发生的事情，所以这一阶段又称作朦胧期或瞌睡期。此时脑电波开始变化，频率
渐缓，振幅渐小。

　　接着进入的第 2 阶段开始正式睡眠，属于浅睡期，持续大约 30～40 分钟时间。这
一阶段的睡眠是睡眠时间中最长的一个阶段，若以整夜计算，这一阶段的睡眠占总睡眠
时间的 50%。这一阶段的脑波渐呈不规律进行，频率与振幅忽大忽小，其中偶尔会出
现被称为"睡眠锭"的高频、大波幅脑电波，以及被称为"K 结"的低频、很大波幅
脑电波。

　　随后出现第 3 和第 4 阶段的深度睡眠，脑电图的波形变为高而宽的 δ 波，又称 δ 睡
眠，睡得很沉，意识消失，10 岁以前的儿童深度睡眠比成年人多，而且更深，当他们
处在深度睡眠阶段，几乎不可能将他们弄醒。60 岁以后深度睡眠明显减少，甚至完全

消失。此时脑波变化很大，频率只有每秒 1~2 周，但振幅增加较大，呈现变化缓慢的曲线。在深度睡眠期，大脑细胞完全休息，精力得到充分恢复；所有身体的机能活动下降，呼吸慢而平稳，心率、血压降低，新陈代谢减缓，表现副交感神经占优势；脑电波速度变慢，波幅变大；体温下降；生长激素分泌达到高峰；免疫物质产生最多。

经过 60~90 分钟左右的非快速眼动睡眠，个体会进入另一种与前面 4 个阶段性质不同的睡眠。在这个第 5 阶段，个体的脑电波迅速改变，出现与清醒状态时的脑波相似的高频率、低波幅脑波，但其中会有特点鲜明的锯齿状波。睡眠者通常会有翻身的动作，并很容易惊醒，似乎又进入阶段 1 的睡眠，但实际是进入了一个被称为快速眼动睡眠（rapid eye movement sleep，REMs）的睡眠阶段。因为，此时除了脑电波发生变化之外，全身肌肉完全松弛，但有的小肌肉如脚趾、手指、面肌还有抽动；呼吸变快，脉搏、血压升高且变得不规则等交感神经兴奋现象；个体的眼球作间断性快速地来回运动。如果此时将其唤醒，大部分人报告说正在做梦，因此又可称为做梦睡眠，如果遇有噩梦，梦境内容紧张、恐惧，使交感神经更加兴奋。因此，REM 就成为睡眠第 5 个阶段的重要特征，也成为心理学家研究做梦的重要根据。

需要指出的是，睡眠周期是为了研究方便而根据脑电波和生理表现人为划定的，实际上各个睡眠阶段很难划出明确的界线，往往是逐渐变化，重叠交错的。在整夜睡眠中，人们通常会经历 4~5 个睡眠周期反复交替。从入睡到快速眼动睡眠为一个周期，然后再从浅睡进入深睡眠到快速眼动睡眠结束为第二个睡眠周期。大部分深度睡眠出现在前面 2~3 个周期，即入睡后 3~4 小时深度睡眠已经完成，这是恢复机体最有效的睡眠时间。随着睡眠进程的延续，快速眼动睡眠在单个睡眠周期内所占比重会加大，第一个周期的快速眼动睡眠持续时间只有 5~10 分钟，醒前最后一个周期的快速眼动睡眠可长达 30~40 分钟。所以，大多数的梦发生在后半夜。

三、睡眠缺失与失眠

睡眠缺失是指正常的睡眠习惯遭到干扰、破坏或没有能够睡足通常的时数。鉴于管制工作的特点，管制员不得不面临夜班工作，有时甚至是通宵达旦。夜班工作，对人体正常生物节律有极大的影响，睡眠节律的扰乱和睡眠缺失，是管制员群体普遍存在的问题。不少管制员在上完夜班后，入睡比平常困难，容易早醒。而且，睡眠缺失具有累积效应，连续几夜的睡眠不足累加在一起，会严重影响管制员的身心健康，进而危及管制员的工作表现。

失眠是最普遍的睡眠障碍，又被称为入睡和维持睡眠障碍，是由各种原因引起的入睡困难、睡眠深度或频度过短、早醒及睡眠时间不足或质量差等。临床以不易入睡、睡后易醒、醒后不能再入睡、时睡时醒，或彻夜难以入睡为其症候特点，并常伴有白天精神不振、反应迟钝、体倦乏力，甚则心烦意乱，严重影响工作、学习和生活。

失眠通常可以划分为暂时性失眠和慢性失眠两种类型。暂时性失眠也被称为情景性失眠，是由于外在工作、生活情景改变造成的暂时适应困难导致的暂时失眠，失眠的时间通常较短，最长也不会超过 3 周。大多数人在遇到一些令人感到兴奋、压抑或焦虑的事件，如严重的家庭、工作或人际关系问题，由于时差或轮班的工作等改变原有睡眠节律，睡眠环境不舒适或对睡眠环境的不熟悉时，都可能会出现这种类型的失眠。这类失眠一般会随着事件的消失或时间的拉长而改善，但是如果处理不当部分也可能恶化成为慢性失眠。慢性失眠则是失眠症状至少持续 3 周以上，管制员如果出现慢性失眠，就必须尽快采取措施，去医院就医。部分慢性失眠患者由暂时性失眠延续而来，另一些是由于躯体化焦虑状态所致，如不安、忧虑、过度警惕、反复思量等。同时，失眠的人往往会越想睡眠越难以入睡，越发变得对失眠过分关心和忧虑，这样失眠又反过来加重症状形成恶性循环。长期使用安眠药也可能是造成慢性失眠的重要原因，一些安眠药的长期使用不但对失眠没有帮助，反而会加重失眠。

四、提高睡眠质量、补充睡眠缺失的建议

根据影响睡眠质量，导致睡眠缺失的可能原因，可以采取以下的一些措施和方法，帮助提高睡眠质量、补足睡眠。

（1）科学饮食。尤其是有睡眠障碍的管制员，在睡前尽量不饮酒、不吸烟、不喝含咖啡因的饮料、不过多饮水以免晚上不断上厕所影响睡眠质量；晚餐时间不宜太迟，少吃辛辣的富含油脂的食物，以免腹胀影响睡眠，但也不能吃得太少，否则易引起早醒，中医所说"胃不和则卧不安"即是这个道理。如果睡前确实需要进食，可以适当喝点牛奶、吃点面包饼干之类的食品。

（2）养成良好的睡眠习惯，尽可能保持有规律的作息时间。生活起居规律，养成定时入睡和起床的习惯，建立起自己的生物钟，这是避免失眠的最有效方法。由于值班等原因有时不得不晚睡，早晨也尽量按时起床，遇到周末和节假日也不要多睡懒觉。睡眠是无法储存的，睡多了反而无益。大睡要放在夜间，白天的睡眠时间尽可能控制在 1个小时以内，并且最好不要在下午三点后睡觉，否则容易导致对夜晚睡眠时间的"剥夺"。

（3）科学锻炼。尽可能每天都能够保持半小时到 1 小时的运动时间，下午锻炼是帮助睡眠的最佳时间，而科学的有规律的身体锻炼能提高夜间睡眠质量。游泳、步行、登山、跳绳等运动，可以帮助缓解疲劳、促进深度睡眠，还有助于消除沮丧和焦虑等不良情绪。但睡前不要从事剧烈运动，过量的运动往往会使睡眠质量下降。

（4）睡前洗个热水澡或泡热水脚。睡觉之前洗一个热水澡或热水脚，有助于放松肌肉，更容易入睡。

（5）给予必要的心理支持和心理疏导。创设条件，通过多种途径和方法与管制员，尤其是与存在一定心理困惑甚至是心理问题的管制员多交流，选择合适的时机给予心理辅导或认知指导，帮助他们分析不合理情绪产生的根源，引导其诉说心中的苦闷，进而帮助他们宣泄不良情绪，改善心理状态，使其睡前保持心情平静，从而防止出现失眠或者是改善睡眠。

（6）学习和掌握一些科学便捷的放松技术。放松技术一方面可以减轻神经的兴奋，另一方面还可以使身体肌肉得以放松，从而减少紧张，降低警醒水平，诱导睡眠的发生。遇到不良生活事件导致的负性情绪时，在令人放松的音乐中进行自我调节。

第三节　疲　劳

一、疲劳的含义

疲劳是由于肌肉和中枢神经系统长时间从事生理活动或心理加工过程，因缺乏足够的休息，而产生的没有足够的能力或资源维持活动或加工的最佳水平，是在一定条件下，由应激的发生和发展所造成的心理、生理上的不平衡状态。在实际工作中，是由于高强度或长时间持续活动而导致的人体工作能力下降和差错率增大的现象。作为一种自然的人体防御反应，通常情况下，管制员的疲劳不以耗损体力为特征，属于心理能量的消耗，常常表现为注意力难以保持集中和发挥管制技能，工作绩效下降。

二、疲劳的类型

疲劳可分为心理疲劳和生理疲劳两种类型，这两类疲劳通常交织在一起，彼此相互影响。

心理疲劳一般是指人体肌肉工作强度不大，但由于神经系统紧张程度过高或长时间从事单调、令人厌烦的工作而引起的第二信号系统活动能力减弱，大脑神经活动处于抑制状态的现象。通常表现为头昏脑涨、失眠或贪睡、感觉体力不支、注意力不集中、反应时减慢、短时记忆受损、思维缓慢、情绪低落，以及工作效率降低等等。其实质是由于心理功能、神经系统方面利用过度、紧张过度从而导致其功能降低所产生的疲劳，或者是由单调、重复的工作所引起的一种厌倦感。疲劳状况下的管制员，更容易出现"错、忘、漏"现象。

生理疲劳也称体力疲劳，是指由于过度体力劳动、身体不适或环境物化等因素所引起的体力衰竭和工作能力下降的现象。生理疲劳以肌肉疲劳为主要形式，其典型表现为乏力、工作能力减弱、工作效率降低、注意涣散、动作的协调性和灵活性降低、工作满意感下降等等。管制工作对体力要求不高，几乎不可能因过度体力劳动带来生理疲劳，但是身体健康状况欠佳、班组成员抽烟或其他原因导致工作环境空气浑浊等原因所导致的生理疲劳却并不鲜见。

三、疲劳与管制员的工作表现

疲劳对于个体生理和心理的影响，中外学者均对其进行了大量的研究和说明，罗列出一系列表现。总的来看，疲劳时的管制员会出现工作能力和工作绩效下降的现象。

首先是个体的认知能力受损、警觉水平下降。认知能力是指个体在观察、记忆、理解、概括、分析、判断以及解决智力问题等方面具有的能力，也就是感知、记忆、思维、想象和言语等方面的能力。疲劳状况下，管制员在感知能力上的表现，主要体现为感受性降低、感觉阈限值增高、警觉性水平降低；简单反应时和复杂反应时延长、反应迟钝；视敏度降低、视野缩小；记忆能力，尤其是短时记忆能力丧失，对刚做过的事、听过的话往往需要重复多次才能记住；判断与决策能力受损，容易出现错误判断，并且逻辑性和条理性降低，容易表现出思维固着、思路单一，出现违章操作等等。

其次，可能出现情绪异常，容易产生攻击性行为，人格特质也可能会发生变化。出现疲劳时，管制员可能会心境异常，情绪不稳定，感到心烦意乱，容易急躁，倾向于冒更大的风险，对自己以及班组成员的工作可能表现出漠不关心、工作的积极主动性丧失。此外，在言语方面，通常表现出不愿意说话，但也有个别人会表现出兴奋，语言明显增多，但条理不清晰、缺乏逻辑性。在疲劳状况下，管制员的情绪控制能力也可能会大大降低，情绪容易在兴奋和消沉两种极端之间交互变化，一会儿感到郁郁寡欢、心情沉闷，做什么事都提不起精神，一会儿又情绪激昂、热血沸腾，似乎特别强壮有力，能够应对一切可能发生的事件。容易出现攻击他人心理甚至是肉体的行为，这种攻击行为最突出地体现在言语表现方面，挖苦、讽刺语言增多，容易出现大声呵斥的情况。这样很容易损害班组成员之间的人际关系，影响彼此间的协作配合，进而降低工作效率。

第三，注意稳定性、注意的分配能力降低。疲劳状况下的管制员，全神贯注于多种管制任务的能力降低的同时，容易出现注意力的管状集中，即将注意力全部集中于某个或某几个航空器，或者是某一活动上，缺乏对整个管制区域、多种任务的整体状况的关注。注意力容易分散，监控技能降低，受无关因素干扰，思想游离于管制活动之外。

第四，在生理等主观感觉方面，可能首先出现倦怠感，随后出现困倦、头昏、头痛、全身酸痛、疲倦无力等症状。如果疲劳加剧，发展为过度疲劳，会出现头痛、头昏加重，恶心、心悸、心律失常、严重失眠，以及其他植物性神经功能障碍等。1996 年美国学者对晚上飞货机的飞行员进行跟踪调查发现，同飞白班的飞行员相比，他们的头痛发病率增高 4 倍，鼻阻塞增加 2 倍，眼红肿增加 9 倍。虽然管制员与飞行员的工作性质、工作特点和工作环境有着很大的差异，但是一些研究结论值得借鉴，困倦乏力、失眠等现象在管制员群体中是比较普遍的现象。

疲劳的发生发展，通常与工作过程的延续存在一定的时序关系。管制员的工作过程也可以划分为工作启动阶段、最大能力阶段、能力下降阶段和工作结束阶段四个阶段。首先是工作启动阶段，管制员开始走上工作岗位，管制工作刚刚开始，管制员的活动水平较低，处于一种逐渐适应的状态，随着时间的延续，工作能力逐渐提高。随着时间延续，管制员逐渐进入最大能力阶段，管制员处于良好的警觉水平，表现出较高的工作能力，工作负荷越低，则保持最大能力阶段的时间就越长。第三阶段是能力下降阶段，疲劳逐渐形成，管制员的工作能力呈现出随工作时间延续逐渐降低的趋势，难以保持最佳工作能力，开始需要适度的休息。最后是工作结束阶段。在这个阶段，管制员已经完成了自己应当承担的工作，进行工作交接，离开管制室等工作环境休息。

四、疲劳的影响因素

（一）休息或睡眠不足

民航总局令第 86 号《中国民用航空空中交通管理规则》明确指出，塔台、进近、区域管制室值班空中交通管制员（以下简称管制员）连续值勤的时间不得超过 6 小时；直接从事雷达管制的管制员，其连续工作时间不得超过 2 小时，两次工作的时间间隔不得少于 30 分钟。对管制员每周、每月及每年的工作小时数没有明确规定。实际工作中，有些管制单位的管制员从早上 8 点接班要到晚上 8 点钟才下班，虽然期间有几段短暂的休息时间，但长时间的工作容易导致疲劳的累积。有些管制单位的管制员在 2 小时的连续指挥工作后，又被轮换到监控席位或协调席位继续工作，尽管这些席位的工作比直接指挥相对轻松一些，但是这种做法并没有真正完全脱离岗位，这种休息是不利于疲劳恢复的。

（二）工作态度与责任感

就心理疲劳而言，管制员的疲劳体验与工作绩效并不总是一一对应的关系。某位管制员可能在工作中感到极度疲劳，甚至"筋疲力尽"，但是他的工作表现却并未有明显下降，对飞机的调配等工作质量很高；但是在其他时候，却可能是工作绩效明显降低，但主观疲劳感很小。这表明个体的工作态度在其中起了很大的作用。端正的工作态度、良好的责任感，使得个体的工作潜能得以激发，忽视不良因素对人体的消极影响，继续保持良好的工作状态。但管制员如果不能够对管制工作抱有高度的责任感，工作表现漫不经心，甚至感到厌烦，就会更容易产生疲劳体验。

此外，工作中的"终末激发"现象应予以关注。有学者就 8 小时工作效率的变化规律进行的研究结果发现，随着工作时间的延续，个体的工作效率逐渐下降，休息后继续工作，工作效率有一定的回升。有趣的是，当工作日快结束时，个体的工作效率却有明显提高。这种现象就叫作"终末激发"。出现这种现象的原因可能是操作者意识到快下班了，结束工作的期望很快就要实现，促使操作者的工作积极性大大提高，从而使工作绩效得到提高。

（三）高工作压力与工作负荷状况

空中交通管制是一个高工作压力的职业，随着近年来交通量和空中交通复杂性的增

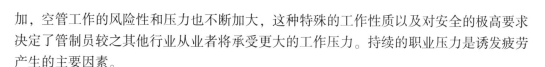

加，空管工作的风险性和压力也不断加大，这种特殊的工作性质以及对安全的极高要求决定了管制员较之其他行业从业者将承受更大的工作压力。持续的职业压力是诱发疲劳产生的主要因素。

从唤醒水平模型角度分析，一定范围内的工作负荷，有助于使大脑皮层处于一定的唤醒水平，保持一定的兴奋性，有利于个体的信息加工，对工作表现带来积极影响。但管制员的工作负荷与工作时间、工作任务的难易、工作环境的复杂性等因素有密切关联，会随着流量等影响因素而动态变化，适宜的工作负荷可以使管制员处于适宜的压力状态，有利于工作效能均匀地保持在较高的水平上。但是管制环境的突然改变，如遇有复杂天气、设备故障以及其他突发事件影响时，很容易出现过高的工作负荷，而过高的工作负荷常常会造成管制员产生高度的心理应激，人体紧张程度和压力过高，容易造成心理疲劳。当工作负荷过低时，如飞行流量小或夜间值班时，管制工作又会变得非常单调，时间一长就很可能引起厌倦感，导致管制员出现另外一种疲劳体验，难以保持良好的警觉性，影响监控等工作表现。

（四）轮班工作

鉴于空中交通管制工作的性质，管制部门需要 24 小时不间断地为飞行提供空中交通管制服务。因此，需要管制员轮班工作是空管工作的特点，管制部门的一线工作人员都会采用"轮班制"工作。轮班工作本身会扰乱生物节律，改变原有睡眠习惯，导致睡眠缺失、产生疲劳感。在短期内，通过人自身的生理调节，生物节律扰乱可能给人体带来的负面影响可以在一定程度上得以避免或减轻，疲劳的表现不很明显。但其长期影响就容易造成疲劳积累，进而影响管制员的身心健康和工作效能。此外，管制单位通常采取的"五班"或"四班"轮换班制度，往往很长时间都不会改变，长此以往，这种简单枯燥的轮班循环也容易使人感到厌倦。一线管制员的作息时间一般为工作一天休息两天，而且每周通常都会有一个从晚上 24 点到第二天早上 7 点或 8 点的大夜班，这种安排往往会持续一段时间不变。这种轮换班制度看起来有规律，并且每周作息时间都相同，但实际上每天的工作时间却不一样，这也容易造成管制员的疲劳。

此外，灯光、温度、湿度或空气质量不佳，稳定的低噪声等工作环境也容易使管制员产生疲倦感。如区域管制室近乎阴暗的光线可能对管制员产生一种压抑的情绪体验，而且为了看清雷达信号，照射雷达荧光屏上的光线不能太强，为了看清进程单，照明又不能太暗，这样，管制员的视线反复频繁在雷达显示器、进程单、协调席位等之间进行转换，这样容易导致视觉的疲劳。身体状况欠佳、营养缺乏、吸烟、饮酒、沉湎于游戏或网络等不良生活习惯，人际关系不良、来自社会家庭等的生活压力过大，都可能会导致疲劳出现，或者是增加疲劳的易感性。尤其是空中交通管制的工作特点，不可避免地会对人体的身心健康状况造成一定的影响，不良的身心健康状况会降低管制员的工作适应能力，影响自身调节能力，而且这种由于健康原因导致的疲劳更容易出现累积效应，不易恢复。

五、疲劳的预防与管理

（一）养成良好生活习惯、保证充足休息和睡眠时间

疲劳的预防与克服，固然有管理部门的责任，但更多地取决于管制员自身。作为一名合格的管制员，必须学会合理安排休息时间、加强生活规律性、克服不良生活习惯、严格作息制度、确保充足睡眠。

疲劳后的休息一般有静止性休息和活动性休息两种方式。正确的休息方式应当是两种休息方式的结合，即在良好睡眠的静止性休息基础上，适当参加一些运动或其他体力活动，这对于消除心理疲劳具有显著作用。避免沉湎于麻将、扑克牌、网络游戏，积极参加打球、散步、棋牌等适当的户内外文娱活动，都有助于疲劳的预防和克服。

需要指出的是，在值班过程中的休息最好能够离开管制工作环境。并且，管制员应该对一些有助于入睡、帮助提高睡眠质量的方法有所了解，在保证 8 小时睡眠时间的同时，提高睡眠质量。如保持安静的睡眠环境，避免日光照射，选择舒适卧具；尽可能保持有规律的睡眠计划；保持良好的身体状态，睡前不吃刺激性食物，疲倦但不是过度疲倦时睡觉；尽可能摒弃强烈的心理活动，如思考问题或情绪问题；避免用药物和酒精帮助睡眠；合理运用心理放松和自我催眠方法等等。

（二）科学认识、积极小睡

小睡（napping），即日常所说的打盹，是持续 20 分钟到 2 小时之间的短时间睡眠，它有助于减少睡眠的累积性缺失、防止警觉性水平降低，预防和消除疲劳。具体来讲，白天的小睡有助于提高记忆力、提高反应时，使人感觉舒适，下午的小睡有助于延长夜间工作时间；夜间的小睡有助于补偿睡眠不足，防止工作能力下降。

NASA 非常强调机组人员轮流小睡的积极作用。研究表明，长途飞行的巡航过程中飞行员小睡 20 分钟，有助于消除疲劳，并足以恢复长时间飞行所需的警觉性；而且在这一期间，其他机组成员更易处于良好激活水平，不会出现警觉性降低的情况。许多国家已不再禁止在飞行中的短时间睡眠，只是必须予以仔细管理、做好计划。小睡 20 分钟必须做出 40 分钟的计划，其中 5 分钟用于准备入睡、20 分钟睡眠、15 分钟恢复到完全清醒；在飞机下降一小时前，所有人员必须保持清醒状态。2000 年，Cruz 等人在实验室环境中对 60 名管制员的研究表明，2 小时小睡的效果优于 45 分钟的小睡、45 分钟短暂的小睡优于没有小睡，并且夜班期间的小睡可以提高记忆力、减少反应时、减少主观困倦感。因此，只要条件允许，在管制工作间隙也可以适当考虑安排小睡。

（三）注意膳食营养、加强体育锻炼、增强抗疲劳耐力

平时加强身体锻炼，注意合理营养，保持健康体魄，对于提高管制员身体抗疲劳能

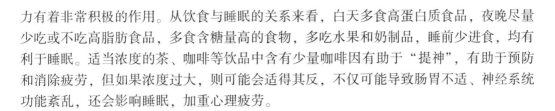

力有着非常积极的作用。从饮食与睡眠的关系来看，白天多食高蛋白质食品，夜晚尽量少吃或不吃高脂肪食品，多食含糖量高的食物，多吃水果和奶制品，睡前少进食，均有利于睡眠。适当浓度的茶、咖啡等饮品中含有少量咖啡因有助于"提神"，有助于预防和消除疲劳，但如果浓度过大，则可能会适得其反，不仅可能导致肠胃不适、神经系统功能紊乱，还会影响睡眠，加重心理疲劳。

（四）合理的轮换班制度

轮换班制度是管制工作的一个重要特性，但不科学的轮换班制度容易使管制员产生疲劳。尽管如何使轮班更科学合理，许多学者都对其进行了研究，但如何轮班最好，一直没有达成统一认识。一般说来，轮换班制度的制定需要充分考虑其是否与人的生理和心理活动规律相适应，是否给人以足够的时间以消除疲劳。规定适宜的工作时长，如工作负荷较大则尽可能减少值班管制员的单次工作时间；轮班尽可能规则，相对固定的同时注意避免长期固定轮换班时间可能产生的疲劳和厌倦感；减少连续夜班的次数、换班前获得足够休息、适当小睡、备份人员以应对不可预期的工作计划；工作安排具备一定弹性，能够根据不同时段飞行流量的需求来规划人员数量和搭配，如条件允许可以给管制员一定的工作时段选择权等，都是比较好的经验和方法。

（五）加强班组资源管理、保持适当工作负荷

疲劳与工作负荷密切相连。因此在具体的管制工作中，做好充分的准备，对可能面临的问题做好预案，加强班组资源管理，合理分配班组成员工作，避免不良工作负荷状态的出现。对于应对最为困难，也是最容易出现问题、带来不良后果的过高工作负荷状态，张晓莉等提出了一些防止进入过高的工作负荷状态可能带来风险的行之有效的措施：一是可以通过合理实施流量控制、增开扇区等措施，及时分流繁忙扇区飞行流量，减少管制员单位时间内所承受的工作量；二是优化扇区空域结构，尽量减少区域内的潜在冲突点，降低区域的危险性和管制指挥的复杂程度；三是采取增设备份人员的方式，缩短人员的值班时间或分担一部分工作量来防止长时间、大流量带来的过度疲劳；四是不断提高管制队伍的业务技能、加强经验的积累、提高对潜在冲突的预见性，以便及时化解飞行冲突，确保良好精力的维持；五是进一步优化人—机功能，充分利用先进空管自动化设备的数据处理功能，减轻管制员在雷达识别、管制移交、流量管理等方面的工作负担，解放生产力，能够有效缓解关键岗位人员的疲劳问题。当飞行流量小或夜班时，管制员通常处于低负荷工作状态，这时由于工作缺少挑战性，身心紧张度和警觉水平的降低，往往会使人感到厌倦、乏味和瞌睡。应对低负荷的工作风险通常可以通过合并扇区、合并管制席位等方法来调控工作负荷。此外，还尽力确保管制员不要孤立工作，因为孤立工作比在团队中出现的警觉度下降更为严重。对于夜班，也可以采取缩短个人夜班值勤时间的方式，来减少疲劳程度的累积效应。

此外，当自己感到无聊、困倦，或者是压力过大难以应对，有明显的疲劳感时，应

当告之班组长或班组其他成员，如果条件允许，可以适当调整工作、予以短暂休息。即使无法调整工作，其他人也可以予以帮助，提供有效的监控。

（六）营造良好的工作环境

良好的工作环境对于管制员在工作中身心需要的满足十分重要，这里的工作环境包含物理环境和心理环境两方面的内容。

从物理环境来看，有良好的符合人的身心特点的人机界面设计、安静的环境、略低于正常温度的适宜温度、适当的湿度、柔和的灯光，禁止吸烟、安装通风和增氧设备以尽可能保持空气清新等，都有助于管制员在工作中保持适度觉醒水平，有效地集中精力，保持良好的工作状态。

从心理环境来看，主要是帮助管制员建立一个融洽、具有支持性的良好社会环境，使管制员能够得到家人、朋友、同事的理解与支持，在帮助其安排充足休息时间的同时，使管制员少受或免受不必要社会应激的困扰，免受负面情绪体验的影响。

思考题

1. 简述生物节律、睡眠与疲劳三者间的关系，及其对管制员工作表现的可能影响。
2. 简述人体生理与心理功能的昼夜生物节律的变化表现。
3. 简述昼夜节律扰乱对管制员工作表现的影响与应对措施。
4. 简述睡眠不同周期的特点与功能。
5. 简述提高睡眠质量、补充睡眠缺失的措施与方法。
6. 简述疲劳的含义与类型。
7. 简述管制员疲劳的主要影响因素与应对措施。

第五章 应激与工作负荷

第一节 管制员的应激及其管理

一、应激概述

（一）应激与应激源的含义

应激（Stress）一词源于工程学术语。原意是指施加于物体之上的力量所引起的紧张、变形或破裂。对于人类而言，是一种特殊的情绪状态，它是个体通过对自然环境和社会环境刺激的认知评价而产生的生理及心理反应。

以下几点说明有助于进一步理解和明确这一概念。

（1）应激是个体对刺激或情境的一种适应和应付过程，认知评价在应激作用过程中始终起关键性的作用，是个体对刺激或情境的重要性、危害性、可控性，以及自身应对能力的主观判断。

（2）应激反应是指个体觉察到应激源的威胁后所产生的生理、心理和行为的变化，常称为应激的身心反应。分为应激的生理反应（如内分泌系统）、应激的心理反应（如焦虑）和应激的行为反应（如逃避）。

（3）应激是人类生活中的重要组成部分，具有双重作用。应激一方面动员机体，通过生理和心理的一系列反应使机体处于一个良好的物质及功能状态，有效地应付来自环境的各种刺激；另一方面如果刺激过强或作用时间过长超出了个体的耐受限度，则会有损于个体的身心健康。

应激源是指引起应激的一切原因。管制工作的性质决定了管制员面临着超出常人的应激，能否对其进行有效的管理或控制，直接影响着空管安全和空管工作的效率，影响着管制员的生活质量和身心健康。

（二）应激与应激源的类型

1. 应激源的类型

对于管制员而言，根据应激产生的原因，可以对应激源做以下分类。

（1）根据应激源持续时间的长短，可将应激源划分为急性应激源（acute stressor）与慢性应激源（chronic stressor）。前者是指持续时间很短，很快消失的应激源，比较容易应付，通常是一些必须尽快解决的问题。后者是指持续时间较长，表现不明显，难克服，通常是由一些社会或心理性的刺激引起的。持续时间较长的紧张情境引起的应激源也称为慢性应激源。

（2）根据应激源的性质，可将应激源划分为生理性应激源和心理性应激源。前者主要是指由于疲劳、身体不适、睡眠缺失、饥饿、各类疾病引起的不适等一切生理因素。后者是指时间压力、难以取舍、缺乏自信、人际关系紧张及心理压力过大等引起的一切心理因素。

（3）根据与管制工作直接或间接相关，可将应激源划分为管制工作中的应激源、与管制工作不直接相关的应激源和总体上说与管制工作不相关但会影响管制员的应激源。

1）与管制工作直接相关的应激源

（1）持续的高任务要求。

（2）许多飞机所配备的设备少，而且飞行员缺乏经验，他们可能忽视或不了解空中交通管理程序和要求的时候。

（3）交通流量的状况和管制设备之间不匹配。

（4）对所使用的先进设备不信任或还没有完全熟悉，或还没有识别出设备的故障模式。

（5）工作中同事缺乏经验或其行为不可预测。

（6）工作的分配、监督的方式、与人或机器协作的方式不符合管制员的要求。

（7）管制程序或有关管制工作的说明模糊或模棱两可，或与训练或常规训练存在明显的不一致。

（8）在出现紧急情况或设备故障后得到的支持不够。

2）与管制工作不直接相关的应激源

（1）管理部门对管制员在工作时的需求的支持和理解程度。

（2）就业状况。

（3）外界对管制员批评时管理层所持的态度。

（4）管理部门能否有效地鼓励管制员认同自己的职业、工作场所，使其产生自豪感、满足感。

（5）管制员的职责是否明确。

(6) 单位的招聘政策，管制员这一职业的社会地位。

3) 与管制工作不相关但会影响管制员的应激源

(1) 由于年龄的增长或其他个人因素，个体的能力和技术下降而无法胜任工作。

(2) 个体应对应激的能力下降。

(3) 个体适应轮班的能力下降，从而导致与之相关的睡眠模式的混乱。

(4) 对经济状况和家庭的担心，如离婚、失去亲人、疾病、滥用药品、酗酒等。

缓和这种应激源无法通过改变管制工作的方式，也不能通过改变管理或改变工作条件的方式，而必须将管制员作为个体来对待。暂时或永久性地减少一些职责或许有所帮助，但应激产生的根源将依然存在，仍有待解决。变换工作可能不但不能减小应激，反倒会增加应激，管制员可能会在另一种工作中继续出现应激的症状。

2. 应激的类型

与应激源相对应，管制员的应激类型有急性应激与慢性应激、生理应激与心理应激、生活应激与工作应激等。

(三) 应激的阶段

当内外压力施加于人体时，人体所产生的应激反应可分为三个阶段［通常称之为一般适应综合征（General Adaptation Syndrome）］：警觉阶段、反应阶段和衰竭阶段。

在警觉阶段，人体识别应激源，并准备以面对或逃逸的方式去应付它。这一阶段对个体心理平衡产生的影响非常大，表现为震惊、无法接受、麻木、心慌意乱、无所适从、失去知觉等。此时，肾上腺素分泌进入血液，使人的心率增快，呼吸频率增加并泌汗。其结果是血糖增高，瞳孔放大，消化减慢。主观体验到自己突然间变得非常强大、肌力增强，听觉、视觉及警觉性均得到改善，所有这些都有助于提高个体分析问题、解决问题的能力，迅速地寻找到解决问题的方法。如果警觉阶段的主导情绪是愤怒，人体便分泌去甲肾上腺素，导致血压增高，面色发红。由于血压增高使人思维不清楚，会降低管制员制定解决问题方案的能力，因此，管制工作中的愤怒情绪是一种非常危险的情绪。与愤怒相比较，如果恐惧的强度不是太大，持续时间较短，它所产生的危害也并不严重。

在反应阶段，人体开始修复由应激引起的生理或心理创伤，重新获得心理平衡。心理防御机制及所获得的社会网络支持将有利于控制焦虑及情绪宣泄过度、情绪不稳和恢复受损的认知功能。在某种情况下是人体适应应激源的表现，如对寒冷、繁重的体力劳动或焦虑的适应。

最后一个阶段是衰竭阶段。这一阶段个体已经具有了足够应对应激刺激的心理储备。分析应激刺激及其产生的背景，寻找合适的途径或办法加以应付，并在应付应激的过程中不断调整自己的身心状态，修正自己的应付方式及应付策略以期最终解决问题。但如果应激源持续存在，人体将长时间一直处于警觉阶段。由于生理能量和心理能量的大量消耗，最终不能满足管制工作的需要时，就会导致个体能量的衰竭。此时，人正确观察事物的能力丧失，思维迟钝，甚至放弃寻找解决问题的方案，听天由命。2000 年 4 月 24 日下午 16 时，一架由台湾飞往香港的港龙客机，与另一架由新加坡飞往厦门的胜安客机，进入香港管制区后，同时接到管制员的指令，可以由 3.3 万英尺上空降至 2.5 万英尺。若以原来两机方向，则会在 16:56 在香港东部 105 海里，以 90° 角相撞。就在预计相撞时间前 3 分钟，客机上的雷达突然发出相撞警报，香港民航处空中交通管理中心也接到该警报，当时在场的女管制员和男主管表现为不知所措，没有发出任何的挽救指令和措施，眼看两架飞机越飞越近，最后是其中一架飞机的飞行员从座舱中看到对方飞机迫近，立即采取紧急措施，才避免了一场空难。很显然，这种状况对空管安全来说将是一种非常危险的境地。

二、应激对管制工作绩效的影响（应激效应）

应激的影响既有消极的一面，也有积极的一面。适宜的应激水平有助于提高人的唤醒水平，激发人的生理和心理能量去应付当前的应激情境，有利于解决问题，提高工作效率。只有过高和过低的应激才会对人的工作和生活造成不利影响。应激对管制工作绩效的影响可用叶克斯·道森曲线（如图 5.1）说明。

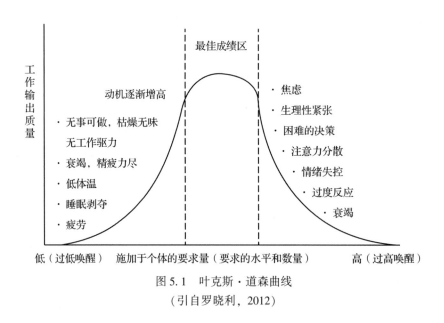

图 5.1　叶克斯·道森曲线
（引自罗晓利，2012）

（一）低应激水平

图 5.1 左侧曲线表示低应激水平（低唤醒水平）与工作效率的关系。在这种状态

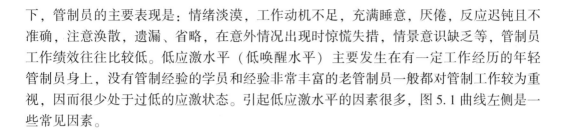

下，管制员的主要表现是：情绪淡漠，工作动机不足，充满睡意，厌倦，反应迟钝且不准确，注意涣散，遗漏、省略，在意外情况出现时惊慌失措，情景意识缺乏等，管制员工作绩效往往比较低。低应激水平（低唤醒水平）主要发生在有一定工作经历的年轻管制员身上，没有管制经验的学员和经验非常丰富的老管制员一般都对管制工作较为重视，因而很少处于过低的应激状态。引起低应激水平的因素很多，图5.1曲线左侧是一些常见因素。

（二）高应激水平

图5.1右侧曲线表示过高的应激水平与工作效率的关系。在这种状态下，管制员的主要表现：紧张、焦虑，思维困难、犹豫不决，反应迟钝、准确性降低，注意涣散，遗漏、省略，工作程序混乱，注意力管状集中，行为倒转，木僵"自杀行为"等，管制员工作效率往往比较低。

使管制员处于过度应激状态的因素很多，几乎所有应激源在达到一定强度时都可使管制员处于这种状态。而且，由于应激具有累积效应，几个微小的应激事件同时出现，或很快地相继出现，都可能导致过度的应激状态。曲线右侧文字所示的因素便是一些常见的诱因，同时也是过度应激的结果。还要指出的是，过低与过高应激的不良影响，有时具有互换性，如省略与遗漏，注意涣散、反应迟钝等都是这两种状态所共有的表现。在过度应激后的衰竭期，也往往表现出过低的唤醒水平或低应激状态。在过低应激状态下若突然出现意外情况，亦会使低应激水平跃升为非常高的过度应激状态。因此，过低与过高应激状态的效应具有一定的互换性。

（三）中等强度应激水平

在过低和过高应激水平之间，存在一个最佳的唤醒/激活区域，一般而言是指中等强度的应激水平。在这一区域内，管制员思维敏捷清晰，动作准确，反应迅速。工作技能可以超水平发挥，人的身心达到最佳状态。这正是应激管理的目标，而应激管理或控制的对象则应是过高和过低的应激状态。

三、管制员应激管理

尽管应激基本上属于人（liveware）的范畴，但在SHEL模型中所有的界面都与它有关。长期以来，人们一直认为由于管制职业的特殊性，管制员承受着过度的应激。管制工作的任务要求很高，时间、责任，抑或不是特别精确的设备都将会引起应激。有时候还受环境的影响或者人—人界面的影响，如雇工条件，与管理层或其他管制员关系不良，失败时责任的分配不当，工作过度，训练不足，以及公众对管制工作存在的不公正的轻视。另外两个因素也会诱发管制员的应激。一个是换班工作，它会扰乱睡眠模式，影响家庭和社会关系；一个是现代的生活方式，导致一些人诱发与应激有关的症状。应激一旦产生就很难解决，比较好的解决办法是为管制员提供良好的工作空间、优化任务设计、使工作时间和工作模式更合理，管理层要理解和支持管制员，关心他们的健康和福利。在任何既定的环境中，成功的预防和减轻应激的办法都取决于对它产生根源的正确诊断。以下是应对应激的积极措施：

（一）寻找原因、遵循规律、学会倾诉

要做到知己知彼，漫无头绪是很难化解不良情绪的。知道应激的根源，积极面对，主动自觉地消除这些因素，至少是降低自己的要求和期望，达到相对的均衡。当闷闷不乐或者忧心忡忡时，所要做的第一步是找出原因。

许多人都仅仅是将自己的情绪变化归之于外部发生的事，却忽视了它们很可能也与身体内在的"生物节律"有关。吃的食物、健康水平及精力状况，甚至一天中的不同时段都能对个体的情绪产生影响。研究发现，那些睡得很晚的人更可能情绪不佳。此外，人的精力往往在一天之始处于高峰，在午后则有所下降。加州大学心理学教授罗伯特·塞伊做过一个实验，他在一段时间里对 125 名实验者的情绪和体温变化进行了观察。他发现，当人们的体温在正常范围内处于上升期时，他们的心情要更愉快，而此时他们的精力也最充沛。根据塞伊教授的结论，人的情绪变化是有周期的。

当遇到不愉快的事时，不要自己生闷气，不要把不良心境压抑在内心，而应当学会倾诉。每个人应适当地建立一个亲密朋友的支持网络，以寻求社会的支持。当产生不良情绪时，就事论事倾诉一番，把自己积郁的消极情绪倾诉出来，以便得到别人的开导和安慰。必要时，可以咨询心理医生，往往能够更有效地调节情绪。

（二）修养身心

人类的情绪活动，首先是建立在一定的人生态度的基础上的。在生活中，面对同样的环境或者遭遇，不同的人的情绪反映有着很大的差异。造成这些差别的根本原因，不仅仅是情绪活动，还有每个人的人生态度。如果一个人没有正确的人生追求，没有崇高的理想，没有良好的习惯，就可能经受不住生活中的挫折和打击，垂头丧气、精神不振、满腹牢骚、怨天尤人。因此，可从爱好、品德和思想境界方面着手。

（1）培养兴趣。有学者指出，如果一个人长期面对过重的压力，健康会受到影响，如心脏功能减弱、手脚麻痹、头痛、失眠、呼吸困难等。培养自己的兴趣，或进行自己喜欢的运动，让自己完全脱离造成压力的源头，是一种行之有效的减压方法。与那些有着积极健康兴趣爱好的人相比，缺乏兴趣爱好、生活单调的人，心中常常会平添几分嫉妒与焦躁。

（2）善良。和顺最能够有效消除心情不快的美德，往往能够防患于未然。慷慨大方，多舍少求，不必斤斤计较。知足者常乐，老是抱怨自己吃亏的人，的确很难愉快起来。多奉献少索取的人，总是心胸坦荡，笑口常开。整天与别人计较的人心理不可能平衡。太多关心别人应该怎么样的人，也不可能有效放松。对别人能广施仁慈之心，包括当素不相识的路人遭遇困难时也能慷慨解囊、毫不吝啬，这种人往往很少出现烦心事。

（3）思想境界来自世界观、价值观。最重要的是对个人利益、集体利益和国家利益、社会利益有正确的认识。

（三）亲近自然、经常运动，并保证充足的睡眠

一个极有效的驱除不良心境的自助手段是健身运动。哪怕只是散步十分钟，对克服坏心境都能起到立竿见影之效。研究人员发现，健身运动能使身体产生一系列的生理变化，其功效与那些能提神醒脑的药物类似，但比药物更胜一筹的是，健身运动对自己只有百利而无一害。不过，要做到效果明显，最好是从事有氧运动——跑步、体操、骑车、游泳和其他有一定强度的运动，运动之后再洗个热水澡则效果更佳。成人每天保证8 小时左右的睡眠时间可以使心情舒畅，看待事物的方式也更乐观。

（四）合理饮食

大脑活动的所有能量都来自人类所吃的食物，因此情绪波动也常常与所吃的东西有关。《食物与情绪》一书的作者索姆认为，对于那些每天早晨只喝一杯咖啡的人来说，心绪不佳是一点也不足为怪的。索姆建议，要确保心情愉快，应养成一些好的饮食习惯：定时就餐（早餐尤其不能省），限制咖啡因和糖的摄入（它们都可能使人过于激动），每天至少喝 6 至 8 杯水（脱水易使人疲劳）。据最新研究表明，碳水化合物更能使人心境平和、感觉舒畅。马萨诸塞州的营养生化学家詹狄斯·瓦特曼认为，碳水化合物能增加大脑血液中复合胺的含量，而该物质被认为是一种人体自然产生的镇静剂。各种水果、稻米、杂粮都是富含碳水化合物的食物。

（五）调整身心状态的方法

（1）两手酸累：将两手掌相合，来回快速搓动 10~12 秒，使掌心产生强烈的热感，再将双手摇动 8~10 次。

（2）头昏脑涨：坐直后把头使劲向后仰，用力拉动颈肌，坚持 8~10 秒。然后把头低垂在胸前静坐 10~15 秒，如此重复数次。

（3）两眼酸胀：合上双眼 5 秒，然后睁开眼自视鼻梁 5 秒，如此重复数次。

（4）情绪激动：做 10 次深呼吸，吸气要短，呼气要长。一次吸入，3~4 次呼出。

（5）困乏欲睡：坐正，双肩后弓，下腭微收，双肩下垂放于躯干两侧，手心向后。然后用力收缩背部、臀部、肩部、颈部的肌肉，坚持 12 秒。然后全身放松 10~15 秒，如此重复数次。

（6）两腿麻木：两腿放于桌下，用力伸直，然后坐正，放轻腿部，如此重复数次。

第二节　管制员的工作负荷

一、工作负荷概述

（一）工作负荷的含义

这里用一个简单的经验公式来说明管制员的工作负荷：

$$工作负荷=任务数×任务价值/可用时间$$

在上述经验公式中，管制员所面临的工作任务可划分为若干组块或单元，如需要管制的飞机数量、需要的通信和协调量、数据输入量等；而任务的价值或者权重则是指任务的难易程度，如交通形势的复杂程度、航迹的复杂性，以及任务的相对重要性；可用时间是指在当前处境下容许管制员做出判断和实施决策的时间。显然，任务数越多，管制员的工作负荷就越大；工作任务的难度越大或者越重要，那么它的价值和权重也就越高，给管制员造成的压力也就越大，其工作负荷就越高。与此类似，在特定的处境下管制员能够用于完成任务的时间越短，其工作负荷也就越高，其承受的压力也就越大。

（二）工作负荷的分类

工作负荷可分为生理工作负荷（physical workload）和心理工作负荷（mental workload）。生理工作负荷也称为体力工作负荷，是指单位时间人体承受体力活动的强度，表现为肌肉的紧张和力量。心理工作负荷简称心理负荷，它表现为精神上或心理上的紧张，其产生的原因和表现的状态都要比体力负荷复杂。心理负荷除了由脑力工作或认知作业引起的负荷外，还包括其他各种精神上和情绪上的状态。管制员工作负荷随扇区内飞机数量增加而增大。不同的管制员，由于训练、经验、技巧、疲劳等因素的影响，对相同的工作，他们感受到的压力可能不同。如一位学员在一个扇区里处理 5 架飞机，天气状况良好，但他的心理压力可能较高，而对于一个有 10 年经验的管制员，同样的情况心理压力则可能较低。

二、影响管制员工作负荷的因素

管制员在管制航空器时，管制过程会受到扇区内各种各样的内在因素和外在因素的影响，导致管制员工作负荷的变化。Arad（1964）、Buckley（1983）等已经提出了不同的管制员工作量的影响因素。其中 Mogford 在 1995 年提出了 108 条比较全面具体的影响因素。在给出的 108 条影响因素中，有一些是非常详细而且具体的，诸如"每小时相

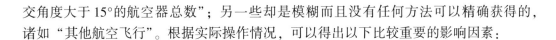

交角度大于15°的航空器总数";另一些却是模糊而且没有任何方法可以精确获得的,诸如"其他航空飞行"。根据实际操作情况,可以得出以下比较重要的影响因素:

（一）管制工作任务

（1）上升、下降的航空器的数量。进近管制中,航空器需要频繁上升和下降高度。由于区域的狭小和空中交通的繁忙,航空器几乎没有平飞时段。这要求管制员必须及时发布改变高度的指令,否则会严重影响进近次序,从而影响航班的正常飞行。

（2）航空器的类型和飞行规则的复杂程度。如果空域中同时存在 IFR、VFR 飞行,同时存在重型机、中型机、小型机,则会增加管制工作负荷。目前,航空器大都是重型机、中型机,飞行速度较大,管制员也习惯管制大型机,而小型机飞行速度慢,对整个空中交通状况都有很大的负面影响。如,在珠海进近管制区,每天飞往南海石油钻探平台的直升机飞行经常影响深圳宝安机场的起降航班,不仅是影响该区域管制员工作负荷的一个重要因素,也是深圳机场航班延误的重要因素。

（3）交叉飞行的航空器数量,航空器间的各种角度关系,航路间的交叉点数,交叉处进行各种协调的数目。交叉飞行构成冲突,管制员必须对形势做充分的预测并思考解决方案。

（4）需要的行动准则文件和必须执行的程序。

（5）军航飞机的数量。实际工作中,军航飞行对民航飞行构成的影响也十分巨大。

（6）与相邻管制单位的协调。如与区域管制和塔台的协调。珠海进近管制中心与香港、澳门频繁的中英文切换也增加了工作负荷。

（7）天气,特别是雷雨天气影响的范围对空中交通管制操作上的影响。即使控制流量,绕飞雷雨也将成倍增加管制员的工作负荷。经验表明,对于每一架需要绕飞雷雨的进近航空器,管制员发送的指令条数比正常情况下增加一倍。

（8）限制区、危险区、禁区的数量和分布,最小超障高和相关飞行活动的限制等。如珠海终端区内飞往南海的直升机必须绕飞大亚湾核电站。

（9）扇区的大小。

（10）对纵向排序和间隔的要求。

（11）雷达和信号的覆盖能力。

（12）频率阻塞的次数等等。

（二）管制员个人因素

如年龄、管制能力和管制经验等。管制员的个人能力,如预测、分析、理解、决策、应变、协调、自控、表达能力等,都会影响管制员的工作负荷。由于个体之间的差别,每个管制员在相同的空域状况、设备性能和管制手段下,所承受的工作负荷是不一样的,对于初级管制人员产生高工作负荷的管制环境,对具有多年管制经验的成熟管制员而言很可能就只意味着中等甚至较低的工作负荷。

（三）管制设备质量

如机载设备和雷达设备的可靠性，自动化系统设计的科学性。良好的人机界面，机载和雷达设备的精确无误可以大大降低管制工作负荷。反之，则会成倍增加管制员的工作负荷。再如，传输手段和媒介的可用性和可靠性。如果无线电通信质量好，管制员的工作量就会减少，反之，通话就会变得不流畅、停顿及改正增多，加重工作强度的同时，也浪费了不少时间。用计算机通信同样也要看计算机网络的传输速率、带宽及纠错能力等。

三、管制员工作负荷与工作绩效的关系

（一）管制员工作负荷对工作绩效的影响

对工作负荷进行平衡，以便使工作负荷在所有的时间里和所有的班组成员之间得到较好的分配，不至于出现过高或过低的工作负荷状况，这是班组长的一项重要的管理职责，也是班组成员在工作负荷的控制上努力的目标。心理负荷过低或过高都会使工作绩效下降，只有在中等程度的心理负荷下才可以取得好的成绩。也就是说心理负荷的高低与工作绩效之间存在着如图 5.2 所示的倒 U 形关系。图中 T_R 表示操作要求的时间，T_A 表示操作者实际所能提供的时间。当 $T_A \gg T_R$ 或 $T_R \gg T_A$，作业绩效都会明显降低，只有 T_A 与 T_R 大致相当时，才能保持较高的工作绩效。在自动化监控系统中，有人在突然出现事故信号时，由于过于紧张会不知所措，或慌乱中按错控制装置，造成更严重的事故。人在操作中，如果要求过高，信息输入速度过快时，也会由于负荷过重而发生信号漏检或错检而导致错误。与此相反，人在操作过少或提供有用信息过少的情形下，也不能取得好的工作成绩，这正是管制员在飞行流量小、工作负荷较轻时容易发生差错的原因。因为，人在监控过程中若信号出现少，或信号出现的间隔时距长短差别较大而间隔时距又无规定顺序时，人对信号的反应速度就要慢得多，而且容易发生差错。

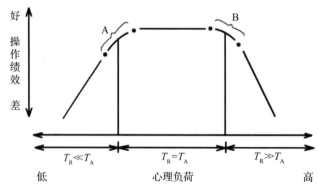

图 5.2　工作负荷强度与工作效绩之间的关系
（引自郭伏，钱省三，2007）

（二）管制员工作负荷和能力资源与工作绩效的关系

人在一定时刻所能动用的能力资源是有限度的。如果工作负荷低，所需的能力资源少，就能为保证工作有效进行提供必需的资源；如果工作负荷高，需要的能力资源就多，剩余的资源就会减少。工作负荷愈高，剩余资源愈少。当工作负荷超过了某个高度后，由于资源供应不足，人就不能有效地完成工作。

图 5.3 表示的是工作负荷和资源需求、资源供应量及工作绩效之间的关系。图中表示资源的需求是与各种负荷一致的。当资源需求量不超过资源贮存限度时，资源供应能随负荷提高而增加，这时工作绩效可均匀地保持在高水平上。当工作负荷及相应的资源需求提高到资源储备极限时，资源不再随工作负荷的提高而增加。从图中还可看出，工作负荷和能力资源与工作绩效的关系可以按工作中能力资源消耗程度分为两半部分。两半部分以 SL 线为界。SL 线为工作负荷达到能力资源无剩余时的截止线，此时的工作负荷（Lm）称为工作要求限度内能达到的最大工作负荷。不大于 Lm 的工作负荷属正常工作负荷，工作负荷大于 Lm 时称为工作超负荷。在正常工作负荷范围内（即 SL 线左侧部分）工作时提供的能力资源随工作负荷提高而增加，因此能使工作绩效保持在高水平上。但随着工作负荷的提高，能力资源的剩余量相应减少，这时工作负荷与剩余资源量成反比，工作负荷愈高，剩余资源量愈少。工作负荷达到 Lm 后，能力资源的供应不可能继续随工作负荷的提高而增加，相反，这时会由于工作负荷的提高而发生能力资源使工作绩效下降。工作负荷提高越大，能力资源供应越难以满足要求，工作绩效下降愈严重。因此，可以通过良好的训练、心情愉快、健康，以及良好的休息等方式使资源贮存量增加，以增大安全裕度。

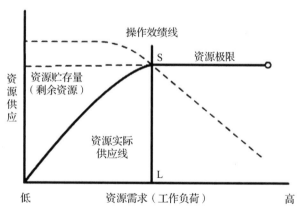

图 5.3 工作负荷、能力资源及工作效绩的关系
（引自 C. D. 威肯斯，J. G. 霍兰兹，2003）

四、工作负荷的测量

管制员工作负荷的测量方法一般分为两类，一类是对管制员客观的（可观察记录的）工作负荷进行测量，如管制员填写进程单、进程单摆放、键盘敲击、鼠标移动、陆空通话等。这类客观的工作负荷的特点是：可以被记录和量化，如在某个时间内所完成的次数。主要测量方法包括：DORATASK 方法、MBB 方法、RAMS 方法等。另外一类是对管制员认知负荷（主观工作负荷）的测量，主要是指管制员在短时间内接收、保持、加工飞机信息的"心理能量水平"。主观工作负荷的特点是：不便进行记录和计时，难以量化。主观工作负荷测量的主要方法包括：ATWIT 和 WAK 方法、SWAT 量表法、NASA-TLX 量表法等。

（一）DORATASK 方法

管制员工作负荷的直接测度法是韩松臣等学者于 2000 年运用英国运筹与分析理事会提出的 DORATASK 方法，在广州进近和区调管制空域，对雷达管制员所承担的扇区容量进行的评估方法。该方法将管制员的工作负荷划分为"看得见"部分和"看不见"部分，管制员的工作时间不仅包括"看得见"的发布指令、监听复诵和填写进程单等的时间，还包括"看不见"的通过雷达屏幕掌握空域状况和思考指挥预案的时间。通常伴随每条指令发布"看不见"的工作时间约 1.5 秒，这样，从表 5-1 中的数据可计算出典型较空闲时段 15∶26—15∶35 的工作强度为 25.3%；正常时段 10∶13—10∶22 的工作强度为 45.9%；较繁忙时段 12∶41—12∶50 的工作强度为 79.2%；高峰时段 09∶16—09∶25 的工作强度为 104.5%。

按照扇区容量估计的 DORATASK 方法，管制员的平均工作负荷强度必须小于 80%的要求，把在 12∶41—12∶50 期间的交通分布条件下西北扇区容量定为 9 架较为适宜。在这种工作强度下（较繁忙时段 12∶41—12∶50），为管制员留有一定的恢复时间以保证空域的安全运行。而在高峰时段 09∶16—09∶25，管制员超负荷工作，不但没有确保安全运行的恢复时间，甚至连通过雷达屏幕掌握空域状况思考指挥预案的"看不见"部分工作时间也无法保证。在这种情况下，管制员会感到时间不够用，没有足够的时间进行仔细思考和组织语言发布指令，而只能凭经验机械地进行指挥，显然这种情况存在着一定的安全隐患。

表5-1 2000年7月10日广州区调西北扇区管制员工作强度实验数据记录表

记录内容	时段			
	典型高峰时段 09:16—09:25	典型较繁忙时段 12:41—12:50	正常时段 10:13—10:22	典型较空闲时段 15:26—15:35
区域内飞机平均数（架）	11	9	6	4
实验持续时间（秒）	600	600	600	600
指令次数	66	50	29	16
指令平均用时（秒/次）	3	3	3	3
机组复读指令时间（秒/次）	3	3	3	3
填进程单时间（秒/次）	2	2	2	2
剩余时间（秒）	72	200	352	472
通信失败次数	1 次	无	无	无
差错类型说明	口误	无	无	无

（引自民航总局空管局人为因素课题组，2002）

表5-2 2000年7月14日广州区调西北扇区容量与管制员工作强度实验数据记录表

记录内容	时段			
	典型高峰时段 16:28—16:37	典型较繁忙时段 11:26—11:35	正常时段 14:30—14:39	典型较空闲时段 17:51—18:00
区域内飞机平均数（架）	10	8	5	3
实验持续时间（秒）	600	600	600	600
指令次数	67	55	28	15
指令平均用时（秒/次）	3	3	3	3
机组复读指令时间（秒/次）	3	3	3	3
填进程单时间（秒/次）	2	2	2	2
空闲时间（秒）	64	160	376	480
通信失败次数	0	0	0	0
差错类型说明	无	无	无	无

（引自民航总局空管局人为因素课题组，2002）

不但不同空域结构的扇区容量不同，即使在相同的空域结构上交通流量分布不同时扇区的容量仍然不同（表5-2）。在表5-2中，11:26—11:35时段上，虽然区域内的飞机只有8架，但其工作负荷强度已达到了87.1%。换句话说，对于此时的交通分布条件，该扇区容量应小于8架。需要指出的是，若管制员为防止出错重复发出了内容相近的指令，也会造成类似的结果。

（二）MBB方法

MBB方法是由德国的梅塞施密特、特尔科和布卢姆提出来的，其研究方法如下：

（1）把所有观察到的工作予以分类。

（2）测计所有工作类别的时间。

（3）考虑空域容量，它取决于扇区结构和交通特点。

因为不是所有的工作单元都可以观察到，所以它对应的时间不是直接记录的，而是通过额外工作，登记管制员的"自由容量"（即管制员不需实施其管制工作的时间）得到。

所有观察到的工作的类别如下：

（1）陆空通话时间长度。

（2）行动时间（填写进程单，排列管制进程单）。

（3）登记和处理信息所需的时间，可以直接观察的有：

①执行管制员与协调员之间的对话。

②通过显示器和进程单，接受得到的信息。

③在思考和做出决定进程中，利用所有的信息。

④使用额外工作，测计自由容量。

不能直接观察的登记和处理信息的所需时间必须间接调查，得出的"所需时间"和直接测计的工作类别所需时间之和就是所用的全部时间。

（三）RAMS方法

RAMS（re-organized ATC mathematical simulator）为改进的空管负荷数学模型。这个数学模型是由欧洲空管实验中心建立并用以协助空管运行人员对空管系统进行模拟和分析，此工作负荷模型将工作负荷的来源分成3类：常规工作负荷（如无线电通话等）；飞机爬升与下降的监视；飞机之间的冲突。所以，工作负荷可以用公式表示为：

$$\text{Workload} = t_{\text{Rout}} n_{\text{Rout}} + t_{\text{Vert}} n_{\text{Vert}} + t_{\text{Conf}} n_{\text{Conf}}$$

式中，t_{Rout}：常规工作所用时间；n_{Rout}：常规工作的次数；t_{Vert}：飞机爬升下降所用时间；n_{Vert}：飞机爬升下降的次数；t_{Conf}：解决飞行冲突所用时间；n_{Conf}：解决飞行冲突的次数。

RAMS模型以空中交通状况、扇区状况及管制员任务状况作为输入数据，经过处理，最终可以输出管制员工作负荷、飞行历史记录和冲突记录。

（四）ATWIT 和 WAK 方法

ATWIT 一般用声音和灯光来提示评估者在 20 秒内按下 7 个按钮中的一个，这些按钮组成的面板就是 WAK（工作负荷评估键区）（如图 5.4 所示）。评估者被指示在 WAK 上输入 ATWIT 等级，用来表示被评估交通样例中他们认为的管制员的精神负荷。对于每个被评估的交通样例，每隔 4 分钟从 WAK 上收集一次管制员的 ATWIT 等级。

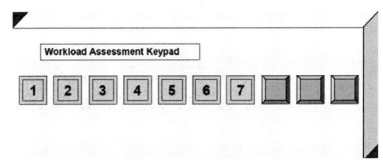

图 5.4 用来输入 ATWIT 和 WAK
（引自姚虹翔，2007）

ATWIT 和 WAK 可以实时测量管制员工作负荷。ATWIT 通过听力和视觉的提示（声音和灯光）来促使管制员在指定的时间内按下 7 个按钮中的一个来显示这段时间的工作负荷量。WAK 装置记录了管制员工作负荷的各个级别和对提示做出反应的时间，用实时的方法测量工作负荷可以使管制员报告刚刚发生或者发生了不久的工作状态。

ATWIT 和 WAK 是一种实时的测量方法，也就是说管制员必须在执行工作的同时进行该项测试，这样就可能会导致管制员工作负荷量的增加，或者更严重的是可能会妨碍到剩余管制工作量的执行。另一方面，从管制员经过一段时间的工作过程中获得的工作负荷等级可能会受到前面和后面发生事件的影响。

（五）SWAT 量表

SWAT 是美国空军开发的，由 Reid 等人建立，在开发 SWAT 时，Reid 等人对脑力工作负荷的影响因素进行了系统的调查，经过必要的归纳和整理，认为脑力工作负荷可以看作是时间负荷、压力负荷和努力程度等 3 个因素的结合。每个因素又被分为 1、2、3 三级，SWAT 描述的变量及水平如表 5-3 所示。

该种方法的 3 个因素及每个因素的 3 个状态，共形成 3×3×3=27 个脑力工作负荷水平。这 27 个脑力工作负荷水平被定义在 0~100 之间。显然当三个因素都为 1 时，其脑力工作负荷对应的水平为 0；当三个因素都为 3 时，其对应的脑力负荷水平为 100。其他情况下的脑力工作负荷的确定方法为：用 27 张卡片分别代表 27 种情况，操作人员首先对这 27 张卡片根据自己的主观观点进行排序，然后研究人员根据数学中的合成分析方法把这 27 种情况分别与 0~100 之间的某一点对应起来，如（1，1，1）对应 0；（1，2，1）对应于 15.2 等。当这 27 种情况下的脑力负荷水平确定之后，就要求操作人员完成某一项任务，然后给出这项任务的时间负荷、努力程度、压力负荷的程度，即三种负荷都分为高中低。根据这三个指标就可以确定脑力负荷的状态，然后根据前面确定的对应表查出脑力负荷的对应值。

相对于其他的主观评价法，SWAT 的优点是运用了数学分析方法对操作人员给出的 27 种情况的排序数据进行了数学处理，这样使得到的数据比简单地把 27 个点平均地确定在 0~100 之间更可靠些。但这种方法也有一个很大的问题，即对 27 种情况进行排序，不仅需要相当的时间，而且排序的准确性也很难保证，因此实际应用性较差。

表 5-3　SWAT 描述的变量及水平表

水平	时间负荷	努力程度	压力负荷
1	经常有空余时间，工作各项活动之间很少有冲突或相互干扰的情况。	很少意识到心理努力，活动几乎是自动的，很少或不需注意力。	很少出现慌乱、危险、挫折或焦虑，工作容易适应。
2	偶尔有空余时间，各项任务之间经常出现冲突或相互干扰。	需要一定的努力或集中注意力。由于不确定性、不可预见性或对任务不熟悉，使工作有些复杂，需要一定的注意力。	由于慌乱、挫折或焦虑而产生中等程度的压力，增加了负荷。为了保持适当的绩效，需要相当的努力。
3	几乎从未有空余时间，各项任务之间冲突不断。	需要十分努力和聚精会神。工作内容十分复杂，要求集中注意力。	由于慌乱、挫折和焦虑而产生相当高的压力，需要极高的自我控制能力和坚定性。

（六）NASA-TLX 主观评价法

该方法的全称为 National Aeronautics and Space Administration-Task Load Index，是由美国航空和宇航局下属的 AMES 研究中心的 Hart 等人建立起来的。

TLX 等级建立在管制员的作业难度和管制员管理交通的情况的基础上。TLX 等级使用计算机处理的屏幕输入，它提出了影响脑力工作负荷的 6 个因素（Mental Demand，Physical Demand，Temporal Demand，Effort，Frustration and Performance）。

（1）脑力需求（Mental Demand）：管制员执行工作时需要多少脑力或知觉方面的活动（即思考、决策、计算、记忆等），这些工作任务是简单还是复杂，容易还是难度较大。

（2）体力需求（Physical Demand）：管制过程中管制员需要体力类型的活动（拉、推转身，控制活动等），工作任务快还是慢，悠闲还是费力。

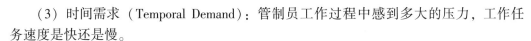

（3）时间需求（Temporal Demand）：管制员工作过程中感到多大的压力，工作任务速度是快还是慢。

（4）努力程度（Effort）：管制员完成任务时，（在脑力上和体力上）付出了多大的努力。

（5）压力承受能力（Frustration）：管制员在管制过程中感到是没有保障还是有保障，很泄气还是劲头足，恼火还是满意，有压力还是放松。

（6）操作绩效（Performance）：管制员对自己在管制工作过程中的工作表现的满意程度如何，认为工作任务是成功还是失败。

每个影响因素在脑力工作负荷形成中的权重不同，且随着情景的变化而显示出差异。NASA-TLX法的使用过程分为两步。

（1）第一步确定6个影响因素的权重，一般可以采取层次分析法，采用两两比较法，对每个因素在脑力负荷形成中的相对重要性进行评估，且6个因素的权数之和等于1，即满足：

$$\sum_{i=1}^{6} w_i = 1$$

w_i 表示第 i 个因素的权重。

（2）针对实际操作情景，对6个因素的状况分别进行评定，该方法要求操作人员在完成某一项任务之后，根据脑力工作负荷的6个因素在0~100之间给出自己的评价。确定了各个因素的权重和评估值之后，运用加权和法，就可以计算出管制员完成某项工作任务的脑力负荷，计算公式为：

$$\text{Workload} = w_1 x_1 + w_2 x_2 + \cdots + w_6 x_6$$

式中，w_i 表示第 i 个因素的权重；x_i 表示第 i 个因素的评估值。

思考题

1. 简述应激和应激源的含义。
2. 根据与管制工作的相关性，可以将应激源分为哪几类，并简述每种应激源的含义。
3. 简述应激对管制工作绩效的影响。
4. 简述工作负荷的定义和类型。
5. 简述影响管制员工作负荷的因素，并加以分析。
6. 论述管制员的工作负荷和能力资源以及工作绩效的关系。
7. 简述测量工作负荷的方法有哪些，并加以比较。

第六章　管制员的情景意识

第一节　概述

作为管制员，只有对当前处于变化的情境有准确的了解，才能在动态和变化的环境中进行有效的计划或解决问题。本章首先介绍情景意识的概念和水平，然后分析影响情景意识的各种因素，最后提出一些提高情景意识的方法和技巧。

一、情景意识的含义与分类

（一）情景意识的含义

情景意识（Situational Awareness，SA）是指人在特定的时间和空间内对环境中的关键因素（主要包括系统的状态、工具和设备的状态、正在进行的任务状态、其他小组成员的状态、环境的状况等）的认知，以及对它们的理解和对环境未来变化的预测（Endsley，1995）。简言之，情景意识就是当前情景的状况如何，将会有什么样的变化。

良好的情景意识是管制员制订计划，对航空器实施空中交通管制的基础。在实际工作中，管制员对管制区域内的交通情况，即三维空间中，每架飞机不断改变的位置，它们未来的相对位置，以及飞机的目的地、燃油、通信等相关情况必须有清楚的了解和认识。空中交通管制活动的重要性和复杂性决定了管制员必须具有较高的情景意识水平。如果在工作中管制员情景意识下降或者丧失情景意识将可能导致决策错误，发生灾难性的后果。

情景意识下降或者情景意识不完善往往会影响飞行安全、导致飞行延误、引发地面事故。据统计，最严重的跑道入侵事件中超过 1/3 是因空管人员的失误造成的，而情景意识丧失是造成管制员失误的主要原因。2000 年我国空管不安全事件的调查结果表明，由情景意识丧失引发的不安全事件占所有空管不安全事件的 40%，达到 87 起，成为空管人为因素中的首要问题。而对我国 2006 年到 2010 年间发生的多起危险接近/飞行冲突事件原因分析也发现，不安全事件的发生与管制员情景意识低有很大关系（如图 6.1）。

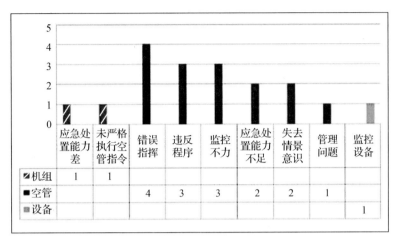

图 6.1　2006—2010 年危险接近/飞行冲突事件原因分析

（资料来源：2010 年中国民航不安全事件统计分析报告，http://safety.caac.gov.cn/）

（二）情景意识的分类

在工作中要想保持好良好的情景意识需要管制员不断收集信息，对信息进行评估，对当前的情景进行诊断。另外，管制员的工作往往是以班组的形式进行的，班组成员能否理解个人的情景意识，能否将自己的情景意识在班组成员之间分享也十分重要。

1. 个体情景意识

个体情景意识是指某一个管制员对影响管制环境的各种因素和各种条件的知觉，具有个体差异。个体情景意识是个人根据自身的管制经验、依据相关知识以及所承担的职责所获得的情景意识。由于管制员之间在经验、知识、技能、态度以及任务分工上的不同，不同管制员在某一时刻的情景意识是不同的。

有研究者设计了两个不同的管制任务情景，采用三维 SART 技术评定管制员的情景意识，考察管制员情景意识的个体差异（杨家忠，2008）。结果发现，在两种实验条件下，被试的情景意识得分都呈正态分布，证实了人们长期以来的经验看法：在复杂、动态变化的任务环境里，个体获取与保持情景意识的能力具有很大的差异。

2. 班组群体情景意识

班组群体情景意识是指作为一个空管服务的班组所具有的整体情景意识。管制员的工作往往是以班组的形式进行的，在这种以班组取向为主的工作环境中，班组所获得的情景意识的水平是一个十分重要的问题。如果班组没有能够获得足够水平的情景意识，将会危及安全。

空管安全主要取决于班组整体所获得的情景意识，而班组群体的情景意识又主要取决于班组长所能获得的情景意识水平。班组情景意识是整个班组通过班组内部成员之间，不同班组之间以及处于不同地域的班组之间有效的交流、协作分工和配合获得的所有班组成员对整个情景的理解和预测。为了提高班组群体的情景意识，班组成员就必须将他的情景意识提供给班组长，班组长也必须接受和分享班组成员所提供的情景意识，即常说的 1+1>2。班组情景意识不是个人情景意识的简单相加，有效的交流和配合是获得良好的班组情景意识的基础。

二、管制员情景意识的水平

Endsley 认为在复杂系统中，管制员的情景意识是通过感觉器官对显示器、通信、环境情况的观察而形成的，有三个连续的不同水平（Endsley，1995）。即，水平 1（知觉环境中的元素），水平 2（理解当前的情景），水平 3（预测未来的状态）。

高水平情景意识的获得有赖于低水平情景意识的达成。Endsley 提出了情景意识的三个层次，与此相对应，情景意识差错也有三类：不能正确地知觉情景；不能正确地理解情景；不能正确地预测情景变化。Endsley 将这种分类用于研究飞行事故，研究发现：71% 的飞行事故涉及人为差错，其中 81% 的事故涉及情景意识差错，情景意识差错中约 72% 属于不能正确地知觉情景层次差错。

情景意识的第一层次是察觉环境中的关键部分。形成情景意识的第一个步骤是察觉环境中的关键部分的状态、性质和动态变化的特性。管制员需要对工作情景中的关键因素保持警觉，如要准确了解管区内每一架航空器的相关特征，如机型、空速、位置、航路、航向、高度等等，管制员必须能够发现这些信息的变化，察觉其中出现的异常。在此阶段，必须发现的信息有没有变化，有哪些需要关注。以下这个案例便充分说明了管制员觉察异常信息的重要性。

例：2003 年 2 月 14 日，国航波音 747 飞机执行上海虹桥至北京 CCA1516 航班任务，造成严重飞行冲突。18:49 该机由虹桥机场起飞，起飞后管制员指挥 CCA1516 右转航向 270°，上升 1200 米保持，并通报有交叉活动，机组复诵：上升 1200 保持。此时，厦航波音 737 飞机执行晋江至上海虹桥的 CXA8581 航班任务，进近指挥其下降 1500 米保持。18:52 管制员从雷达上发现 CCA1516 飞行高度 1230 米并呈继续上升趋势，立即指挥 CCA1516 保持 1200 米，指挥 CXA8581 右转航向 90°紧急避让。雷达录像显示，两机同高度时，侧向最小间隔为 2.8 公里。

情景意识的第二层次是对当前形势的理解，是管制员对第一层次中各要素进行综合的基础上，所获得的情景意识，即对各个目标（飞机）、各种事件的理解。如一架飞机飞行状态的变化对另一架飞机的影响，或飞机位置偏离期望或允许值的偏差等，这些理解形成了管制员对当前情景意识的心理图式。在此层次上，不仅知道有哪些变化，还要知道这些变化的实质是什么。管制员如果没有充分发挥地面雷达监视作用，未能及时发现飞机没有执行管制指令的事件，则可能导致低于安全高度飞行或产生飞行冲突。

情景意识的第三层次是对未来形势的预测，即预测各要素未来可能的变化和变化后的情况。这是通过对过去和当前情况的了解，各要素的动态特性和对整个交通形势的理解而得到的。这是对未来情景中关键因素的变化的预测能力，最后达到了情景意识的第三个层次，也是最高水平的情景意识。这个层次情景意识的获得是以对状态的认知和对环境中关键因素的动态变化的解释为基础的（包括了第一和第二层次）（Endsley et al, 1998）。

第二节　影响管制员情景意识的因素

在空管活动中，管制员必须处理多种复杂的信息并对其进行觉察和管理。有许多因素影响着飞行安全，及时地发现和消除这些因素的不良影响是管制员的重要任务之一。Endsley 用信息加工模型来描述情景意识（如图6.2）。她将管制员为了获得和维持情景意识而实施的心理加工过程和行为称为情景评估，情景评估包括操作者为了形成情景意识而实施的所有心理加工过程，这些过程包括感觉、注意、动机、预测、监控、图像化、模式识别、经验、编码技巧、知觉提取、再认和存储等。

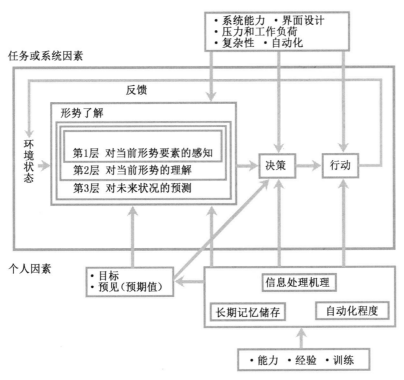

图 6.2　动态决策中情景意识的模型

（引自 Endsley 修改，2000）

在情景意识的模型中，影响管制员情景意识的因素包括认知加工能力、心理活动以及工作负荷和环境因素。其中认知加工能力包括注意、工作记忆和长时记忆等；心理活动包括健康状况、情绪、期望和态度等；从个体因素来说，应激、疲劳、个体差异、管制人员与飞行员的协作、管制员的经验和习惯、管制员的工作态度、管制员的身体状况影响着管制员的情景意识。在本节中将讨论这些因素对情景意识的影响。

一、认知加工能力

管制员对信息的处理能力主要表现在注意、感知、记忆、决策、执行决策等方面。注意力的有限性及选择性、集中性的特点，有时会使管制员对一些重要的信息产生遗漏或疏忽。由于人的感觉器官的结构和功能的局限性，管制员在对感觉信息处理的感知觉过程中，可能做出错误的解释，从而对当时的情景产生错误的知觉。管制员的记忆能力也会因为空管任务的时间压力和工作负荷压力而降低，从而导致情景意识下降。

（一）感知觉

人对客观世界的认识始于感觉和知觉。良好的感知觉能力是获得和保持情景意识的基础。如果设备设计不良或是人类感知觉固有的局限，则会阻碍管制员对情景意识的获得。以下事件摘自航空安全自愿报告系统，此事件表明，同一波道中航空器呼号相近有时的确会带来一些麻烦。事发当时，CSN350（厦门—上海）和 CSN3505（广州—福州）都在空域中飞行。因为冲突调配需要，管制员指挥 CSN350 直飞 LJG，CSN3505 机组错收并复诵了该指令，管制员意识到了机组复诵错误并及时进行了纠正，但 CSN350 和 CSN3505 两个航班的机组对相关指令的反复证实还是给运行造成了短时间的混乱。

有关的操作建议如下：

（1）当频率里有的航空器呼号相近时，管制员应当在与有关航空器的机组建立首次通信联系时进行提醒，必要时还可以临时改变其中某个航空器呼号以避免混淆。

（2）管制员在与呼号相近的航空器进行通信联系时语音应当清晰并适当减缓语速，或给予特别的强调。

（3）管制员应当注意监听机组对指令的复诵，并利用雷达设备监控飞行动态。

（二）注意

从输入信息到加工信息，直至对信息的提取和输出，注意都始终伴随着人类的认知过程。它犹如一种背景，对信息起着选择和分配意识的作用。虽然人类感觉信息的通道非常多，但注意却具有单通道的性质。虽然来自显示器、进程单、耳机和电话的信息可以被管制员感知到，但这都是注意单通道在不同的输入之间分时工作的结果。这种瓶颈口式的结构是整个信息加工系统的一道屏障。

注意对情景意识的影响主要体现在两个方面。一方面是动态变化的情景中的关键因素如何被发现；另一个方面是工作中的注意力如何集中在当时最重要的方面而不被无关的因素所干扰。由于管制员的工作任务往往持续很长时间，这种长时间的工作包含有很多环节，多个环节之间常常是交叉进行的，这样很难避免任务与任务之间，以及相同任务之中的各个环节之间的相互干扰，容易引发注意分散。比如管制员在注意显示器上的数据块时，与此同时集中听飞行员的空地通话，同一时刻处理不同的信息，由于注意力本身的局限，往往出现差错。

2002 年 2 月 29 日，长沙区域管制室发生了一起空管人为原因造成的事故征候，值班管制员在已意识到飞行冲突并制定了正确预案的情况下，由于当时扇区内飞行活动较多，注意力集中在其他冲突上，注意分散，指挥时发生口误，呼错航班号，造成两机危险接近。如果合理分配注意力，类似事件应该可以减少或避免。

（三）记忆

记忆就是对信息的输入、编码、储存和提取，良好的记忆也是保证情景意识的基础。但在管制工作中，难免会发生"错、忘、漏"现象，注意的单通道性质决定了一些信息正在被加工的时候，其他信息便会被暂时搁置在一边，进入极易流失的短时记忆库里，以便等待单通道的开放。当对当前的信息加工完毕，单通道开放时，短时记忆库里的信息才会被提取出来，沿着特定的通路迅速传输到加工单元里。许多因素都可能影响这种短时记忆储存和提取的效率，例如在压力、疲劳等状况下，管制员的记忆能力也会受到比较大的影响。有研究指出，当个体承受压力时，体内就会产生皮质醇，它会杀死海马状突起里的脑细胞，而这种大脑侧面脑室壁上的隆起物在处理长期和短期记忆上起主要作用。疲劳对于记忆，尤其是短时记忆能力的影响也很大，表现为容易忘记刚说的话、刚做过的事。

2005 年 4 月 29 日晚，日本东京的羽田机场发生严重人为失误，当时所有 18 名当值的管制员都忘记一条跑道因修理而关闭，其中一人错误指挥一架飞机降落在关闭跑道。数分钟后，他又指挥另一架飞机降落在关闭跑道，但随后发现出错，改命其降落到另一条跑道，两架飞机均安全降落，没有人受伤。

（四）表象

空中交通管制的基本方法是对航空器配备三维间隔，即侧向间隔、纵向间隔和垂直间隔。飞行员按管制员的指令，以不同的速度不间断地从事航空器的三维运动，如爬高、下降、转弯等；二次雷达不间断地向管制员提供航空器的方位、距离及高度等三维信息；一次雷达不间断地向管制员提供航空器的方位和距离等二维信息；程序管制中，飞行员通过无线电向管制员报告其位置和高度，无论采用哪一种管制方式，管制员都应将所获得的信息转换为心理图像，将空中交通视觉化。管制员开始值班时，首先要在脑海中建立起空中交通情形的三维图像，根据这些图像将决定和实施管制行动，因此，管制员还需要具备良好的表象能力，该能力对管制工作至关重要，尤其在多架航空器活动时，凭这一能力，管制员可根据航空器的速度、高度、方位以及上升或下降趋势，迅速准确地判明哪些航空器间具有潜在冲突，适时采取措施。可见良好的表象能力对于管制员保持情景意识而言有着重要的作用。

（五）思维

在管制工作中，管制员对于实际问题的解决，其思维过程可能受到多种因素的影响。有些因素有助于思维活动对问题的解决，如良好的预测能力。预测是管制工作中需要经常进行的思维活动，成熟的管制员善于利用时空间隙，在航空器较少或冲突不大的情况下预先对未来某一时间段的空中交通状况进行思考，根据已获得的动态信息，如航空器预计进入本区域边界的时间、高度航空器的性能，对未来可能出现的飞行冲突做出大致估计，盘算冲突的解决办法，进而为下一步决策奠定基础。

有些思维则会起妨碍作用，如人的知觉特点和定势的影响。这一点将在知识和经验对情景意识的影响中介绍。

二、知识和经验对情景意识的影响

情景意识是对外部各种信息的诊断和评价的过程，在评价和诊断过程中依据两种来源的信息：经过注意过滤而进入认知加工的信息和存储在长时记忆中的跟这些信息相关的各种解释，即知识和经验。知识经验向操作者提供了系统状态的各种假设，以及每一种假设可能为真的可能性和期望的估计（自上而下的加工）。情景意识是操作者情景知识的一个部分，情景知识指的是操作者的能力、经验、目标驱向的行为、环境信息和各种资源的结果，情景知识是操作者动态的、持续的对环境的内在评估过程，而且影响其随后的行为、预测、决策和反应。

在信息不充分或者是情景十分复杂的情况下，丰富的知识经验能够提高情景评价和诊断的速度和准确性。有人曾在模拟机中做过这样的实验，同时给经验丰富（飞行小时为10000以上的飞行员）的飞行员和飞行经验不足（飞行小时为3000）的飞行员呈现一个飞行情景，然后评估他们的情景意识，结果发现，经验丰富的飞行员能够更快而且更准确地说出情景中重要的因素，也能够更为精细地描述情景中的细节。可见，不断积累知识和经验能够提高情景意识，反之，知识和经验的不足会影响情景的诊断和评估。

从积极的方面来说，丰富的经验和良好的习惯可以熟练操作，减轻工作负荷，强化情景意识。从消极的方面来看，在条件已经发生了变化，过去的经验和习惯已不适合当前的情景时，如果管制员仍按旧有的经验和习惯的行为方式去应付，就可能处于低情景意识状态，从而导致差错的发生。

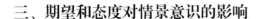

三、期望和态度对情景意识的影响

(一) 期望

"我们总是听到我们想听到的，看到我们想看到的。"心理学研究表明，当个体带着期望对情景进行评估和诊断时，就更容易选择证明自己期望正确的信息，从而得到所期望的结果，而这个时候我们的情景意识往往不是现实本身，而是所期望的现实。在实际工作中管制员若带着这样一种强烈的期望心理去工作，就不能正确分析问题，提取准确信息，做出正确的判断。例如塔台管制员会想当然地认为：航空器这样滑行绝对不会有冲突，让航空器此时进入跑道一定满足间隔而不会造成跑道的侵占等。

(二) 态度

态度是个人对特定对象以一定方式做出反应时所持的评价性的、较稳定的内部心理倾向，反映了个体对人、对客体、事物的感受。个体所持有的态度会影响对情景的评估。

当管制员认识到自身工作的重要性和对空管安全的意义，就会对工作充满热情和兴趣，表现出工作认真踏实、责任心强、严谨自律、积极主动的特点，能够迅速地注意到异常信息，及时发现问题和解决问题。反之会缺乏主动性，惯性地按经验办事，对异常信息和潜在的问题不能及时地发现和解决，造成事故隐患。管制员是否具有良好的工作态度，将直接影响到管制员对情景的知觉状态，其情景意识的高低与工作态度良好与否密切相关。比如持有反权威态度，管制员可能认为很多程序和规范过分烦琐，没有必要严格遵照执行，在对问题进行诊断和评估的时候往往不按照程序执行，或者只完成其中一个部分，这样很多问题就不能够被发现，得到的情景意识往往是有缺陷、不完整的。

在工作中，持有反权威的态度、侥幸态度、冲动的态度常常会扭曲对情景的评估和诊断。

四、健康状况对情景意识的影响

一个人的体力和智力状态对他与别人的相互作用有很大影响，也将影响他完成任务的能力，显然当某人感到不舒服时完成任务要比他的最佳状态差，这些有关人员的因素主要有两种。第一个因素是应激，在应激过度时会降低人的能力，管制员对形势的认知水平高，就了解自己的应激状态，从而可以有意识地放松，或提前放松以调整自己的应激水平。第二个重要因素是疲劳，人不一定能清楚地了解自己的疲劳情况，但应知道哪些情况后易引起疲劳，如夜班后，连续的大体力活动等等。掌握这些情况，估计到自己处于疲劳时，就要更细心地检查自己的行动或避免要求高度注意交通形势的工作。

身体上的不适应会削弱工作能力，然而在工作中，由于很多原因往往忽略了身体的不适应对评估和判断的影响，错过了发现问题的时机，作为管制员应该对自己和同事的身体健康状况保持警觉。另外，过长时间的工作或者不定时的作息制度常常导致管制员的疲劳，降低工作表现，引发差错。

表6-1 I'M SAFE 检查单

项目	1	2	3	4	5
I-illness：是否患病					
M-medication：是否服用影响大脑活动的药物					
S-stress：是否有过高或者是过低的应激					
A-alcohol：在工作前有没有饮用酒精或酒精类饮料					
F-fatigue：工作是否持续时间过长					
E-emotion：是否有不适当的情绪状况					
总分					

在工作中可以使用"I'M SAFE"检查单（如表6-1）来对健康状况进行评估。"I'M SAFE"检查单是一个简化的对身体健康状况进行自我评估的工具。"I'M SAFE"由"illness、medication、stress、alcohol、fatigue、emotion"6个英文单词的第一个字母构成，分别从疾病状况、使用药物的情况、承受压力的状况、使用酒精的状况、疲劳的状况和情绪状况6个方面综合评价身体状况。

记分方法是：如果感觉相应项目对自己的影响十分强烈记5分，强烈记4分，一般记3分，仅有一点影响记2分，影响很少记1分。最后将分数加起来得到总分。如果总分大于20分，就应该留意自己的表现，在必要的时候应该停止工作，避免产生影响飞行安全的差错。

五、情景意识与工作负荷

情景意识与工作负荷之间没有固定的定性和定量的关系，主要取决于系统的设计、任务的情况和管制员个人的表现。工作负荷对情景意识的影响如下：

（一）低工作负荷与情景意识

低工作负荷可能导致低情景意识。在这种情况下，管制员对当前的情景知之甚少，也不主动去了解，主要是由于缺少警惕性而造成的。低的情景意识与高的工作负荷：高负荷时，如果信息量和任务太大，使情景意识降低，主要是因为管制员只能注意到要求信息的一部分，以及注意力固着，中断了对信息的跟踪，也有可能是无力将较多的分别

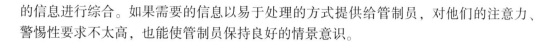

的信息进行综合。如果需要的信息以易于处理的方式提供给管制员，对他们的注意力、警惕性要求不太高，也能使管制员保持良好的情景意识。

（二）高工作负荷与情景意识

高负荷时，如果信息量和任务太大，可能导致管制员情景意识降低。主要是因为管制员只能够注意到要求信息的一部分，以及注意力固着，中断了对信息的跟踪，也有可能是无力将较多的分别的信息进行综合。但是如果管制员工作十分努力，并且不断获得对形势的精确完整的了解，而且系统设计得好，能给管制员提供精确完整的信息，即使高工作负荷情况下管制员也能保持良好的情景意识。

（三）中等工作负荷与情景意识

管制员处于适宜的工作状态，表现为思维清晰、反应敏捷以及情绪稳定，空管工作的效率和准确性高，管制员能较好地知觉当前的情景和预期未来的状况。

总的来说，在工作负荷过高或者过低的情景中，情景意识都会受到不同的影响，管制员要对这些影响保持警觉，积极主动采取措施对工作负荷进行有效管理，预防情景意识的下降。

六、自动化对情景意识的影响

目前，自动化的空管系统的应用主要有两种：电子飞行进程单和数据链。电子飞行进程单在帮助管制员组织工作解决问题，计划未来，按未来计划调整当前工作中，起到了重要的辅助作用，增强了管制员对总体交通形势和每架飞机详情的掌握。随着空中交通流量的不断增加，空管系统自动化已成了保持安全和效率的一个重要方法。通过自动化代替管制员的部分工作，并保持管制员作为中心的决策者。通过减少或简化复杂的任务，或通过综合信息，估计未来的发展，以及在高负荷时完成一些关键任务来增强人的能力。

然而，自动化也可能产生一些负面影响，例如管制员对自动化过度信任或完全不信任，管制员操作技能下降等。自动化对人的能力有较大影响，因此，也就影响到对情景的认知。在情景意识方面，自动化对人的影响存在两类情况，其一是与监控有关的警惕性降低，当管制员满足于对自动化的过分信任或缺乏信任，都能明显降低对情景认知的水平，这时管制员可能忽视监控任务，或虽然企图监控，但做不好，忽略了系统指出的问题等。其二是与人的主动处理相反，自动化情况下被动的信息处理，使系统的信息综合和动态更新更为困难。进一步的研究表明，目前的自动化还不能达到预期的减少管制员工作负荷的目的，因此，自动化本身又产生一些新的工作负荷类型。信息处理自动化程度的提高可以减轻管制员的工作负荷，但它也会在意想不到的时候给管制员制造麻烦。

七、环境因素

（一）气象

随着飞机性能的提升和机场助航设施越来越先进，不利天气条件对飞行的制约作用有所减小。但对处于一定气候环境和气象条件下的机场及航路来说，短时的不利天气造成大面积航班延误的情况并没有明显减少。据统计，在全球机场的飞行延误事件中，天气原因造成的延误占41%，其中可避免的天气原因造成的延误占17%。中国民航近3年天气原因造成航班不正常的比例为50.42%，2020年中国民航空管运行统计公报数据显示，影响航班正常的主要原因中，天气占比高达56.88%。气象条件对飞行安全有重大影响。影响飞行的不利气象条件主要是雷暴、低云、低能见度、低空风切变、大气湍流、空中急流、颠簸、结冰等。天气原因不仅会给机组带来飞行的麻烦，还会显著地增加管制员的工作负荷，影响管制员的情景意识。

了解当前气象和预报的气象趋势可以提高管制员的情景意识水平，例如风向变化可能涉及改换跑道或方向，而交通越繁忙，时间就越紧迫。管制员对气象有了解，就会有所准备而不会对交通流造成影响，显然，航路管制员了解管制区域内的重要气象，有助于预防不安全事件和航行事故。对局部气象现象（山区扰流、雾、雷暴强度等）和突发的气象如风切变和微下冲气流的了解，也会提高对形势的认知，有助于针对具体情况采用更加有效的解决办法。

此外，在现代社会，人为因素对航空气象要素的影响也是不可忽略的。世界气象组织的最新报告指出：城市化是导致气候变化无常的重要原因。有些大型重工业城市，人口稠密，城市热岛效应非常显著。城市逆温也是城市气候的一个方面，当城市逆温存在时，大气层极为稳定，它阻碍大气垂直运动的发展，有利于烟雾的形成和维持，严重影响城市周围地区机场的能见度。现代社会中，工业生产产生的大量烟尘、废气，对能见度也有直接的影响。2000年5月19日凌晨，成都双流国际机场附近的村民焚烧秸秆，由此产生烟雾，使能见度最低降至350米，造成大面积航班延误，两千名旅客受阻，给民航和广大旅客造成了较大的损失。人为因素对航空气象要素的影响，将直接威胁到飞行安全和正常。因此，加强人为因素对航空气象要素影响的研究工作，争取及早预测、消除各种人为因素的影响，对保障飞行安全和正常，具有十分重要的意义。

（二）机场结构

对机场可用跑道的认知有助于在应急情况时迅速做出正确指挥，不仅要对固有的结构情况，如滑行道、停机坪，还要对正在进行建设的工程有所了解，有时某个正在进行的工程可能影响塔台的视线，此外了解机场的目视辅助设施（如灯光、信号、标志），对及时给予飞行员帮助是必要的。2001年9月14日，西南航4403航班执行成都—贡嘎任务，该机落地前，管制员观察跑道，发现跑道头有一黑点并在移动，通过望远镜观察发现是一头牛，管制员及时指挥飞机复飞并通知现场及时将牛赶出，保证了飞机安全着陆。

（三）机场环境

虽然环境被看作是具有半永久性质的内容，不在形势认知之列，但有些还是要给予注意，如机场管制员要了解机场四周的重要障碍物，包括机场内的新建筑和建筑设备，熟悉地形特征有助于让管制员找出更好的指挥方案。此外，还应了解机场环境对噪声的要求，这可能影响跑道的选择和对起飞程序的选择。此外，对分析情况也有帮助，如某机场塔台管制员从通话中得知，一架飞机的飞行员已看到跑道，但在预定时间的五边未见飞机，由于管制员熟悉环境，估计是飞行员把邻近的黄河大铁桥误认作跑道，并及时提醒了飞行员。又如成都双流机场为了避让 7 只孔明灯，3 个待飞航班推迟了起飞时间，3 个待降航班在机场上空盘旋，因为升空的孔明灯受风向影响很大，移动速度快，可能对飞机飞行安全造成重大威胁。

（四）空中交通形势

准确掌握交通状态对于管制员的情景意识极为重要，除了解现状和下一时刻的情况外，掌握可能的发展情况同样重要，其他如高峰期是结束还是刚开始，有无其他飞行，如摄影、训练、校核飞行等，这些都会影响管制员的工作方式。管制员要从工作中学习，了解在手册的进离场程序中没有的交通形势，并做好应付准备。了解交通流情况也很重要，是同向还是不同向，解决办法也不同。

（五）导航辅助设施与设备

飞机在雷达盲区、雷达死机、飞机掉标牌和信号不稳等等，都将影响管制员的情景意识，管制员首先要清楚已有的导航辅助设置是否可用，当飞行员不熟悉要求的导航辅助设施位置时，可以及时帮助他，或让他使用雷达导航来解决问题。同样要了解这些设施的性能水平是否符合其技术指标。雷达是空管人员指挥的眼睛，雷达的正常工作直接关系到飞行安全的保障。如某年 5 月 8 日上海、某年 2 月 29 日长沙的事故都是两机处于同一高度、进行汇聚飞行，管制员注意不够而造成了两机极小的飞行间隔，带来了极大的危险。飞行事故是因为飞机在雷达盲区、飞机掉标牌而不能及时发现飞行冲突，而导致飞行事故的发生。所以要从雷达的性能和覆盖面上完善雷达的功能，使空管人员的眼睛更亮，看得更远更仔细，更好地为空管人员服务，保证飞行安全。

（六）飞机性能

要了解飞机性能的差异，如螺旋桨飞机与喷气飞机的性能差异，同一架飞机短程飞行的性能也不同于远程飞行，有时同一机型不同公司使用的性能也有差异，有飞机性能可能降低的情况，可能因为气象条件或技术原因不同飞机有不同的限制等等将影响管制员的情景意识。

这些差异会影响机场和区域管制员的工作，具有较高认知水平的管制员可以从飞行计划中了解到并适当地调整其管制策略。有时同一机型、不同公司在爬升速度、爬升率、爬升角等使用上有可能存在差异，熟悉这些差异将提高管制员的认知水平。管制员也需要了解飞机性能可能降低的情况，这可能因为气象条件或技术原因。此外不同飞机有不同的限制，如新型飞机可以不靠导航，建立非标准的航路点，或提供精确的风的信息，而老式飞机就无此能力，因而管制方法也可能不同。由于不掌握飞机性能导致指挥不当的事例国内外皆有，1983 年兰州中川机场发生坠机事故，主要原因是飞机当时处于严重积冰状态，升力特性恶化，而管制员却要求其拉升复飞，这样就使飞机进一步增大迎角，造成失速坠机。

（七）相邻单位

个体差异的一些问题也可以应用到有工作关系的相邻单位。了解不同单位的实际工作能力并与可接受的平均能力比较，也是管制员应了解的内容，这会影响到选择什么样的策略与相邻单位合作，也应了解相邻单位的能力、经验及限制，如复杂的气象、人员的缺少或设备问题会降低相邻单位正常接受的容量和能力。相邻单位的能力、经验、限制及移交、军机与民机的协调等等，将影响管制员的情景意识。

与相邻单位有关的另一个重要问题是做好做细飞机的交接工作。在相邻管制区域移交时，对有些模棱两可的交代不经证实就认为对方会了解和明白，结果就因为工作中缺乏主动性而违章操作，造成严重的后果。在我国，与相邻单位有关的另一个重要问题是军机与民机的干扰问题，对飞行安全有较大影响。2001 年空管安全典型事例汇编统计的 48 次事例中，军航与民航发生飞行冲突的就多达 12 起，占事例总数的 25%。

如果有良好的情景意识，则可以避免这些冲突。如南昌区调工作主动，成功避免了西南航 4841 航班飞入炮射区；广州进近管制室及时发现并正确处置厦航 8334 航班飞错航向进入空军训练空域，从而避免了不安全事件；北京区调及时与空军协调，正确处置联邦快递 0015 航班飞错航向，进入空军机场训练空域的事件等。

（八）工作环境的舒适程度

工作环境的舒适程度，如运行室内的温度（太热/太冷），照明（太亮/太暗），湿度，以及噪声水平等。如了解这些情况，也即管制员的情景意识水平较高，就可减小其负面影响。例如，了解噪声大的影响，在听、复诵时会更仔细，在通话时更靠近话筒。

八、管制员与飞行员的协作

飞到一个不熟悉的机场就像到一个新城市一样陌生，需要一个向导。机场管制员，特别是地面管制员就应是飞行员所需要的向导，并提供帮助。弄清哪些是新飞行员也不

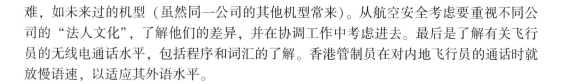

难，如未来过的机型（虽然同一公司的其他机型常来）。从航空安全考虑要重视不同公司的"法人文化"，了解他们的差异，并在协调工作中考虑进去。最后是了解有关飞行员的无线电通话水平，包括程序和词汇的了解。香港管制员在对内地飞行员的通话时就放慢语速，以适应其外语水平。

九、交通复杂度

有研究者采用雷达管制模拟任务，综合考察两个交通复杂度因素：管制扇区内航空器的动态变化特性，如飞行速度、飞行高度与航向的变化，以及扇区内的航空器数量，及其交互作用对管制员作业表现的影响。结果表明，同管制扇区内航空器的数量一样，航空器的动态变化特性也会显著增加管制员的脑力负荷，降低管制员的情景意识，导致管制员化解冲突的时间延长。研究结果显示，随着飞行流量的稳步增长及空中交通动态变化特性的日趋增强，在采用流量管理、扇区的灵活划分及自由飞行等策略时，应充分考虑航空器数量之外的一些交通复杂度因素。

第三节　情景意识的管理与训练

随着民航运输业的快速发展，空中交通日趋繁忙，空中交通管制活动变得越来越复杂，如何在飞机架次多、任务重、工作负荷大的情况下确保飞行安全，是每一个管制员都必须重视的问题。对潜在问题的早发现、早处理是每一个管制员努力的目标。而情景意识的高低是实现这一目标的前提条件。因此，提高管制员的情景意识是保证空管安全的重要途径之一。作为一个空管员应该了解工作中情景意识的特性，预防注意力分散、压力、个人的期望等因素对情景意识的消极影响，积极主动地管理工作负荷，合理运用班组的资源以提高工作中的情景意识。除了对情景意识加以管理外，管制员还可以进行有针对性的情景意识训练，这样才能提高工作效益，预防人的差错，确保航空运营的安全。

一、情景意识的管理

（一）提高专业知识和工作能力

空中交通管制是一项需要专业技能的工作，一个合格的管制员要想获得较高的情景意识就必须具有相应的能力以及丰富的知识、经验，否则情景意识便无从谈起。工作能力的提高、知识经验的积累是建立良好情景意识的前提。

要进行情景意识的管理，一方面要加强专业基础知识、人的因素理论的学习，一个合格的管制员要想获得较高的情景意识，就必须对空管专业知识有较为深入的认识，对人的因素的概念模型，如 SHEL 模型和 REASON 事故分析模型有深刻的理解，能利用人的因素原理有效地调整身心状态，这样才能具备良好的情景意识基础。以下是摘自航空安全自愿报告系统的一起标准进近程序导致复飞疑惑的事件。

事件：一外航航班（空客 A320）按照机场 23#盲降标准程序进近，四转弯结束后机组报告复飞了。询问机组原因时，机组报告近地告警，且间断能见就复飞了。管制雷达显示复飞时飞机位置在五边 DME11.5，高度 1100 米。

分析：

（1）按照机场障碍物情况和机组飞行高度分析，应该是虚警。目前空客飞机采用 EGPWS 系统（增强型近地告警系统），参数设置比较保守，加上机组下降率大就可能触发虚警。在实际工作中应引起注意。

（2）如果机组按照程序飞行，出现虚警机组能够理解；如果管制员雷达引导，要特别注意最低引导高度的控制，否则一旦出现告警，机组未必能够理解。具体包括：23#进港可以控制五边 900 米以上建立 GP；23#离港一边取得 450 米高度后再右转，除非能见离场。

（3）23#方块程序高度设置方面，建议三转弯点加上 900 米高度控制。因为三边 DME16 附近有 564 米的山，有必要控制 300 米超障。

（4）近地告警发生时机组可能慌张，造成高度爬升动作粗，多上高度，注意及时控制，防止引发其他飞行冲突。

（二）主动管理工作负荷

在工作中什么时候工作负荷高，什么时候工作负荷低，通常情况下是没有办法控制的，但是可以采取积极的措施进行管理，避免在某个时间段产生特别高的工作负荷，而在其他时间段出现特别低的工作负荷。为此可以从以下几个方面对工作负荷进行管理。

（1）提前预料整个工作负荷的变化情况，并做出有针对性的计划。

（2）合理使用自动化设备。

（3）合理安排工作的顺序。

（三）管理班组资源，提高班组的情景意识

管制员的工作往往是以小组的形式进行的，在这种以小组取向为主的工作环境中，小组所获得的情景意识的水平是一个十分重要的问题。如果小组没有能够获得足够水平的情景意识，将会危及飞机的安全。班组情景意识是整个小组通过小组内部成员之间、不同小组之间以及处于不同地域的小组之间有效的交流、协作分工和配合获得的所有小组成员对整个情景的理解和预测。小组情景意识不是个人情景意识的简单相加，有效的交流和配合是获得良好的小组情景意识的基础。

（四）对管制员工作态度进行培养

如前所述，管制员工作态度的好坏会直接影响其情景意识水平的高低。因此，对管制员工作态度的培养是一项不容忽视的任务。培养管制员良好的工作态度，应从三个方面入手：首先，要提高管制员对空管工作的认识，使其明确空管工作的重要性及意义，并使之内化为自我的认知观念。其次，要充分调动一切积极因素，激发管制员对空管工作的兴趣。第三，要严格管理制度，通过系统、规范的管理使管制员在工作中形成良好的行为习惯，养成对工作兢兢业业、认真负责、一丝不苟的作风。

（五）保持良好的注意力

为了确保管制员在工作中能够快速准确地发现重要的信息，应该注意以下几个事项：

（1）用强烈的、容易发现的物理刺激来传递信息，比如一项工作未完成时，离开现场，挂警告牌就可以帮助及时发现它。

（2）使用变化多的信息，无论突然变化或连续变化都容易引起人们的注意。例如，连续一明一暗的刺激，熟悉事物的突然变化，声音或光线的加强、减弱或突然停顿等。

（3）使用对比强烈的信息也容易引起人们的注意。当某种刺激物在强度、形状、大小、颜色或其他特征上与其他刺激物存在着对比关系时，该刺激物易引起人们的注意。例如，许多黑字中间的红字、带有重点号的字等容易被发现。

二、情景意识的训练

为了确保空管员在工作中，特别是在复杂的不确定的情景中能够获得高水平的情景意识，除了强调一般的知识和技能的训练之外，应该有针对性地进行一些特殊训练，比如通过案例分析，让空管人员熟悉一些容易丢失情景意识的情景。通过危险预知训练，提高他们对危险的预知能力；通过小组角色的扮演，向空管小组成员传授提高情景意识的交流技巧等。

在人—机系统的管制工作中进行意识训练。从人的角度来说，合理的大脑模式可减少任务的复杂性，实际和正确的大脑模式可减少在动态环境中问题解决的短时认知工作。管制员的情景意识训练可以从个体和群体两个方面来进行：

（一）个体情景意识的训练

个体情景意识的训练主要着重于四个方面：任务的管理、提高理解力（第二层次的情景意识）、预测和计划（第三层次的情景意识）、寻求信息和自我监控。

情景意识的训练要求管制员能监控航空器、预测冲突和通过无线电指挥飞行员。训练方法包括观摩专家演练和运用视觉线索重视与现在情景相关的数据。训练还要求管制员学习后能陈述专家的监控模式以及在特殊情景中能正确选择信息和评估信息。

对训练时管制员的情景意识评估方法包括以下几种：

- 注意力直指冲突
  ——测量：眼动、情景的重现
- 更好的冲突检测能力
  ——测量：冲突检测的时间和频率
- 冲突解决能力的提高
  ——测量：解决的质量

个体情景意识训练的具体运用体现在大脑模拟与战术和策略两方面。大脑模拟是指在大脑中展现即将要发生的视觉图像的能力，例如飞机的航迹及高度变化在大脑中的投射，决定冲突会发生在什么地方并采取相应的避让措施等等。战术和策略是用于有效管理任务和大脑资源的一系列协调行为。为此应探讨熟练管制员在一般水平下的保持最佳能力的工作负荷所采取的策略；分析在低流量阶段如何防止自满的策略；分析高工作负荷条件下处理问题的策略；分析管制员对预案的心理投射和对将来发生事件的处置能力及所采取的反应等。

（二）群体情景意识的训练

1. 团队技巧训练

团队技巧训练旨在增加管制员的战术意识。可要求管制员列出两个与计划、执行、监视有关的潜在操作差错，并针对每个差错所采取的战术进行小组讨论，重点应放在信息的分享上。交流与合作可有助于群体情景意识的提高，如在群体的讨论中参与问题的解决，并在讨论中采用开放式的问题，这样可提高管制员的信息获得与处理能力。

2. 案例分析

案例分析可以使用本部门的相关实际案例报告，也可以使用其他单位或国家发生的不安全事件，也可以是虚拟的事件。在案例学习阶段，首先是总结案例报告，接下来是解释事件带来的后果，然后向管制员提供一个原始报告视觉化（计算机）的演示。小组讨论中向管制员提问，让他们对照 SHEL 模型来判断哪个界面可能是错误匹配，了解系统中哪些是潜在的和主动的差错，抓住防范事故的机会，通过管制员掌握的理论并综合他们以往的经验，让他们去确认自己的战术和策略，以在未来的工作中起到防范作用。

3. 交流技巧训练——质询与反应系统

有效交流是提高班组情景意识的有效途径，在飞行机组中广泛使用的质询与反应系统（challenge and respond system）已经被证明能够有效地提高班组的情景意识，这个交流的技巧同样可以运用于管制员工作的情景中。

质询是针对特定的情景要求获得观点、意见和建议的过程。比如，因为不清楚或不理解，对自己或工作伙伴所做的计划、决策、行动提出的疑问就是质询。反应是在受到质询时所作出的言语或者行动应对。例如，在有人询问你为什么要这样做的时候，你对这个询问所作出的回答、行动就是反应。质询与反应系统是所有班组成员共同参与，对当前情景进行评估和诊断的过程。

在工作中，当工作所需要的信息模棱两可、与问题相关但是来源不同的信息之间有冲突，以及信息不充分的时候，就应该使用质询，通过质询来澄清模糊、消除矛盾。质询不仅只针对其他人，也应该针对自己。

1）质询与反应系统的优点

在管制员的工作中，恰当使用质询与反应系统有这样的一些好处：

（1）可以引发班组成员对正在发生的事情进行审视。

（2）可以收集信息，澄清误解，提高自己和班组的情景意识。

（3）可以从他人那里获得知识和经验。

（4）能够对一些即将发生的问题进行预测。

2）质询与反应系统的步骤

质询与反应系统包括三个基本步骤：

第一步，阐述情景意识。

在工作中，当身处复杂环境，情况不断变化的时候，班组中的个人应该将自己的情景意识主动告诉其他班组成员。将自己的情景意识讲出来可以使其他班组成员知道你对当前情景的理解，知道你未来即将要采取的行动。这样他们就有机会从自己的角度对你的看法、你的意见和你的行动进行评价，发现你自己不能发现的错误。将自己的情景意识说出来还可以使其他班组成员知道你想从他们身上获得哪些帮助，他们所知道的信息有哪些对你是有帮助的。这样就能够实现信息共享，使你获得充分的信息，维持高水平的情景意识。

在对自己的情景意识进行阐述的时候要注意以下一些事项：

（1）尽可能简明扼要地说出自己的情景意识。

（2）注意鼓励反馈，比如"你们认为呢"。

第二步，质询。

在工作中，当发现某个班组成员的情景意识有问题，或者是他的某个决策、行动不符合正确规范的时候就应该主动地提出质询。当某个班组成员将自己的情景意识说出来，而你有不同的看法，就应该提出质询。工作班组的心理环境和工作氛围会影响班组成员之间的质询。如果班组成员之间关系紧张，相互之间不信任，提出质询的可能性将会很小；反之，如果班组内部是一种平等、相互尊重、开放的气氛，则有利于相互之间的质询。所以，班组的组长和班组的成员在工作中应该努力建立一种有利于质询的工作环境。

质询除了受到工作氛围的影响之外，还受到质询的方式的影响。批评的语气、不适当的言语将影响质询的效果，所以，在提出质询的时候还应该注意考虑一些交流技巧，尽可能采用一定的外交手段，避免让受到质询的人丢面子。

第三步，反应。

其他人对情景意识的质询有时是主动要求的，有的时候则不是。当没有向别人要求而受到质询的时候，如何反应将会影响到质询与反应系统的效果，还会影响到未来班组内的气氛。有两种反应方式是不适当的。一种是对别人的质询置之不理，固执地坚持自己的看法；另外一种是认为别人的质询总是对的，不经思考就接受别人的建议。这两种反应方式都没有客观地对别人的建议和看法进行思考，对于班组情景意识的保持没有任何帮助。另外这两种反应方式还会引发其他潜在的问题，前者容易导致班组成员之间的冲突，影响班组的工作气氛。后一种反应方式可以让人觉得你心态开放，但却可能将问题隐藏在和平之下。

受到质询的时候应该从以下几个方面考虑：

（1）识别出最严重的威胁。

（2）评价提出的质询。

（3）采取保守或稳妥的行动。

班组成员在工作中主动描述自己的情景意识，在适当的时机提出质询，被质询的时候能够合理反应，这些都是维持和提高班组情景意识的有效途径。

3）质询与反应过程中应注意的事项

首先，要树立正确观念。应该认识到，在工作中，班组的情景意识十分重要。班组情景意识并不是个人情景意识的简单相加，有效的交流是将个人情景意识转化为班组情景意识的唯一途径。质询和反应系统可以有效地提高班组的情景意识，它是所有班组成员的职责，不是组长或者是某个人自己的事情。

其次，要消除交流的障碍。在质询与反应系统的实际运用过程中，会遇到一些障碍，其中最为常见的是缺乏自信心或缺乏果断性，不敢对其他班组成员的错误看法提出自己的意见。再有就是没有明确自己的职责，不知道作为一个班组成员，说出自己的情景意识和对其他人的表现提出质询的重要意义，没有认识到班组成员之间不仅是共同工作，还具有相互检查发现错误的职责。此外，个体间冲突及以往的经验也会影响质询与反应系统的运用，如果班组成员之间将工作之外的某些冲突带入了工作之中，提出的质询容易被误解为人身攻击，引起更为激烈的人际冲突。同样，以前提出质询却没有得到合理的反应，这样的经历也可能降低提出质询的可能性。因此，为了保证质询与反应系统能够被有效实施，应该注意发现自身存在的这些不良心态，努力消除它们的消极影响。

第三，利用所有信息资源进行质询，而不是想当然。质询的目的就是多途径地获得信息并对当前的情景进行评估，确保获得高水平的情景意识。在很多时候由于主观因素及过去经验的影响，往往想当然而不是凭借客观的信息将某个不确定的情景判断为这样或者那样，这种做法会降低质询的力量，还可能引发其他的一些问题，因此，在质询的时候应该尽可能多地利用各种可以收集到的客观信息进行质询。

　　第四，注意交流的技巧。正如前面所分析的一样，不恰当的表达方式会影响质询的效果，为了确保质询的有效性，需要注意三条交流的原则：简明扼要、适当的语气、坚持"什么是对的，而不是谁对"。

　　第五，建立良好的班组气氛。班组气氛是质询与反应的环境，应该努力建立一种平等、开放、相互尊重的班组气氛。

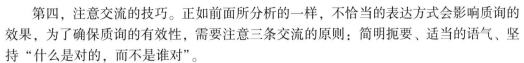

思考题

1. 简述情景意识的含义。
2. 简述情景意识的水平和分类。
3. 简述情景意识的影响因素。
4. 简述如何训练情景意识。

第七章　班组资源管理

随着空中交通管制系统运行复杂程度不断提高和工作负荷日趋增大，团队作业已经成为提供空管服务的主要方式，空中交通管制工作已成为一个由多人协作完成的系统工程。目前，世界上较大的管制中心已发展到数十个扇区、上百个通信波道、几百名管制员同时工作。飞行量较小的管制单位，也依照民航总局第 86 号令，以"双岗制"作为在岗人员基本设置标准。现代空中交通管制工作已经不再是单个管制员所能独立完成的任务，它迫切需要在管制过程中加入协调、配合与组织。通过有效的班组资源管理，在确保充分发挥单个管制员的工作能力的同时，更要发挥空管班组的整体功能，以保证空中交通管制的正常和高效。本章拟就班组资源管理的含义、发展历史和影响因素予以简要说明，着重分析加强班组资源管理的措施与方法，并对班组长的领导艺术问题进行介绍。

第一节　概　述

一、班组资源管理的含义

对于什么是班组资源管理（Team Resource Management，TRM），国际上尚无统一的界定。M. Woldring（1999）将班组资源管理定义为"通过了解人际关系和人的能力，来提高空中交通管制团队效能的训练，以达到提高飞行安全的目的"。张瑞庆（2001）指出"空管班组资源管理，是在现有的人员、设施及特定环境的'资源'基础上完成的既定工作，对这一'资源'的充分利用，发挥'人—机—环境'每一界面中的积极因素，保证飞行安全，促进空管效率的行为"。顾正兵、罗晓利（2012）认为班组资源管理是"有效地利用所有可以利用的资源（信息、设备和人），以便达到安全、高效的空中交通管制目的的策略"。此外，还有人认为班组资源管理是"通过增强管制员团队技能，从而减少管制过程中发生的与管制班组有联系的差错和事故"；"班组资源管理是通过加强班组协作和对人的能力的认识，来确保飞行安全的一种空管职能"；"班组资源管理是对工作中的人员、设备、时间、信息等资源加以有效地组织和控制，以确保安全生产，也就是要处理好人、机之间的关系，使其能够发挥最大的效能，能够最大限度地保障安全生产"等等。

尽管对于班组资源管理的含义不同学者有不同的解释，这些界定有着不同的侧重点，但它们的核心思想是一致的。以之为基础，可以将班组资源管理定义为：合理有效利用所有可用资源，提高空中交通管制团队的工作效能，以达到安全、高效的空中交通管制目的的过程。这里的资源是指在管制工作中的所有可用资源，它包括人力资源、信息资源、设备资源，以及时间等易耗品资源。其中，人力资源是空中交通管制员所面临的最复杂、可变性最大，也是最有利用价值的资源。当前关于班组资源管理的探讨，主要是从人力资源管理的角度进行分析和说明。

二、班组资源管理的产生和发展

在空中交通管制工作中倡导班组资源管理，迄今为止也只有三十年左右的历史，它与针对飞行员提出的机组资源管理（Crew Resource Management，CRM）的研究密不可分。

自20世纪70年代后期开始，良好的机组资源管理在确保安全、舒适、高效飞行中的作用，引起了航空从业人员的广泛重视，取得了大量的研究成果，在实践中也体现出了它的重要价值。与此同时，空中交通管制、机务维修、运行控制等航空领域中人的因素问题，也逐渐为人们所认识。有学者指出，管制员比飞行员更加需要协作，因为飞行员主要在非正常工作情况才需要与他人协作，而管制员在正常工作情况就需要与他人协作。1988年美国西雅图航路管制中心（ARTCC）实施"管制员意识和资源训练"项目，成为美国实施班组资源管理的开端。该项目重点在于考察团队协作、交流意识和人的因素对空中交通管制的影响。1991年，美国FAA召开了一次进一步促进和调整ATCRM训练的会议，这次会议是使管制班组资源管理培训成为标准的空中交通管制培训的重要一步。随后，1992年美国成立了空中交通团队协作加强（ATTE）指导委员会，对班组资源管理训练材料进行开发。

1994年，在首届欧洲空中交通管制协调实施计划（EATCHIP）人力资源团队会议中提出了开发空中交通管制资源管理的项目，随后成立了研究小组对班组资源管理的可能效益和需求进行调查，调查发现不恰当的班组工作对管制工作带来了许多负面影响，班组功能失效可能导致空管不安全事件的发生。1995年2月，该研究小组公布中期报告，在次月召开的第三次人力资源团队会议上呈递了该报告。人力资源团队同意在此基础上建立班组资源管理特别团队（TRMTF）。1995年，欧洲航行安全组织（EUROCONTROL）成立班组资源管理工作小组，通过进一步深入研究，决定对包括管制员、训练人员和人的因素专家进行培训，建立开发实施TRM的指南，促进对空中交通管制系统对班组资源管理优点与长处的认识，制定出一个有关班组资源管理训练课程的教学大纲。次年3月，该小组提出了开发实施TRM指南，明确了TRM的概念、策略、训练课程及其内容、训练方法、训练大纲，以及测试和评价方法等。以该指南为基础，EUROCONTROL 于 1997 年开发出了 TEM 原型课程。在 1998 年召开了以空中交通管制中人的团队工作为主题的第二届人为因素研讨会。2001 年，EUROCONTROL 提出了基于 TRM 的管制员模拟机训练（TOAST），以巩固 TRM 课堂教学中所获得的知识，并将其应用到实际的管制运行工作中。2003 年，EUROCONTROL 开发出基础行为的观察方法（BOOM），用于管制员 TRM 的模拟机训练及其效能评估，目前它已成为 TRM 训练的重要组成部分。同年，EUROCONTROL 发布空中交通管制员复训指南，将 TRM 作为复训内容之一。2005 年，欧共体将 TRM 纳入 2005—2009 年欧洲融合与实施计划（The European Convergence and Implementation Plan，ECIP）中，要求欧共体国家在 2007 年之前必须应用 TRM 的概念、方法和工具；安全行动团队（AGAS）也将 TRM 作为提高空中交通安全管理的战略行动计划。如今，TRM 已经在欧美民航空中交通管制工作中得到广泛的重视和运用。

自 20 世纪 90 年代起，中国民航开始了机组资源管理的研究和运用，中国民航飞行学院针对飞行学员系统开设了"飞行中人的因素"和"驾驶舱资源管理"课程。受其影响，空中交通管制员的人为因素问题也逐渐得以重视，无论是管制员的基础理论知识培训、技能训练，还是实际管制工作，都逐渐将 TRM 的知识和方法纳入其中。过去二十多年来，一些学者和一线管制员也对 TRM 的有关问题进行了研究，尤其对 TRM 如何运用于实际工作，进行了广泛的探索。民航华东空管局自 2008 年起，率先开展了较为系统深入的 TRM 研究工作，在实践中建立了包括班前准备、班后讲评、班组岗位配置和带班管理等一系列 TRM 策略或措施，取得了一些阶段性的成果。2009 年，民航华东空管局黄久龙编著的《空管安全纵横谈》一书出版，这是国内第一部正式编辑出版的关于空管安全方面的书籍。2010 年，民航华东空管局组织撰写《空管班组资源管理讲义》，对一些相关人员进行了培训。2012 年，民航华东空管局顾正兵和中国民航飞行学院罗晓利编著出版了《民航空管班组资源管理》，这是国内第一部系统介绍空管班组资源相关理论与方法的著作。必须重视空中交通管制工作中班组资源管理的研究，加强空中交通管制人员班组资源管理能力的培养，已成为共识。

三、班组资源管理的影响因素

合理有效地利用所有可用资源，以达到安全、高效的空中交通管制的目的，这并不是一件容易的事，它受到多种因素的影响和制约。近二十年来，中西方学者对空管工作中的人为因素问题进行了较为广泛和深入的研究，对复杂环境中空中交通管制员工作表现的影响因素进行了较为全面的分析和探讨（见图 7.1），但对于班组资源管理的诸多影响因素还没有一个系统的阐述。

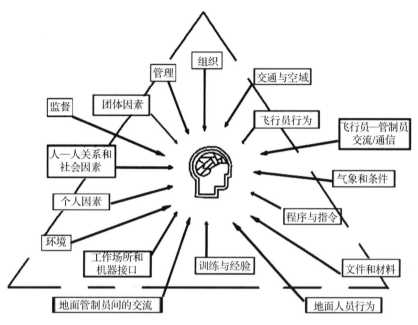

图 7.1　ATC 复杂环境系统中，影响管制员工作表现的因素

（引自 Julia，2004）

　　管制员个体是构成班组的基本单元，其信息加工水平、人格特点、兴趣和爱好、工作态度等的不同，以及年龄与性别差异，都会在管制技能水平上有所体现，进而影响整个班组的工作。因此，图 7.1 中所示的管制员工作表现的各种影响因素，同样会对班组工作有效性产生影响。班组的人员搭配、班组成员间的信息沟通状况、班组长的管理水平，管制工作环境、企业文化等因素，都是班组资源管理的可能影响因素。

第二节　加强班组资源管理的措施与方法

一、提高管制员自身素质

　　管制员是空管班组的基本组成单位，其工作有效性直接受制于每一位管制员工作能力的高低。加强管制员基本素质培养，提高其管制技能，是加强班组资源管理的前提和基础。管制工作具有较大的灵活性，面临的环境较为复杂，这就要求管制员需具备一定的自主性和创造性，以适应复杂多变的工作环境。也就是说，管制员应有较强的自身协调和自我调节能力以适应变化的情况。管制工作有赖于班组成员间的积极配合、相互协作。良好的协作意识与协作能力、良好的情绪控制能力，都是优秀管制员必须具备的基本素质。每一位管制员都应积极采取措施，通过理论学习、实践训练等多种途径和方式，提高自身素质。

二、科学搭配班组

在中国民航的管制单位中，同管制员个人关系最密切，影响最大的基本群体就是"双岗制"的两人搭档的班组。依照民航总局空管局发〔1997〕173号文件精神，为加强岗位值班力量，保证飞行安全，民航总局空管局要求空中交通管制岗位严格执行"双岗制"，要求区域、进近、塔台管制室安排管制人员值班时，每一个管制席位在值班时间内不得少于两名正式管制员，其中一人负责管制指挥，主要职责是对所辖范围内的空中及地面航空器的管制指挥监督，准确掌握航空器位置，正确调配飞行冲突等；另一名负责管制协调，其主要职责除负责管制移交、协调、通报等工作外，还应当负责协调、监督管制席的工作。管制指挥和管制协调是统一的整体，应当分工合作、密切配合。

人各有所长，不同的管制员其业务技能、管制经验、调配习惯、工作作风不尽相同。此外，不同工作岗位的职责范围、工作性质对管制员的素质也有着不同的要求。即使每一位管制员都极其优秀，但如果搭配不好，造成人员浪费只是一方面，更关键的是可能会造成班组成员间的无谓冲突，彼此相互制约，或者是彼此间过于信任，忽视双岗制的有关规定，疏于监控，班组作用大打折扣，甚至导致不安全事件发生。在民航发展历史上，这样的事例并不鲜见。因此，必须科学调配人员、合理搭配班组，使得班组成员间能够分工合作、协调配合、相互提醒、相互弥补，发挥团队功能，真正实现1+1>2的整合作用。在实施空管班组资源配置、搭配班组成员时必须考虑以下几个方面的问题。

首先，搭配班组要充分认识班组成员的专业知识与业务水平差异。通过对管制员客观准确的评价与技术等级确定，实现班组成员在专业知识与管制技能的高、中、低搭配，并且充分考虑每一位管制员的英语能力，努力使各班组间能达到较为平均的英语水平，从而能够较好地实施必需的英语指挥。

其次，搭配班组要充分考虑气质、性格的特点。各种气质与性格类型都有其优缺点，如多血质的人反应迅速、活泼且动作敏捷，但情绪不稳定、较为粗心马虎；胆汁质的人精力旺盛、刚强但易感情用事，整个心理活动笼罩着迅速而突发的色彩；黏液质的人稳重但灵活性不足、踏实但又有些死板、沉着冷静却缺乏生气；抑郁质的人聪明敏锐、富于想象，但主动性差、反应慢，稳重、体验深刻，但优柔寡断，往往还比较孤僻。依照管制工作的性质与特点，多血质或黏液质气质类型占优、居于主导的人更适合于从事管制工作。但如果整个班组成员都是属于黏液质的气质类型，性格均趋于内向，班组内部很可能会沟通较少；或者是都属于多血质的气质类型，性格均趋于外向，甚至急性子较多，也可能容易出现冲突，或因马虎大意导致不安全事件发生。因此，班组搭配时要充分考虑人的气质与性格特点，互补搭配应该是一种比较好的选择。

第三，关注班组成员的职权梯度。班组成员的职权梯度是指不同班组成员在地位、级别、能力、资历等方面的差异。不合理的职权梯度，容易使管制员之间产生微妙的心理反应，影响正常工作，干扰彼此间的交流与协作。如果职权梯度过大，容易出现即使地位、级别、能力、资历高者的指令不当，而过低的一方却不敢提出自己的意见和建议，达不到交叉监视和检查的目的；过低的一方在指挥过程中，也容易表现得缺乏信心，担心出错，心理压力过大。如果职权梯度过于平坦，成员间有可能是彼此过于信任，缺乏有效的交叉监视和检查；也可能会谁也不服谁，互相挑剔，容易受逆反心理等不良心理影响，从而在工作中违反规定。合理的职权梯度匹配，应该是搭档的管制员之间有一定的职权梯度，双方之间的地位、级别、能力、资历等，不能过于陡峭也不能过于平坦。对于"双岗制"而言，通常情况下，应该是主班管制员的地位、级别、能力、资历等，稍高于副班管制员。

第四，考虑年龄方面的新老搭配。年轻的管制员，尤其是刚从院校毕业的管制员，尽管理论知识比较扎实，但是缺乏工作经验，往往不能很好地将书本上学到的理论知识运用到实际工作之中。而年长管制员则与他们相反，通常是理论知识相对欠缺，但工作经验丰富、处理突发事件的能力强。年轻管制员的英语水平通常也强于年长管制员。因此，在班组人员搭配时要充分考虑新老搭配，做到以老带新、以新促老，这样才能避免新管制员遇到问题时因经验不足而束手无策，同时也可以提高整个班组的学习热情与工作活力。既做到取长补短、优化组合，又有助于"传、帮、带"。

此外，男女性别差异、管制员彼此间的人际关系状况，也是班组搭配时需要考虑的因素。男性和女性在生理特征和心理特点上都存在较大的差异，男女管制员搭配组合以互相弥补、互相平衡、发挥合力，更容易提升班组的工作绩效。良好的人际关系有助于班组成员之间的协调与配合，有助于创建和谐、愉悦、充满合作气息的工作氛围。如果班组成员之间的人际关系过于紧张，很有可能会仅仅完成自己的所谓"分内"工作，不愿意提供或接受帮助，不愿意与其他人分享自己的知识和经验，不愿意就工作中存在的问题进行探讨。即使是对一些必需的合作或交接工作，也只遵照有关规定或既定程序进行，不会有更为翔实的补充信息说明。

三、班组成员间的良好信息沟通

信息沟通是指以一定的方式相互交换信息、思维和情感的过程，这可能是空中交通管制工作中最重要的人的因素问题，也是班组资源管理非常重要的组成部分。通过与飞行机组及其他相关部门间的信息沟通，才能实现对航空器的有效管制，完成相应的工作。在管制班组内部，只有通过班组成员之间积极的信息沟通，才能实现对班组资源的管理。实际的管制工作中，除了与飞行机组及其他相关部门之间存在着大量信息沟通之外，每一个班组成员还会花费较多的时间用于班组内部成员彼此间的信息沟通。通过积极的信息沟通，形成良好工作氛围的同时，实现信息共享，积极监控、交叉检查，这非常有助于建立和保持良好的情景意识，高质量完成空中交通管制任务。

有效的信息沟通使得班组成员获得的信息得以共享，增进合作，它是班组成员之间配合与协作的先决条件。但受主客观多种因素的影响和制约，班组内部同样存在着不可避免的沟通障碍。这些既可能来自于班组成员，也可能源于班组外部的沟通障碍会存在于班组工作过程的始终，并随时可能影响班组成员间信息的发送、接收及反馈。管制室的温度、湿度与噪声等物理环境，管制员的认知特点、知识经验、文化与教育水平、个性特征、工作态度，管制员不恰当的语言表达，以及语言本身存在的一些不足，时间压力、工作负荷等，都可能导致信息沟通障碍。此外，管制员在企业和班组中的地位与身份、工作时的情绪与情感，以及发送和接收信息时所伴随的身体语言、企业文化以及班组长的管理方式和管理水平等等，都可能对信息沟通的有效性产生积极或消极的影响。每一名管制员都应认识到这些因素对工作可能产生的不利影响，凡事以安全为重，端正认识，学习和掌握一定的信息沟通技能技巧，加强班组成员间的交流和协调，预防和克服工作中可能出现的信息沟通障碍，形成互助和谐的班组关系。

四、充分发挥班组长的组织领导作用

一线管制单位的工作，是以班组为基本单位，以持续一定时间段的交替换班的形式进行。在一个班组单位中，少则两人，多则十几人，作为这一基本单位的指挥者和管理者，班组长的主要职责是合理安排组员搭配，充分掌握当天值班动态；执行各项规章制度，组织好班前、班后讲评，充分发挥组员的思考和决策潜力；处理管制工作中的特殊情况，形成班组内有利于思考、决策的工作气氛；对组员提出的问题总结分析，及时把合理化建议反映给带班主任并得到其答复。由此可见，对于班组能否正常运转，能否保持高工作效率，作为班组领导核心的带班主任，其在班组资源管理中的作用不可小视。近十几年来，中国民航出现了好几起因班组管理原因而导致的不正常事件。2008 年 8 月和 2009 年 3 月，上海区管和西安进近都发生了因管制原因导致的飞行冲突，这两起事件的事后调查报告都直接指出现场带班主任在管理上存在严重的工作瑕疵，是导致事件发生的原因之一。

班组长不仅是班组的管理者，同时也是被管理者和上级指示的执行者、监督者，更是班组成员的知心人，他既要合理安排班组的各项工作任务，同时又要投身到具体的管制工作中，在特情处置时还得充当"主心骨"的作用。因此，要加强班组资源管理，必须充分发挥班组长的组织领导作用。随着民航的迅猛发展，航班量和飞行密度急剧增长，管制间隔的缩小所带来的巨大压力，使得班组长日常管理的难度也大大增加。要完成既定工作任务，实现组织目标，班组长就必须学习和掌握一些有关领导艺术的理论与方法，通过制定、实施符合管制员心理活动规律的制度、措施和方法，充分调动班组成员工作的积极性、主动性和创造性，使他们的能力得到充分的发挥。

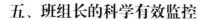

五、班组长的科学有效监控

对现场管制工作实施有效的监控，对各个席位班组成员的工作表现实施全程全方位的有效监控，是班组长工作的重点之一。

就人的本性而言，人并不是一个优秀的监控者，监控工作容易受到多种因素的影响和制约。在实际工作中，随时随地地对所有班组成员的工作实施监控，对现场发生的各种问题没有丝毫忽略，这是不现实的，是人的身心特点所不允许的。学习掌握一些科学有效的监控技巧和监控方法，对于班组长工作职责的有效实施是非常有帮助的。有学者指出，依照管制流量大小可以采用不同的监控策略。在管制流量比较大的时候，各个岗位的管制员都会全神贯注，这时班组长应特别注意人力资源的调配，根据班组成员的工作能力与疲劳状况合理分配或调整工作任务；注意排除外界因素，如可能存在的现场无关人员及技术保障人员等人的工作可能对管制现场的干扰；控制班组总体运行环境，如确定是否需要实施一定的流量控制、是否需要向军航申请更多的机动区域等。在管制流量比较小的时候，班组长可以将监控工作重点放在对班组成员是否有注意力分散、精力不集中、松懈倦怠甚至困倦打盹现象出现等方面。此外，在流量小时班组长还应注意现场工作纪律的维护，营造宽容、融洽、和谐的班组工作氛围固然重要，但也要避免班组成员过多从事与管制工作无关的事情。

六、改善工作环境

工作环境的改善包括物理环境和心理环境的改善。空管工作对于工作的物理环境有着较高的要求：灯光昏暗或过强，可能会使管制员视觉受损，影响阅读进程单等相关信息，也可能会造成管制员精力涣散、注意力难以集中；管制设备或外部环境噪声大、人员来往频繁、管制室空气质量差等等，都会直接影响到管制人员的情绪和工作效率。管制室的设计就应当尽可能避免这些因素的负面影响。

良好的心理环境，尤其是班组氛围，可以更好地促进管制员获得工作上的成就感及归属感，进而影响整个班组的效率。这与班组成员之间的相互信任，主班与副班之间的配合，班组的群体凝聚力状况等因素均有密切联系。

七、班组成员相对稳定

此外，班组成员还应尽量保持相对稳定。相对稳定的班组，不仅有助于班组长熟悉班组成员特点，进而合理搭配班组成员以保障管制工作的安全、高效、顺畅运行，同时长时间的协作，班组成员能够比较全面地了解彼此的工作能力、人格特点，这也有利于形成高度信任的合作氛围。班组成员之间达成了一种高度信任的合作氛围，是一个高效班组的显著特征之一。班组相对稳定，也有助于管制员思想的稳定。

第三节　领导艺术

学习关于领导的基础理论知识，了解并掌握一些科学有效的领导艺术和方法，对于带班主任、班组长和主班管制员充分发挥管制工作中的班组资源管理的积极作用，有着重要的意义。

一、领导与领导者

对于什么是领导，学者们提出了各种解释。H. Koontz 等人认为，领导是"一门促使其部属充满信心、满怀热情来完成他们任务的艺术"；G R. Terry 认为，"领导是影响人们自动为达成群体目标而努力的一种行为"；R. Tannenbaum 认为"领导就是在某种情况下，经意见交流的过程所实行出来的一种为了达成某个目标的影响力"；W. Scoot 等认为，"领导是在某种情况下，影响个人或群体达成目标行动的过程"。

综合众多学者的认识，可以认为领导就是指引导和影响个人或组织，在一定条件下实现既定目标的行动过程。

领导者，就是一个被委派到某一职位上具有职权、责任和义务来完成组织目标与目的的人。一个组织的领导者就是计划、组织、监督、控制、沟通信息、委派任务和承担责任来实现组织目标的人。领导群体成员采取一定的手段以实现组织目标、协调群体内各成员之间的关系，促使各成员之间保持和谐的关系，是领导者的主要职能。

二、领导有效性的理论

（一）领导品质有效性理论

领导品质有效性理论专注于领导者的个人素质，它关心有效的领导者应该具有何种素质。这种理论源远流长，它的发展经历了传统品质理论与现代品质理论两个发展阶段。

1. 传统品质理论

传统品质理论认为，领导者的品质是生而具有的，不具备天生领导品质的人，就不能当领导。古希腊学者亚里士多德就持这种观点。遵循这种思路进行研究的学者主要有美国心理学家 C. A. Gibb 等人。Gibb（1869）提出天才的领导者应具备以下 7 项天生的素质：善言辞；外表英俊潇洒；智慧过人；具有自信心；心理健康；有支配他人的倾向；外向而敏感。美国领导学学者 R. M. Stogdill 等人认为领导者应有 10 个方面的素质：才智；强烈的责任心和完成任务的内驱力；坚持追求目标的性格；大胆主动的独创精神；自信心；合作性；乐意承担决策和行动的后果；能忍受挫折；社交能力和影响别人

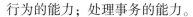

行为的能力；处理事务的能力。

这种理论虽然可以启发人们看到领导者确实有某些独特素质，但其缺陷也是明显的：一是强调素质的先天性，否定了后天环境等因素的作用。二是有些因素互相矛盾或与实际相抵触，如许多具有这样素质的人实际上并不是成功的领导者。相反，出色的领导人也并非个个英俊潇洒，能言善辩。三是没有区分各种素质的相对重要程度和哪些素质是谋取领导地位所需要的，哪些素质是维护领导地位所必需的。

2. 现代品质理论

20世纪70年代以来，人们逐步认识到领导者的个性特征是在实践中形成的。因此，现代素质理论家的研究一般从两个方面着手：一是采用心理测量法对领导者的气质、性格、行为习惯进行测验，并通过心理咨询以矫正或治疗；二是根据现代企业的要求提出评价领导者素质的标准，并通过专门的方法训练、培养有关素质。一般认为，前一种研究主要注意领导者素质与遗传因素的关系，因而比较注重领导者素质的测量和改善；后一种研究主要注意后天的环境因素等对领导者素质的作用，因而比较重视领导者素质的培养。

美国心理学家 E. E. Chiselli 是这方面研究的突出代表。Chiselli 采用语义差别量表测定领导者的素质，并对结果进行因子分析，在其1971年所著的《管理才能探索》一书中，提出领导品质可分为3大类，13个因子。这13个因子及其相对重要性如图7.2所示。

100	管理能力
90	职业成就、智力
80	自我实现
70	自我督导、决策
60	安全需要
50	工作班子亲合力
40	创造性
30	高金钱奖励
20	权力需要、成熟性
10	男女性别差异
0	

图 7.2　13个品质因子的相对重要性

第一类，能力：管理能力、智力、创造力。
第二类，个性品质：自我督导、决策、成熟性、工作班子的亲和力、性别差异（男性的刚强和女性的温柔）。

第三类，激励：职业成就需要、自我实现需要、行使权力需要、高度金钱奖励需要、工作安全需要。

（二）领导行为有效性理论

从 20 世纪 40 年代起，人们开始从领导者的行为方式来探索成功的领导模式，进入了"行为理论"阶段。

1. 领导行为四分图模式

领导行为理论始于俄亥俄州立大学 20 世纪 50 年代早期的研究。该校的研究者首先拟出了一千多种领导行为特征，后经不断提炼概括，归纳为"关心人"和"抓工作组织"两个行为量纲。发现这两种行为在不同领导者身上高低强弱并不一致。由于每一方面都有高低之别，因而两方面联系起来便构成四种情况，即领导行为四分图（图 7.3）。由于领导者在"关心人"与"抓组织"方面的投入不一样，因此在工作成就与协调人际关系，稳定人们的情绪方面效果也大不一样。

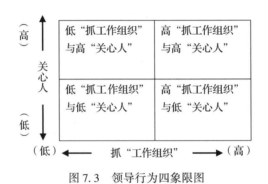

图 7.3 领导行为四象限图

2. 管理方格理论

美国行为科学家 R. R. Blake 和 J. S. Mouton 在领导行为四分图的基础上，于 1964 年提出了管理方格理论（Management Grid Theory）。他们用纵坐标表示对人的关心程度，横坐标表示对生产的关心程度。两者按程度大小各分成九等分，从而构成一个方格图。这样，在理论上能组合成 81 种不同的领导方式，在这 81 种领导方式中，可以选取 5 种典型的领导方式（如图 7.4）。

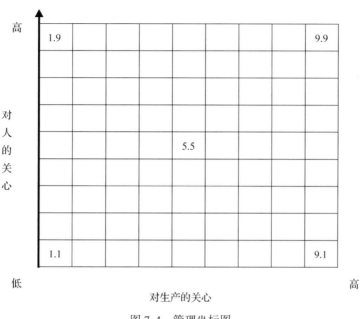

图 7.4 管理坐标图

1) 9，1 定向：权威—服从型领导

这是一种完全以任务定向的领导风格，领导者对完成任务高度关心，对员工的关心程度很低。这种领导者知道自己必须做什么，并且领导下属朝着确定的目标前进。这种领导者重视工作成绩，常常是我行我素，事必躬亲；喜欢告诉员工应该干什么，怎么去干；不喜欢质询；当冲突出现时，往往以严厉的方式处理，组织交往是刻板的、单向的、自上而下的。

在管制班组内出现这一类领导者，其原因可能体现在以下几方面：

（1）班组长和其他班组成员在资格和技术水平方面差异很大。

（2）班组长具有强烈的独断个性。

（3）班组长缺乏自信，利用权力掩饰自己的缺点，将同事的协作拒于千里之外，视其为批评。

如果班组内有这种类型的领导，就可能使班组成员防御心理加重，班组内交流质量差、工作表现和效率下降，大家少用资源管理，而且彼此间的学习机会也会大大减少。

2) 1，9 定向：乡村俱乐部式管理

这种领导者对完成任务表现出极少的关心，而对人给予最大的关怀，常常通过工作之外的活动来获得班组成员的认同。他们只承认人性的真正价值，主张只有人性受到最崇高的尊重，工作效率才能良好。这种领导对部下的工作要求不很高，过分地强调良好人际关系的重要性，与工作任务无关的交流太多，质询与反应气氛很差，而且常常会忽略班组成员的错误。

在管制班组内出现这一类领导者，其原因可能体现在以下两个方面：

（1）班组长过于关注活跃气氛，而忽略本职工作。

（2）班组长与经验丰富的班组成员一同工作，可能会因信任、面子观念等多种原因忽略监控，过分沉默。

如果管制班组中有这种类型的领导，就可能使班组的任务标准降低，班组成员的士气也许较低，大家得到训练和提高的机会少；班组内可能不存在权威，甚至会造成权威的逆转；在缺乏明确的领导时，班组成员或许会被迫寻找办法来控制班组内的工作节奏。

3）1，1定向：贫乏型管理

这是一种"摆架子"的领导，也是极不高明的领导行为。这种领导对部下与工作均不关心，只求保全自己的饭碗，对完成工作和满足部下的需求只做最低限度的努力。在组织中，这种领导者只传递上司的指示，且敷衍了事，他们远离上级，放任下级，是一种消极型的逃避责任的领导。在这种类型的管制班组中，大家的交流可能会很少，至少是针对工作的交流很少。只是存在名义上的班组，只是存在独立的管制员个体，班组人员各行其是，相互之间没有信息沟通，没有共享的情景模式，几乎不存在相互配合，出现沟通中的理解偏差，管制差错产生的概率高。这是一种最危险的工作情形。

4）5，5定向：中庸之道型管理

这是一种保持平衡、皆大欢喜、维持现状的领导行为。这种领导适度地关心生产，也关心人，以维持适当的士气水平，一切恪守中庸。这种领导者认为，任务的需要与人的需要之间确实存在一定的冲突，但解决冲突应采取妥协的方法。他们认为，人们会勤奋地工作，会按照领导者解释过的、合情合理的命令去行事。在这种领导风格中，班组内既存在正式的交往，也存在非正式的交往。持有这种领导风格的班组长，可能会通过一些外部的调解措施，如合理的交流、恰当妥协、适当忽略等方式来解决班组工作中可能存在的一些分歧；能够较为成功地保持工作成绩又要满足人的需要，能使每一个班组成员都感到工作有所进展，有一定的成就感。这是一种能够得到班组成员认可的领导风格，但是班组长完全可以做得更好。

5）9，9定向：协作型、团队型管理

这种领导风格对完成任务和组织成员都很关心。领导者认为，组织的要求与个人的需求之间不存在内在的冲突，可以通过协调一致的配合，开创一种生产效率和士气都很高的局面。这种领导风格强调要让制订计划和执行计划的人都专心致志地工作，相信只要给他们机会，他们就具有创造力。在这种领导风格中，交往是双向的并且是坦诚的，如果发生冲突，人们会直接面对事实，找出原因，极力解决争端。形成这种领导风格的秘诀是：协同努力，积极参与，专心致志，集体决策。

持有这种领导风格的班组长，通常会做出决策，但有其他班组人员的积极参与；班组长掌握一切信息，但班组内有较强的交流气氛；协作型适应性强。

（三）领导权变有效性理论

20世纪60年代以后，在"权变理论"的影响下，领导有效性的研究转入到"情景理论"的阶段，这是西方目前占统治地位的领导理论。这类理论认为，领导的有效性可用下面的公式表示：

$$领导有效性 = f（领导者、被领导者、环境）$$

公式中，抛弃了领导品质天生论的观点，而将领导视作动态过程，领导能力可在实践中培养，领导的有效行为可以随着被领导者的特点和环境的变化而有不同。

1. 领导行为的连续体理论

R. Tannenbaum 和 W. H. Schmidt 于1958年提出了领导行为连续体理论（如图7.5），认为领导方式不能固定不变，而应该根据具体情况，如历史条件、问题性质、工作的时间性、企业的习惯、成员的素质等适当地予以确定。

领导不能机械地从独裁和民主两种方式中做出选择，而是根据客观条件与要求，把两者适当结合起来。有效的领导者应是那些适应性强的人，有足够的灵活性来应付不同的情况，能够考虑到自己的能力、下属的能力和需要完成的任务而将权力有效地下放。

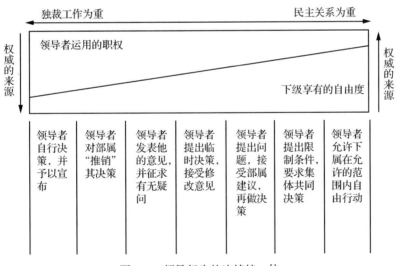

图7.5 领导行为的连续统一体

2. 领导生命周期理论

领导生命周期理论是由俄亥俄州大学 A. K. Karman 于1966年首先提出，后由 P. Hersey 和 K. Blanchard 于1976年予以发展的一个重视下属的权变理论，也被称作情景领导理论。领导生命周期理论以四分图理论为基础，同时吸取了 C. Argyris 的不成熟—成熟理论。

不成熟—成熟理论是研究人的个性和组织关系的一种理论，认为人的个性发展会经历从不成熟到成熟，最后发展成为健康个性的过程。这个过程一般要经过几种变化：从被动到主动；从依赖到独立；从能做有限的行为到多种行为；工作兴趣由从浅淡到浓厚；从目光短浅到目光长远；从附属地位到同等或优越的地位；从缺乏自知之明到拥有较强的自我意识、有自知之明且能够自我控制。每个人随着年龄的增长，有日益成熟的倾向，但能达到完全成熟的人只是极少数。领导方式不好会影响人的成熟，在传统领导方式中，把成年人当成小孩对待，束缚了他们对环境的控制能力。工人被指定从事具体的、过分简单的和重复的劳动，完全是被动的，依赖性很大，主动性不能发挥，这样就阻碍了人们的成熟。因此，有效的领导人应当帮助人们从不成熟或依赖状态转变到成熟状态。

以不成熟—成熟理论为基础，生命周期理论提出领导者的行为要与被领导者的成熟度相适应，随着被领导者的成熟度逐步提高，领导的方式也要作出相应的改变，这样才能取得有效的领导。

成熟度是指个体对自己的直接行为负责任的能力和意愿，包括工作成熟度与心理成熟度两项要素。工作成熟度包括一个人的知识和技能，工作成熟度高的个体拥有足够的知识、能力和经验完成自己的工作任务而不需要他人的指导。心理成熟度指的是一个人做某事的意愿和动机，心理成熟度高的个体不需要太多的外部激励，主要依靠内部动机激励。年龄是成熟的一个因素，但并非唯一因素。

领导生命周期图（如图7.6）概括了情景领导模型的各项要素。有效的领导行为要能够适应特定环境的变化，当下属的成熟水平不断提高时，领导者可以在不断减少对下属行为和活动控制的同时，不断减少关系行为。

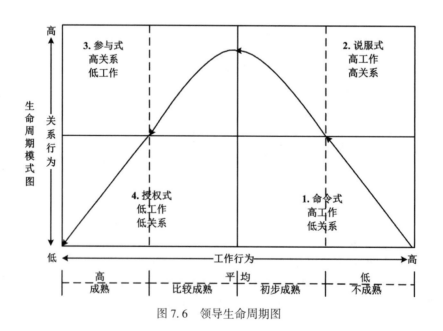

图 7.6 领导生命周期图

领导生命周期理论对于班组长（主班管制员）的实际工作，具有较好的指导作用。当班组成员的平均成熟度处于不成熟阶段时，他们往往需要得到具体而明确的指导，此时班组长（主班管制员）可以采取"高任务—低关系"的命令式行为，采纳单向沟通方式向班组中的其他管制员分派规定任务，告诉他们要做什么，怎样去做。对于年轻管制员，尤其是刚刚接触管制工作的见习管制员，通常可采用这样的方式进行管理。

对于处于初步成熟阶段的班组成员，班组长（主班管制员）需要采取"高工作—高关系"的说服式行为，与班组成员一起，双方通过双向沟通，互通信息，达到彼此支持。高工作行为能够弥补班组成员能力的欠缺，高关系行为则是试图使其他班组成员在心理上"领会"领导者的意图。

当班组成员进入比较成熟阶段时，班组长（主班管制员）可以采取"低工作—高关系"的参与式管理。班组长（主班管制员）的任务行为要适当放松，关系行为要加强，即形成参与式。参与式与说服式有一定相似之处，一方面班组长（主班管制员）与班组成员（副班管制员）相互沟通，另一方面班组长（主班管制员）运用支持性、非领导性的行为鼓励其他人员积极参与管理。

当班组成员发展到成熟阶段时，班组长（主班管制员）应当采取"低工作—低关系"的授权式管理。此时的班组成员愿意又有能力担负责任，班组长（主班管制员）就应给他们以权力，让他们有一定自主权，而自己只起检查监督作用。如对于已工作多年、管制技能熟练且经验丰富的管制员，班组长（主班管制员）就应当适当放手，相信并尊重对方，使其工作能力得以充分发挥。

三、班组内的权威与直陈

（一）权威的含义

权威就是对权力的一种自愿的服从和支持，是指领导者在被领导者心目中的威望和地位。权威并不等于权力，权力通常与职务相关联，职务一经确定，权力随之获得。权力是一种外在力，具有刚性特征。权威则是在领导者与被领导者相互发生作用的过程中自然产生的，来自领导者个人内在素质的一种内在力，具有柔性特征。权威的形成是一个复杂的心理过程，其大小取决于领导者在被领导者心目中的认可度和接受度。领导者的权威可以区分为权力性权威和非权力性权威。权力性权威是由于权力的获取而随之伴生的领导权威，包括合法权、奖赏权和惩罚权。非权力权威则是正确行使职权和权力的基础，包括专家权和模范权。权力性权威和非权力性权威的有效结合构成了领导者的影响力。由此可见，一个班组中的班组长应该同时具备这两种权威，而每一位班组成员在自己所擅长的方面也都具有一定的非权力性权威。

（二）班组中可能存在的四种极端权威直陈组合

在实际的空管班组，尤其是"双岗制"的实施过程中，可能存在有四种极端的权威直陈组合方式：高权威—低直陈、高权威—高直陈、低权威—高直陈、低权威—低直陈。这里的权威主要指班组长或主班管制员在班组中的地位和影响力，直陈则是指班组成员或副班管制员在工作中陈述自己观点的勇气和果断性。这几种极端组合都可能会对管制工作带来一定的负面影响，甚至危及安全运营。

高权威—低直陈的组合。这可能是空管班组工作中比较常见的一种不平衡状态，当班组长权威性太高，而班组成员的直陈性又太低时，就有可能出现。

高权威—高直陈的组合。当班组长权威性太高，而班组成员的直陈性也很高，出现高权威—高直陈的搭配时，可能容易出现不必要的较高水平冲突，容易将工作之争演变为意气之争。

低权威—高直陈组合。班组长权威性太低，而班组成员的直陈性却很高，这是低权威—高直陈搭配的特点。在空管班组工作中，这种情况尽管比较少见，但也不可忽视，它很可能会导致双方的角色错乱，一旦出现特情，就容易出现混乱的工作局面。

低权威—低直陈组合。这是最危险的一种组合，但也是实际工作中最少见的一种组合。

（三）有助于权威性与直陈性平衡的措施与方法

对于班组长（主班管制员）而言，以下的措施和方法有助于权威性与直陈性的平衡：

（1）批评班组成员之前，必须进行思考，并对自己的行动进行质疑。

（2）如果感觉班组成员直陈性比较低，就尽可能采取措施了解成因，改变班组成员中的一些"不良"认识，鼓励发言、提供参与决策的机会，正确对待班组成员的正确反应，从而提高班组成员的直陈性水平。

（3）如果班组成员的直陈性水平太高，作为班组长就应该分析思考，是否自己的权威不足？班组成员的反应是不是正在填补我所留下的空白？

对于班组成员而言，以下的措施和方法有助于权威性与直陈性的平衡：

（1）寻找使直陈与权威之间达到较好平衡的途径。

（2）当班组长（主班管制员）的权威性水平低影响到安全运营时，就应增加直陈的水平，以便完成必要的任务和做出必要的决策。

（3）如果班组长（主班管制员）的权威性水平太高，以致班组成员感到紧张和工作负荷增大时，为了避免不必要的人际关系冲突，在安全运营没有受到威胁的前提下，其他成员可适当降低自己的直陈水平。

思考题

1. 简述班组资源管理的含义。
2. 简述班组资源管理的主要影响因素。
3. 简述加强班组资源管理的措施与方法。
4. 简述实施空管班组资源配置，搭配班组成员时应考虑的问题。
5. 简述管理方格理论及其对班组管理工作的指导作用。
6. 简述领导生命周期理论的主要内涵及其对班组管理工作的指导意义。

第八章 信息沟通

安全有效的空中交通管理建立在通畅的信息沟通之上。信息沟通是信息的发送、接收、反馈以及它们之间的通道所构成的一个闭环系统，有一种或多种形式（通道），如语言、书写、手势等。在生活中，人们几乎每天都会因语言信息沟通而引起各种传达差错。在航空活动中，也有很多灾难性事故与语言信息沟通差错有关。研究表明，70%以上的飞行事故或事故征候都和信息沟通直接相关。据美国联邦航空局 1992 年 10 月的一份报告显示，在 17 起与管制失误有关的事故征候中，有 11 起与陆空通话理解差错有关。本章将对 ATC 信息沟通的概念、模式、特点范围以及类型进行分析，并对管制员信息沟通的障碍和提高管制员信息沟通技能的方法进行讨论。

第一节 信息沟通概述

一、信息沟通的含义及信息沟通的模式

（一）信息沟通的含义

信息沟通（Communication）是指信息的传递与理解，即人与人之间以一定的方式相互交换信息、思维以及情感的过程。信息沟通是一个过程，是以达到某一目的而有机地建立关系的活动。它是一种社会行为，通过符号信息系统来实现，符号系统是 ATC 信息沟通的工具。

任何沟通都是"双方"之间的一种信息交流和联络。根据沟通"双方"的性质不同，沟通可以表现为人与人之间的沟通（人际沟通）、人与机器的沟通（人机沟通）以及机器与机器之间的沟通。其中，人际间的沟通并不仅仅是单纯的信息沟通，而且还包括情感、态度、思想和观念的信息沟通。

ATC 信息沟通的符号系统可分为语言符号系统和非语言符号系统两类。运用语言符号系统进行的信息沟通称之为言语信息沟通，而利用非语言符号系统进行的信息沟通

称之为非言语信息沟通。口头语言和书面语言属于语言符号系统，利用这一符号系统进行的信息沟通称之为言语信息沟通。口头语言的效率高于书面语言，是人类进行信息沟通最方便、最灵活和最快捷的方式。非语言信息沟通包括非语言的视觉线索和超语言线索，前者是指手势、面部表情、体态变化及目光接触等，而后者是指谈话内容以外的所有信号，如频率、振幅、速度、音质等。利用这一符号系统进行的信息沟通则属于非言语信息沟通。有些符号是大多数人所共同使用并能为大多数人理解的，而有些符号则是只为特定的人群所熟悉，如民航无线电陆空通话专业术语，它是空中交通管制员与飞行员之间信息沟通、传递指令的载体。运用这一特定的符号系统进行信息沟通必须严格遵守通话标准和谨慎使用，以确保所传输的信息能够被接受者正确理解，做出相应的反应。

（二）信息沟通的模式

空中交通管制中的信息沟通，不仅包含人与人之间的有效信息沟通，也包含人与机器、机器与机器之间的有效信息沟通。这里着重探讨人与人之间的有效信息沟通。人类信息沟通的模式是基于人的心理和生理机制，特别是人类符号—信号行为建立起来的。在信息沟通模型（如图 8.1）中可以看到信息沟通的各个具体因素以及相互间的影响。

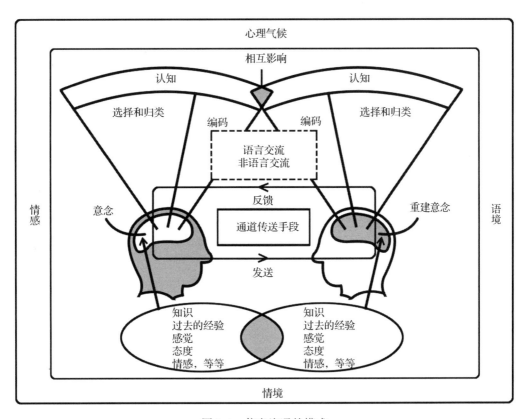

图 8.1　信息沟通的模式

情境（situation）是指一件事情发生的条件和状态。

情感（momentary mood）是指人当时的情绪体验，如愉快、紧张、愤怒等。在不同的时候感觉是不一样的，一个人的情感受到他所说所听或想说想听的影响。情感在很大程度上影响人们说什么、听什么以及怎样说和怎样听。

语境（context）是指人的信息沟通置于某种具体的语言或思想的框架之中，在一个大的语言意义下的词和事的具体意义，一个字或词在不同的语境下可能就有不同的意思。

心理气候（psychological climate）与自然气候变化十分类似，正如自然气候一样，人在某些场所的心理感觉可能是不愉快和烦恼的，称之为是寒冷的，这种寒冷的心理气候就可能会阻碍信息沟通的顺利进行。

图 8.1 还表明信息沟通包含四个基本的要素：信息的发送者、信息的接收者、信息沟通的内容以及信息沟通的渠道。信息沟通就是信息发送者通过一定的渠道将特定内容的信息传递给信息接收者的过程。这个过程可以划分为如下几个步骤：

1. 信息的发出

信息沟通过程是从信息的发出开始的。譬如，图 8.1 中左边的人想向对方传达管制指令，他就要在大脑中用储存的有关知识经验去编码、归类、选择，以帮助他定义想要传送的信息，这时，他就可能面临三种情况：选择怎样的方式？怎样让对方知道？在这种特定的语境和情形中怎样处理？因此，如果信息的发送者要想发送信息，他就要在大脑中把储存的有关知识纳入一定的形式之中，这称为编码。编码最常用的是口头语言和书面语言，除此之外还有借助于脸部表情、声调、手势等表现出来的身体语言和动作语言等（非言语语言符号系统）。非言语信息沟通补充和支持了言语信息沟通，但有时，非言语信息沟通也可能弱化或抵消言语信息沟通。言行不一致的做法，势必冲淡言语信息沟通的效果。另外，在使用口头或书面语言来编码时，由于发送者自身语言表达能力的限制、语意模糊不清或者有意过滤信息（如报喜不报忧）等原因，往往会造成信息沟通的障碍。

信息发送者通过连接信息发送者与接收者双方的渠道、通道或路径而将信息发送出去。传送信息可以通过一席谈话、一次演讲、一封信函等来实现。不同的信息沟通渠道适用于传递不同的信息。比如陆空通话，使用书面方式传递这一信息显然不合适。信息沟通过程有时需要兼用两条甚至更多的信息沟通渠道。例如，面对面交谈实际上同时使用着口头表达与身体语言两种表达方式。在现代通信技术迅速发展的今天，一条沟通渠道常可同时传送多种形式的信息，如电视电话会议和其他多媒体技术可把语言、文字、图像、数字等融合在一起传送，大大便利了复杂信息的传递。但也应当看到，信息传递中的障碍也是经常会出现的。沟通渠道选择不当，或者沟通渠道超载，以及沟通手段本身出现问题，都可能导致信息传递中断、失真或无法传送至接收者。有效的信息沟通离不开可靠的信息传递渠道。

2. 信息的接收

从沟通渠道和路径传来的信息，需要经过接收者接受之后，才能达成共同的理解。信息的收受实际上包括了接收、解码和理解三个小的步骤。首先，收受信息的人必须处于接收准备状态，才可能收受传来的信息。所谓听而不闻就会造成沟通的失败。收受的第二步骤是解码，即用自己的思维方式去解读收到的信息符号。只有当信息接收者对信息的理解与信息发送者传递出的信息含义相同或近似时，才可能产生正确的信息沟通。缺乏共同语言、先入为主和心理恐惧等，都可能导致接收者对信息的错误理解。从模式中可看出，接收者先要对对方发出的信息进行接收，其次在其大脑中用储存的知识、经验去筛选出与这条信息相关联的意思，即对发出的信息进行解码，最后理解这一信息。

3. 信息的反馈

为了核实、检查信息沟通是否达到预期的效果，信息沟通过程往往还需要有反馈的环节。如在口头信息沟通中，"听懂了吗"所得到的答复就代表着反馈。只有通过反馈，信息发送者才能判断信息传递是否有效。在人类的信息沟通中，反馈的根本目的是要得到修正和更正，为了达到这一目的，就需要从对方的回答甚至表情中去调整发出的信息，反馈实际就是信息沟通的检查，陆空通话程序中，强制要求飞行员复诵就是反馈的最好例证。如管制员发出指令"右转航向 270°"，飞行员就要复诵"右转航向 270°"，管制员最后还要确认飞行员复诵的指令无误，这样才能保证信息沟通结果的正确性。信息沟通双方的平台要大体一致，编码或解码都需要相同的经历和知识背景，这样信息沟通才得以顺利进行。所以，管制员需要学习飞行的相关知识，了解飞行的过程，甚至在某些国家，管制员需要私人飞行员驾驶执照。

由此可见，ATC 信息沟通是一个闭环系统，在该系统中通过反馈这一环节，使得系统能够连续不断地对被控制量进行检测，自动消除或削弱不良干扰对系统的影响，从而保证系统的稳定性。

二、信息沟通的范围及类型

（一）ATC 信息沟通的范围

ATC 信息沟通的范围主要包括管制员与飞行机组的信息沟通、与其他空管人员的信息沟通，以及与航行服务部门的信息沟通。

1. 与飞行机组的信息沟通

与飞行机组的信息沟通主要是指陆空通话。例如，管制员向飞行员发出了一条改变航向的指令，管制员可从雷达屏幕上观察到指令是否被执行。如果雷达屏幕上显示的标牌含有飞机自动编码生成的飞行高度，管制员就能检查该高度是否与许可的高度相一致。而当飞机跨时区飞行超出了雷达范围或当飞行处于程序管制之下时，管制员只能通过语言通信去证实飞机是否执行了指令。

最初有关飞机航路的绝大部分信息是飞行员口头报告给管制员的。因为要依赖话语通信，信息沟通双方的主要问题便集中在最大限度地减少误听和听力混淆上，这时管制员必须把语音电文与飞行进程单最佳地搭配，使口头电文与标准化的进程单格式尽量保持一致，以避免差错。

雷达的出现及陆空间信息自动编码的实现使得信息由听变为视。主要问题由原来防止听力混淆转而防止视觉混淆带来的编码及显示不清。因此雷达显示屏上标牌所显示的数字及字母的特征不能相似或雷同，显示屏上相互接近的飞机也必须自动明确区分，包括对每架飞机分别主动识别。

未来的空中交通管制系统对陆空信息的应答远在人的信息接收和理解之上。相关的信息必须在细节水平、质量、编码、格式、精度、更新频率及信度等方面与任务要求一致，这样管制员对每一任务就可以有足够的信息以供使用，从而最大限度地减低人的差错发生。

2. 与其他管制员的信息沟通

1) 协调

协调是指一个管制员的活动对另一个管制员的活动产生了影响，管制员之间必须进行的联络和沟通。协调的范围取决于空域的结构。在空域中，处于若干个管制员权限下的管制决定需要在所有管制员都同意的情况下才能付诸实行。相邻管制单位的协调包括民航管制部门与军航管制部门、区调与区调、区调与进近、进近与塔台、塔台与地面之间的协调，例如，军方管制员在令其军机穿越没有明确规定军机高度的民航航路时必须与民航管制员同行协调；机场管制员在放行飞行之前必须要与其他人协调；终端管制员在许可爬升飞机入航之前必须与他人协调；航路上的飞机在进入跨洋飞行之前必须与大洋管制员协调；长航线跨时区飞行在整体飞行计划同意之前必须与各区管制员协调。

除了协调以外还有协商（negotiation）。从飞行员的角度点来看，跨洋管制就属于协商范畴。飞行员要执行航空公司规章，必然要求最佳航路上的最优飞行高度来避开恶劣气象条件和逆风，以节省燃油并同时加快飞行。通常的做法是开始跨洋飞行时由于机载油量大，选择的最佳飞行高度层大约是 3.3 万英尺，随着油耗的增加高度亦随之增高。所以，绝大部分飞行员都会作出类似的请求。

2) 移交

移交（handover）是一名管制员把飞离本管制区域的飞机管制责任移交给该机进入的下一管制单位的管制员的责任转换。在某些国家，无声移交（silent handover）非常流行，即在正常情况下双方同意在某一点或边界进行管制责任转换。无声移交只有在无空中交通管制干预时方可行，它通常在航路飞行中过交接点无须新 ATC 指令时实施，最起码来讲所涉及人员必须知道管制责任已移交，即便是没有 ATC 指令也有必要让飞行员知道转换频率。

3. 与航行服务部门的信息沟通

飞行管制是一个高度系统化的工作，管制目标的实现依赖于多部门、多行业的密切协作。管制员与飞行签派、空海军、通信导航、气象、情报、机场等单位必须进行及时的沟通，交换情报，才能确保空管活动的顺利进行。例如，航行资料是组织实施飞行的重要依据，为各种飞行提供的航行情报服务必须及时、准确、完整，因此，航行情报部门和航行情报人员必须要按照规定的时限要求及时收集、制定、修订和发布航行情报资料，提供航行情报服务。

（二）ATC 信息沟通的类型

1. 工具性信息沟通与满足需要的信息沟通

工具性信息沟通是指为完成相应工作任务所进行的信息沟通。如管制员向飞行机组发出上升高度指令"国航 1234，上升高度 7200 保持"。

满足需要的信息沟通，则是指为满足完成工作任务以外的人际交往、尊重等需要所进行的信息沟通。在值班时，当空域流量小，或暂无管制任务，双方可能存在的与工作无关的一些交流，也属于满足需要的信息沟通。

工具性信息沟通与满足需要的信息沟通常常交织在一起，满足需要的信息沟通可以为工具性信息沟通奠定良好基础。

2. 言语信息沟通与非言语信息沟通

信息的传递，需要借助于一定的符号系统作为信息的载体。信息沟通所借助的符号系统可分为语言符号系统和非语言符号系统两大类。以此为标准，可以将信息沟通划分为语言信息沟通与非语言信息沟通。

语言符号系统包括口头语言、文字和图表等书面语言，借助于语言符号系统进行的信息沟通就是言语信息沟通，它是指用语言或文字进行的信息沟通。管制员发出进场或离场指令，阅读有关规章、书籍或查阅进程单，进行工作交接时所进行的口头汇报、所填写的换班单，都是实际工作中的语言信息沟通。

非语言符号系统包括手势、面部表情、体态变化及目光接触、语言的抑扬顿挫等书面语言以外的符号系统，利用这一符号系统进行的信息沟通则属于非言语信息沟通。

语言信息沟通与非语言信息沟通，两者之间配合得越好，沟通的效果也就越好。在管制工作中，更多使用的是言语信息沟通。

3. 人—人信息沟通与人—机信息沟通

人—人信息沟通是指发生在人与人之间的信息沟通，在空中交通管制工作中的人—

人信息沟通主要包括管制员与飞行机组之间的信息沟通、班组之间的信息沟通、班组内管制员之间的信息沟通，以及管制员与其余相关人员之间的信息沟通。

人—机信息沟通是指发生在人与硬件设备之间的信息沟通，在空中交通管制工作中的人—机信息沟通主要包括管制员与管制室及管制室外环境的信息沟通，与电子进程单、雷达显示器等管制设备与工具之间的信息沟通。

人—人信息沟通有着自身的特点。这主要表现在以下几方面：

（1）人与人之间的信息沟通主要通过语言进行，这在空中交通管制工作中尤其突出。

（2）人与人之间的信息沟通，不仅限于以数据为代表的物理信息的信息沟通，还包括思想、情感、态度等的信息沟通。

（3）心理因素在人与人之间的信息沟通中有着重要意义，信息沟通双方需彼此了解动机和目的，并通过信息沟通改变人的行为。

（4）人与人之间的信息沟通中，可能存在社会与心理障碍，这种人类所特有的信息沟通障碍往往会歪曲信息内容，阻塞信息沟通渠道，导致信息失真。

4. 单向信息沟通与双向信息沟通

单向沟通是指信息的发送者和信息的接收者位置不变的沟通方式，一方只发出信息，另一方只接收信息。在实际工作中，班组长单方面地向班组成员指派工作任务，就是一种比较常见的单向沟通。单向沟通信息传递速度快，信息发出者的权威性易得到保持，当工作任务相对简单并且时间较为紧迫时，采用单向沟通往往可以使任务得以较快、较好地解决，但准确性可能受到影响。

双向沟通是指信息的发送者和信息的接收者位置不断变换的沟通方式。标准陆空通话中的复诵与证实环节，班组成员间就某一管制程序进行讨论，或就临时出现的某一工作任务进行协商等等，都属于双向沟通。双向沟通中，信息传递有反馈，准确性较高。

5. SOP 沟通、管理性沟通与无关沟通

SOP 信息沟通，就是标准操作程序信息沟通，它是程序规定的信息沟通。标准陆空通话、遵照有关规定进行的电子进程单填写、交接班时进行的口头换班报告和换班单填写、接班人员查看换班记录等等，都属于 SOP 信息沟通。

管理性信息沟通是与管制工作相关的，如班组长进行的工作任务指派等管理性活动有关的信息沟通。

无关信息沟通则是属于与工作无关的信息沟通，它可用以提高士气、创设和谐工作氛围。工作中为适度减轻管制员的工作压力、舒缓紧张情绪，适当进行的与管制工作没有直接关系的沟通，如就某一新闻事件进行短时间讨论、讲一些笑话等，就是无关信息沟通。

第二节　影响 ATC 信息沟通的因素

　　影响 ATC 信息沟通的因素即沟通障碍，它是干扰或阻碍交流以及削弱沟通的一切事件或因素。在信息沟通过程中，沟通障碍是普遍存在的，而且往往会阻碍信息的传递或歪曲信息，困扰沟通双方，使其工作效率下降。这些障碍可能来自信息发送者，也可能来自信息接收者，或者来自环境因素，但无论障碍来自何方，均会破坏整条信息沟通链的连续性和有效性。沟通是人与人之间的信息沟通，不仅会受到个体的认知特点、人格特征、知识经验等各种因素的影响，还会遇到语言、信息超载、环境"噪声"等的干扰。

一、信息沟通障碍的含义

　　信息沟通障碍是干扰或阻碍信息沟通以及削弱信息沟通的一切事件（因素），它存在于信息沟通过程的始终，并随时可能影响信息的发送、接收以及反馈。由于多方面因素的影响和制约，信息沟通过程中的信息沟通障碍是客观存在的，不可能完全消除。

二、信息沟通障碍的成因与类型

　　管制工作中信息沟通障碍产生的原因多种多样，通信仪器性能不佳、噪声等不良工作环境、管制任务繁忙与否、是否采用标准通话语言，以及双方的个性人格特征、身体健康状况等等，都可能导致信息沟通障碍的产生。而人类感知觉的特性，则是产生信息沟通障碍的根本原因。

　　实际管制工作中出现信息沟通障碍的情况很多，这些信息沟通障碍既可能来自于信息沟通双方，也可能源于信息沟通双方以外的其他因素。

　　存在于信息沟通双方外部的叫外部障碍，这主要是影响信息沟通的外部环境因素，如工作场所的温度、噪声、灯光、湿度，通信仪器设备，相关政策和工作程序等等。实际空中交通管制工作中，信息沟通障碍更多来源于沟通双方，这就是内部障碍。信息沟通的内部障碍是影响信息传递和信息接收的一系列心理因素，它不但影响信息的编码和解码，同时也影响信息的发送方式。内部障碍的范围很广，如信息沟通双方的业务水平与工作经验、文化与教育水平、心理加工的特点、个性特征、工作态度、人际关系等方面的差异，工作负荷、员工在企业和班组中的地位与身份、工作时的情绪与情感，以及发送和接收信息时所伴随的身体语言、企业文化及班组长的管理方式和管理水平等等，都可能导致信息沟通障碍产生。

（一）外部因素

1. 噪声

管制员需要一个相对安静的管制环境，但由于人员、设备、环境和一些其他因素的限制，电话铃声、设备噪声、无线电干扰等噪声会以各种各样的方式对管制员产生影响，干扰其信息沟通。研究表明，噪声对需要连续注意、难以辨别和不能预测其发生时间的信号的工作成绩会产生非常有害的影响。噪声类型大致分为周期性噪声、冲击噪声和宽带噪声三种。周期性噪声的特点是有许多离散窄谱峰，它往往是由发动机等旋转机械引起的，电气干扰，特别是 50 或 60 Hz 的信息沟通声也会引起周期性噪声。冲击噪声通常是放电的结果。宽带噪声源包括风、呼吸噪声和一般随机噪声，有时也包括人为干扰。影响 ATC 信息沟通的噪声主要是周期性噪声和宽带噪声。由于噪声的存在，一些关键的语音信息将会被屏蔽掉，引起误听和漏听，诱发差错的产生。

2. 无线电失真及干扰

失真是无线电传输过程中产生的一种物理现象，它扭曲了声音的正常波形，使正常的声音变形，使听者产生虚假的非正常的听力感觉。在话音通信中信息失真是不可避免的。当两人相距 1 米交谈时，即使语速较快，某些词句发音不标准，人们往往也能轻松自如地沟通；当演讲者站在 10 米处的讲台上时，语速较慢，表情丰富，才能获得较好的效果。而距离 100 米的人要传达简单的信息，则只能大声呼喊，且一字一顿，并伴有形象的肢体语言。无线电通话，仅仅只有语音信号，且存在不同程度的失真，信息沟通时出现误解的可能性相当大。

无线电通信波道或频率的准确度、稳定度不高，拥挤、互窜、雷电、磁暴、电台、寻呼台的干扰对无线电通话的危害十分严重。管制工作中，当管制员对一个飞机同时发出几个指令，如果受到外来干扰或夹杂其他飞机的通话，很容易造成机组误听、漏听，甚至张冠李戴，引起混乱。

3. 灯光、温度、资源的物理位置

灯光、温度、资源的物理位置这些因素处理不当也会影响管制员的生理状态和心理状态。有些资源对特定声频的声音会产生一定的衰减作用，进而影响信息沟通的效果。

（二）内部因素

1. 人的心理特征引起的信息沟通障碍

知觉选择的偏差是指人们有选择地接收信息。例如，人们在接收信息时，符合自己利益需要又与自己切身利益有关的内容很容易接收，而对自己不利或可能损害自己利益的则不容易接收。如图 8.2 所示的两个人头像和一个花瓶所引起的视觉差异，说明了人

类对外部世界的解释取决于知觉者所采用的参照背景。

在 ATC 信息沟通中，信息沟通双方的性格、态度、情绪、期望、兴趣等差别以及疲劳程度，都可能引起信息沟通的障碍。情绪是人对客观事物是否满足自己的需要所产生的内心体验。在信息沟通过程中管制员产生的情绪波动，会引起注意力分散，导致信息沟通过程中人为差错概率增加。在信息沟通时，个体的潜意识里总是期望听到自己所希望听到的信息，这是人类的一种客观存在的心理特点。所以，有人在仅获得少量的事实，没有足够的信息可以支持的情况下，可能会自主地凭自己的主观愿望添加某些自己希望听到的信息，补全所需信息，从而使接收到的信息不完全或者出现错漏，得到了自己希望听到的信息，做出错误的推论。疲劳状态下管制员的认知水平通常会有所下降，情绪以及工作兴趣都将产生不良的反应，而且会降低管制员的听说能力。

图 8.2　知觉与背景相关的两可图形

2. 语言信息沟通障碍

通话是空中交通管制的主要手段，通信在空中交通管制中起着传递飞行动态信息、发布指令的重要作用。由人的因素造成的空难事故中，有相当部分是在空地信息沟通过程中，由于机组人员与空中交通管制人员之间存在语言信息沟通障碍，引起信息链断裂所导致。NASA 的研究表明，70% 以上事件都和人与人之间的语言信息沟通有直接关系。NASA 对 ASRS（航空安全自愿报告系统）的有关资料进行分析，发现空地通话差错在飞行事故中所占比例约为 42.4%，对地面和空中通话差错在飞行事故中所占比例的进一步统计分析表明：

（1）通话内容不正确，包括数据、判断、理解错误，约占 14%。

（2）通话语言含糊不清，包括非标准用语，约占 9.9%。

（3）通话用语内容不充分，包括内容不完整，信息不齐全，约占 5.5%。

（4）通话用语无反馈复诵，约占 13%。

剑桥大学语音通信权威 Edward Johnson 认为，无线电陆空通话是当今世界一门最成功的以英语为基础的半人造语言，作为空中交通管制员和飞行员之间信息沟通的行业语言，具备了准确、简明、无歧义、抗干扰的特性，然而，它毕竟是人类用以交际的语言符号体系的一支，存在着发展、完善和健全的过程。在一些话语范围内可能产生误解或曲解，这不仅与语言、语系本身的缺陷有关，还和人的个体差异紧密相连，如发音习惯、掌握程度等。由此可见，就空地信息沟通中所存在的语言障碍进行研究，了解其性质、分析其原因，积极采取措施，预防和消除其可能导致的不利影响，对于确保飞行安全是十分必要的。

和语言有关的信息沟通障碍主要包括管制用语不规范、文化障碍、口误和复诵错误四个方面。

1）管制用语不规范

使用标准陆空通话是管制员应该养成的良好语言习惯，但在实际工作中，经验丰富或缺乏经验的管制员和飞行员都可能会创造或迁就一些"术语"和习惯用语，造成陆空通话的歧义和不确定，引起误解，诱发差错的产生。1990 年 2 月，英国飞虎航空公司的一架波音 747 在马来西亚首都吉隆坡机场进近过程中因高度过低，场外接地造成了机毁人亡的重大事故。事后调查表明，引起该次飞行事故的直接原因在于通话语言的非标准表达方式。该机场塔台管制员一直使用不规范的管制用语给机组发管制指令。塔台下的最后一次许可指令是"to/two four zero zero"，管制员下此指令的目的是"descend two four zero zero"（下降到 2400 英尺）；而机组理解为"descend to four zero zero"（下降到 400 英尺）。于是，该机就下降高度，结果在下降到 437 英尺高度时，撞在一座山脊上。按照国际民航组织关于陆空通话用语的标准，高度数据中的千位和百位整数后面应分别跟上单位千（thousand）和百（hundred）。因此，吉隆坡管制员发出的指令应为"descend to two thousand four hundred"（下降至 2400 英尺）。另外，管制员还省略了介词"to"，而"to"与"two"的读音相似，很容易使听者产生错觉，误解其意。并且，当飞行员将口令复述为"ok, four zero zero"时，又未及时得到纠正，从而酿成事故。

2）文化障碍

全世界有上千种语言，每一种语言都有其不同的人文历史背景。语言的多样性为不同的语种或同语种但不同地域的人与人之间的信息沟通造成了诸多障碍。1995 年 12 月 20 日，美利坚航空公司航班 965/波音 757 在哥伦比亚进近时，管制员指令"准许进入 Cali"，机长误认为指令是"准许直飞"，遂回答"好，明白，直飞"。管制员却完全不懂机组讲了什么，回答"正确"。经事故调查得知，该名管制员航空英语极其糟糕，尽管知道怎样回答，却完全不知道飞行员在讲什么。1992 年 10 月 4 日，以色列航空公司一架波音 747 起飞后，三四发同时失效，返航过程中，机长请求向 27 号 R/W 进近，管制员却向 04 号 R/W 引导，双方都不能明确对方意图，导致飞机浪费时间失去操纵而坠毁。

陆空通话作为一种标准的行业语言，并不能包容空地信息沟通的方方面面，尤其对非指令性的一些细节会话，更不能面面俱到。若语言障碍出现在这些环节上，有时也会造成无法挽回的损失。1977 年 3 月 27 日，荷兰皇家航空公司的一架波音 747 飞机和美国泛美航空公司的一架波音 747 在西班牙特拉利夫岛发生相撞，造成了 583 人死亡和 1 亿 2000 万美元的经济损失。当时，荷兰皇家航空公司的飞行员使用了不标准的"At Take Off（在起飞）"，而没有使用更为清晰的"Taking Off（正在起飞）"，这便是不同文化背景的人在信息沟通过程中所带有的语言固有的社会认知特征的影响。在该事例中，英语中带"ing"后缀的动词形式恰巧与荷兰语中的"At（在）+不定式动词"形式相等，或许是因为疲劳，或许是因为能见度降低而紧张，讲荷兰语的飞行员在讲英语时下意识地使用了荷兰语语法结构，而讲西班牙语的管制员没有意识到飞行员报告中的语法改变，仅仅将"at"按常理来理解，认为是指一个地方，一个起飞点。在几秒钟之前，管制员在塔台与飞行员交换信息时还犯了另外一个"含糊不清"的错误。管制员说"KLM8705，你获准飞往 Papa Beacon"，"爬升保持飞行水平 90，起飞后向左转……"，塔台的意思是说 KLM 飞机在获准起飞之后才执行上述命令，但这一准许还未发出，而不是已经允许飞行员起飞，遗憾的是飞行员理解为"你已获准起飞"。

语言换码是文化障碍的另一种表现形式。进行语言转换时，管制员也可能存在着思维障碍。在空管指挥中，最普遍的换码行为是指挥不同的飞机使用不同的语言，如管制员同时与使用汉语和英语的不同飞行员进行通话，这种情况下的语言环境很容易受到破坏。这种语言干扰使得管制员需要用不同的文化背景下的思维方式去组织语言、实施指挥，容易导致信息沟通双方对彼此的动态、空中飞行环境缺乏全面的正确认识，容易诱发不安全事件甚至事故的发生。1976 年加拿大 Zegrab 上空，由于英法两种语言换码，造成飞机空中相撞。即使信息沟通双方讲同一母语，因口音或同一词的不同读法也会出现代码转换。1981 年 2 月 17 日发生在美国加利福尼亚圣安纳机场的事故便是一例。当时加利福尼亚航空公司 336 次航班波音 737 被准许着陆，而另一架加利福尼亚航空公司的 913 次航班波音 737 被准许滑入起飞位置。继后，管制员决定让两架飞机的间隔更大，于是指示 336 航班"复飞"。336 航班的机长让副驾驶联系请求继续着陆，但机长用的是"Hold"（继续）来表示请求继续着陆，当他向副驾驶说时，无意识地把陆空通话用语转换成普通英语方言，于是副驾驶便通过无线电说："塔台，我们可以着陆吗？"在航空英语中，"Hold"是停止你正在做的事情的意思，但在普通英语中，它也可以被理解为继续你正在做的事情，与此同时管制员向 913 次航班发出了似乎是自我矛盾的指示。"前进"和"停止"使形势更加严峻，因为两架飞机的识别呼叫信号是相同的，从而使两架飞机弄不清塔台在向谁下指示。尽管机长最终决定执行复飞指令，但为时已晚，最终造成了 34 人轻伤，4 人重伤。

3）口误

在陆空通话中，口误是管制员的一种无意识的行为，防不胜防。有时管制指令是指挥"A"机改变高度，但却误发成指挥"B"机改变高度，或者是管制员本想指挥"A"机上升到某一高度，但发出指令却是指挥"A"机上升到另一高度，显然这会严重危及飞行安全。据统计，中国民航 1996 年发生的 13 起空管原因事故征候中，有 3 起就是由于管制员的口误造成的。1996 年 7 月 12 日，山东航空公司波音 737/2961 执行济南—深圳航班任务，过南雄时飞行高度 8400 米，通用航空公司 YAK42/2752 执行石家庄—广州航班任务，过南雄时飞行高度 7200 米，同一时刻，位于这两架飞机右前方的国航 1307 航班飞行高度 9000 米（三架飞机同向飞行）。广州区调管制员由于口误把本应给国航 1307 航班下降到 6000 米的指令，误发给山东航空公司 2961 航班下降到

6000 米，该机下降至 7360 米时，TCAS 出现红色警告，机组果断拉升。经二次雷达证实，2961 航班与 2752 航班相遇时高度差仅 210 米，造成小于安全间隔的飞行事故征候。另外，英文里有一些相似音的字或数字，如 M、N；T、P；S、F 等。航班号相同或相近的航班同时存在，如 CSN333/4、CWU333/4；CSN335/6、CWU335/6、CSC335/6；CXN4349、CYH4349/50 等，都比较容易造成管制员口误。《空管在线航空安全公报》（第 5 期）中有区域管制室的安全报告：当时 CSN350（厦门—上海）和 CSN3505（广州—福州）都在空域中飞行。因为冲突调配需要，管制员指挥 CSN350 直飞 LJG，CSN3505 机组错收并复诵了该指令，管制员意识到了机组复诵错误并及时进行了纠正，但 CSN350 和 CSN3505 两个航班的机组对相关指令的反复证实还是给管制员造成了短时间的混乱。

语速过快可能导致错听、漏听，语速过慢又可能影响管制工作。研究表明，一般的语速是 120 字/分，正常谈话 140 字/分，电视播音员通常的语速是 200 字/分。语速要视情况选择，加大工作负荷的人希望信息精确，但快一些，飞行员听合成语音的最佳速度为 150 字/分，而对受过合成语音训练的飞行员，120 字/分的比较慢的语速会占去他们完成主要飞行任务的太多时间。但当听者的母语不是英语时，如果语速稍快，甚至就是正常语速，听者的信息接收和理解也可能会出现偏差。

4）复诵错误

在管制指挥过程中，按《中国民用航空无线电通话手册》的规定，对于包含以下内容的电文要求飞行员全部复诵：飞行高度指令；航向指令；速度指令；使用跑道；航路放行许可及其他管制许可；起飞和着陆许可；有关进入、穿越、占用使用跑道的指令和许可；应答机操作指令；高度表拨正值；无线电频率等。且电文复述完毕，应以航空器呼号作为此次认收结束的标志。一般，管制员依据实际情况，通过甚高频无线电电波发出管制指令，飞行员接收到管制指令后，对其中的上述重要信息进行复诵。但飞行员复诵内容的正确性取决于他对指令的理解和判断，加之通话双方的注意力分配和无线电波的干扰等因素的影响，复诵指令与发送的指令可能出现差异，所以管制员应判断两者是否一致，一旦出现差异应及时纠正。管制员判断飞行员复诵的指令与发送的指令是否一致这个环节，在整个指令执行过程中的作用可以视为信息沟通闭环系统中的反馈环节，一旦该反馈环节断开或者工作异常，信息沟通的过程就会变成简单的开环系统，系统的稳定性就可能会遭到破坏。

发生在复诵这一环节的问题主要集中在高度、飞机呼号、飞机接收错误和高度表拨正值错误等几个方面。

（1）高度

飞行员上升、下降的高度复诵与管制指定高度不符是最危险的。2000 年 3 月 24 日发生在广州区域管制室的严重差错，就是一个典型的案例。当时，值班管制员为调配飞行冲突，指挥国航 109 航班下降 S0960，发送的管制指令为"国航 109，下降到 S0960，尽快通过 S1020"。但飞行员复诵的指令为"下降到 S0900，尽快通过 S1020"。此时，由于管制员注意力分散，没有判断出飞行员复诵的指令与其发出指令的差异，盲目地回答"对的"。结果导致国航 109 航班穿越 S0960 继续下降，造成一起小于规定间隔的飞行冲突。另一个案例是 2000 年 6 月 9 日，发生在长沙区域管制室的小于管制间隔事例。当时西北 2325 航班高度 S1140 进入长沙区域，贵阳区域管制室向其移交了高度同样是 S1140 的 AAR348 航班动态，当西北 2325 航班进入长沙区域后，值班管制员意识到两架航空器的潜在冲突，指挥西北 2325 航班保持 S1020 过芷江报告，而飞行员的复诵却为"保持 S1140，芷江报告"。管制员没有监听飞行员的错误复诵，直接在西北 2325 航班的进程单上填写"S1020 保持"的标记，从而导致西北 2325 航班与 AAR348 航班小于间隔。两个案例有力地说明了管制员判断飞行员高度复诵的指令与其发送的指令是否一致这个反馈环节的重要性。只有反馈环节正常工作，才能保证系统安全稳定。

（2）飞机呼号

西安区域管制工作中，曾经发生过呼号为长安 201、四川 201、上海 201、国航 1201 等四个航班同时出现在管制波道中，管制员本意指挥四川 201 航班下降高度，而上海 201 航班却从波道出来复诵管制指令。幸亏协调岗位管制员及时提醒，才未造成不良后果。

（3）飞机接收错误（事例引自 Callback 安全公告）

例 1：背景：两架飞机，武航 334 刚进走廊（FL039），南方 334 过北超远台（FL009）。

管制过程：P1：武汉塔台，南方 334 过远台，请求加入三边。

C：武航 334，下降 450 米，加入左三边。

P2：450 三边，武航 334。

例 2：背景：ATC 给出 5 架等待进近的飞机的进一步指令间隔为 5 分钟，ABC 紧跟 BCD 其后。

管制过程：ATC：BCD，离开等待程序，标准进场航路。

ABC：收到，ABC。

BCD：BCD 证实可以加入标准进场航路吗？

ATC：是的。

（4）高度表拨正值错误

1989 年 2 月 8 日，美国独立航空公司一架波音 707 在进近时，管制员报高度表调定值 1027 百帕，机组听成 1018 百帕，由于没有复诵，机毁人亡。在我国 20 世纪 90 年代初，一架 MD82 飞机由沈阳经北京飞往乌鲁木齐，在乌鲁木齐着陆时，机场下雪有雾，能见度差。由于机组对管制员报告的"场压 947 百帕，高度表拨正值 1024 百帕"的概念不清，导致造成旅客 8 人、机组 4 人死亡的飞行事故。

第三节 ATC 信息沟通障碍的预防和克服

为了预防和克服 ATC 信息沟通障碍，FAA 对可能影响飞行员和 ATC 信息沟通的准确性和有效性的噪声、语言、措辞、程序以及信息沟通双方的期望、偏见与其他认知因素等都予以了严格的规定和限制。中国民用航空局对此也采取了许多积极的措施：1978年，民航总局根据 ICAO 的有关文件，编印了《民航常用简语和缩写》，供飞行员和ATC 在陆空通话及日常航行电报中使用；1983 年，民航局颁发了《关于使用飞行通话用语的几点要求的通知》；1990 年民航局颁发的《中国民航空中交通管理规则》中，就有关管制用语明确提出了 5 点要求，可见，信息沟通在空管工作中起着非常重要的作用。因此，空中交通管制员学习和掌握一定的信息沟通技能技巧，对克服信息沟通障碍、实现有效沟通有着积极的作用。针对 ATC 的信息沟通，提出以下几点建议。

一、创设良好的有利于信息沟通的环境

对待空管工作要有端正的工作态度与协作和配合的精神，这样才能严格执行空管程序，遵章办事。在工作中，空管人员应该刻苦学习专业知识，虚心向他人学习请教，不断提高自己的专业理论水平，这不仅有助于对管制环境的认识、对航行通告及相关资料中信息的全面正确理解，也有利于与班组其他成员之间进行工作方面的信息沟通，避免对相关信息的难以理解或理解错误。

对于管制员的工作环境也应该给予足够的重视。因为柔和的灯光、宜人的温度以及工作台的合理设置摆放，甚至环境的色彩都对信息沟通产生潜在的影响。噪声和失真这种物理干扰可以通过戴上有屏蔽噪声作用的耳机就能在一定程度上克服。此外，工作时保持室内安静，采用隔音材料制造门窗，在非工作时间远离强噪声环境，都可以改善或降低噪声带来的影响。近年来，人们对此进行了一系列的科学的工效学设计，为管制工作创设了较好的自然工作环境，对 ATC 工作中的有效信息沟通，也有着积极的帮助作用。

良好的企业文化、科学民主的管理，有助于 ATC 工作中的良好信息沟通。空管工作要求信息的双向沟通，要求信息的正确反馈，所有人员都应该认识到这一点并主动用于工作之中。任何人的知识和经验都是有限的，有效的信息沟通使相关人员能共同拥有与工作有关的信息，从而确保单独工作时也能够做出准确的判断与决策，防止出现不应有的虚无假设、忽略细节，犯一些不该犯的错误。因此，管理人员应该学习并掌握一些有利于管制员信息沟通的科学方法。如在开始工作之前，进行一个包括所有相关人员在内的班组碰头会，在会上大家都可就工作中的问题提出自己的意见和看法。这不仅使大家可以从不同的角度提供和获取各种信息，也可使自己的一些设想得以讨论和检验，既做到群策群力、集思广益，又能够让员工有参与感，使他们的尊重和自我实现等高层次需要得到一定程度的满足。改善班组成员人际关系，创设出良好的班组工作环境，大大提高班组成员信息沟通的主动性和有效性，才可能积极主动地就工作中可能存在的问题和不足提出相应的意见和建议。

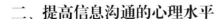
二、提高信息沟通的心理水平

要克服信息沟通的障碍，管制员必须注意以下心理因素的作用。首先，在信息沟通过程中要认真感知，集中注意力，以便信息准确而又及时地传递和接收，避免信息错传和接收时减少信息的损失。其次，增强记忆的准确性是消除信息沟通障碍的有效心理措施，记忆准确性水平高的人，传递信息可靠，接收信息也准确。第三，提高思维能力和水平是提高信息沟通效果的重要心理因素，良好的思维能力和水平对于正确地传递、接收和理解信息，有着重要的作用。第四，培养稳定情绪和良好的心理气氛，创造一个相互信任、有利于信息沟通的小环境，有助于人们真实地传递信息和正确地判断信息，避免因偏激而歪曲信息。对管制员情绪的最大影响来自其所承受的压力，如高工作负荷、时间压力、责任、设备不足、人际关系和信心等等。可以通过管理者的信任，同事的支持和理解，重新设计任务，分配职责，减少工作需要，调整工作量的大小，设置工作时间与工作方式，改进工作休息循环，增加培训，提供更多的计算机辅助，安装现代化设备，补充热量和保证休息等措施予以缓释和预防，管制员也可以通过自我调节将应激状态控制在适当的水平。

三、正确使用管制用语

（一）陆空通话的标准化

陆空通话的标准化是保证飞行安全的关键。由于陆空通话在信息沟通过程中存在着障碍，因此对语言及通话程序就提出了要求。首先，通话语言一定要求标准、简洁明了，抗歧义，但通话语言客观上又存在着简短和冗余一对矛盾。一方面要求简短，在单位时间里尽量多地传达信息；另一方面要求明了，在单位时间里所传达的信息可懂度必须很强。但短信息的可懂度往往很差，尤其是由发音带来的某些缺陷很容易使信息沟通双方产生混淆，发生误解。理论上讲，成熟严谨的管制指令应该是最标准、最简洁、最明确、最具逻辑性的；其次，在发话的过程中要实行标准化程序。陆空通话不是孤立的，它与空中交通管制及飞行程序化运作直接相关。现代的空中交通管制都严格按照相关程序对飞机实施管理，几乎每一飞行阶段的管制都是程序化的通过标准陆空通话实现的。在复杂的管制环境中发话需按特定的先后顺序进行，陆空通话自然就形成了有序的语言排列，因此，其次序不可颠倒，关键术语不可替换。航路上飞机的位置报告一定得按本机呼号、位置、时间、高度、下一报告点及预达时间这个顺序，否则会打乱管制员的思路，影响管制进程。

1. 术语的正确使用

术语是依照不同的管制阶段，按飞行进程划分使用的，不同阶段的管制工作应充分意识到这一点。管制员要养成高度注意语言细微差别的习惯，使自己和他人的安全建立在自觉、认真地使用语言的基础上。应该经常复习这些术语，这样才不至于使自己滥用航空学词汇。如"cleared"仅限于起飞及着陆，开车、滑行及地面活动管制严禁使用。避免任何的双关和混淆是陆空通话的关键。陆空通话术语的使用是有条件的，比如通话频率上时间间隔是"stand by"使用的前提，它的原意是让对方在频率上稍候，再给进一步的指令，把"stand by"通用于等待意思的表达是十分危险的。因此，管制员应加强自身对标准用语的学习，严格按照统一的规范用语与机组通话。

2. 术语的正确理解

陆空通话语言中术语的规范化解释与理解是通话标准与否的重要尺度。术语的权威解释当以 ICAO 发布的相关文件为准。理解了方可使用，不理解或按个人意志一厢情愿解释术语都会产生不良后果。还是以"stand by"为例，ICAO 对该词的解释是"Wait. I'll call you back"（稍候，我会叫你）。进一步说明为，当管制单位欲继续与之通话时，可令其航空器在某一频率上等候。例句为"Fast air 345，stand by 118.9 for tower"。《中国民航无线电通话手册》给该词组下的定义是：在我呼叫之前，请等待（我的发话）。非常明显，"stand by"是通话中频率暂停发话，让对方在某一频道上等候下一步指令，而对飞机目前的活动不做限定。1993 年在沈阳桃仙机场发生了因"stand by"一词的误用险些导致的事故。当时飞机在向跑道头等待点滑近，飞行员向塔台请求"line up and take off"，管制员回答时既没用"同意"也没用"不同意"，更没有用"hold short"或"hold position"，却用"stand by"，此时，机长观察到五边有其他着陆飞机，果断停住飞机，避免了潜在的危险。所以在信息传递之间应有充分的时间停顿，以便每一信息得到充分理解。

（二）坚持管制指令的复诵

复诵是实现空地交叉检查的有效手段，也是确保在 ATC 环境下有效通信的重要桥梁，它的正确使用对能否收到良好的信息沟通效果至关重要。飞行员的复诵可以让管制员对发出的指令进一步检查，更正由于口误或考虑欠妥等原因发出的失误指令。当飞行员由于种种原因误听了指令，通过复诵，也可以得到管制员的及时纠正，而且飞行员复诵管制指令，可以由一次听觉变成两次听觉，从而更加肯定和强化对指令的印象。因此，管制员应该正确理解"重要指令必须复诵"的规定，认真监听飞行员的复诵，并且养成对改变飞行状态的飞机全程监控的习惯。具体应做到以下几个方面：

（1）管制员在管制过程中应注意监听飞行员复诵的指令是否正确，尤其是是否与自己的意识指令、进程单指令完全一致。否则，复诵只是一种形式，而失去了任何意义。如 1999 年 4 月 29 日，成都区域管制员正因为管制指令和进程单指令不一致，错误指挥另一架飞机下降，在穿越高度时引起一起事故征候。

（2）当信息发送者尚未结束其信息传输时，不要干扰其传输过程；当飞行员或管制员之中的任何一方对某一问题或指令产生疑问，应积极询问，加以证实。如"证实"

（confirm）是无线电陆空通话中相当有用的术语之一，该词有两层含义：其一，受话人使用："我收到的电文是正确的吗？"其二，发话人使用："你收到我的电文是正确的吗？"

（3）遵守量的准则。美国哲学家 P. Grice 针对会话提出"合作原则"，其中之一即量准所含的信息量不宜太多，也不宜太少，要正好合乎要求。管制员在一次通话中，若一次发出高度、航向、速度、进近方式、使用跑道、高度表拨正值等多个信息，机组很有可能抄收不完全或错误，复诵也容易出现偏差。一次通话时间过长，会影响其他飞机报告情况，多机指挥会造成无线电混乱和相互干扰。当然，如果一次通话项目过少，势必增加通话次数，使频道拥挤。管制员应尽量运用简单句，避免使用复合句。

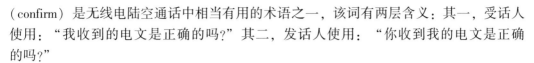

思考题

1. 什么是信息沟通？信息沟通可分为哪两类？
2. 谈谈在信息沟通模式中各个具体因素以及相互间的影响是怎样进行的。
3. 信息沟通的特点、范围及类型包括哪几个方面？
4. 信息沟通的过程包括哪几个方面？
5. 影响信息沟通的因素包括哪些方面？
6. 如何有效地促进信息沟通？

第九章 空中交通管理中的决策

人类在日常的工作与生活中每天都要做出大量的决策，人们通过考虑相关事件的信息，确定信息内部的丰富含义，分析信息的背景资料，然后在众多可选方案中选择最好的行动方案或者直接产生新的行动方案。在管制员的日常工作中，决策是一个经常性且重要的过程，它将直接影响到管制员行动方案的优劣，并最终决定整个飞行过程的安全与效益。

在实际工作中，管制员所面临的信息有的简单，有的复杂，甚至由于信息在传递的过程中可能会出现"衰减"的现象，因此管制员所获取的信息也可能是片面或者不全面的。管制员在处理信息的过程中，由于信息的复杂程度不同、完整度各异，当前的工作状态、任务性质、班组搭配以及人的信息加工倾向性与认知特点都将直接影响管制员的实际决策过程。管制员在对信息进行解读的时候，会存在着不同程度的推断现象，并且由于管制员的工作经验、情景意识以及自动化的影响，其推断的情况与实际的状况之间就会存在着一定的差异。因此，学习并了解管制员的实际决策过程、分析影响管制员决策的因素、提出具有参考价值的决策建议，对于提高管制员的决策质量，最终保障飞行安全与效益是具有极大的价值与意义的。

第一节 决策概述

一、决策的定义

要对决策有所了解，首先应明确决策的定义。就决策的具体定义而言，可谓众说纷纭，通常研究者们认为决策需要完成以下的任务：决策者必须要从大量的选项中选择其中一项；有大量的同该选项相关联的可用信息；决策的可用时间限度相对较长（一般超过 1 秒）；方案的选择同不确定性相关联（即决策者不清楚哪个方案是最好的选择）。决策包括风险，一个好的决策者能够有效地评估每个选择的风险（Medin & Rose，1982）。在日常工作中，管制员的决策往往不一定会包含上面所有的情况，但在临界条

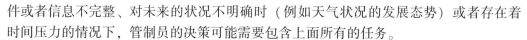

件或者信息不完整、对未来的状况不明确时（例如天气状况的发展态势）或者存在着时间压力的情况下，管制员的决策可能需要包含上面所有的任务。

管制员做出决策时应包含有以下四个过程：察觉和收集与决策有关的信息或者线索；考虑同决策有关的现在和将来的状态，在此基础上产生或选择同线索有关的假设或情境评估；在综合考虑推断的状态、任务的目标、不同结果的成本和效果基础之上来选择方案；实施中的控制、反馈和必要的追踪等全部过程。管制员决策过程中的每个步骤可能还包含一些子过程，并且在一个完整的决策过程中，上述的四个步骤在不断地循环和反复，但管制员决策的主要过程即为上面四条。

决策的最终目标是为了解决当前的问题，没有所要解决的问题决策就失去了方向，也无法进行决策。决策是从多种方案中做出的选择，没有比较，没有选择，就没有决策。决策是面向未来的，要做出正确的判断，就要进行科学的预测。决策是一个过程，这个过程贯穿着管制员的认知参与和逻辑判断，特别是创造性的思维活动。

二、决策的过程

决策的过程是管制员为了确保飞行安全与效益，根据当前的任务目标制订方案并实施的动态过程。这一过程看似简单，却体现出人类独有的决策模式。经过长期的研究，研究者们将人类的决策分为理性决策与自然直观决策两个大类。

（一）理性决策

理性决策模型，简称理性模型（rational model），起源于传统经济学的理论，该理论是以"经济人"的假设为前提，舍弃了一些次要变量，使问题的分析得以简化，形成有效的分析框架，能用来解释经济领域中的诸多现象。该理论也是为较多人所接受的一种人类决策模型假设。

从图9.1可看出，管制员的决策过程包括提出目标、确定目标、收集情报、拟订方案、评估方案、优选方案、实施方案等七个步骤。

（1）提出目标。这是管制员进行决策的第一步。飞行生产实际需要对安全与效益进行平衡，而提出目标要求管制员对飞行的安全与效益之间进行一个总体的把握。无论是在安全与效益之间有所偏重还是两者兼顾，这一目标都将直接影响管制员在任何的具体决策中的行为。因此，提出目标这一步骤实际涉及管制员对安全与效益的看法，这一步骤与管制员本身的价值观与态度直接关联，因此这一步骤是内隐的且难以被察觉，但这却是会影响管制员具体决策的重要一步。同时，提出目标这一步骤还受到管制员所处的外部环境和管制员自身内部环境的综合影响，所谓外部环境即管制员所处的工作环境、文化氛围与班组要求等方面；内部环境则涉及管制员的反应倾向性、情绪、个人状态以及情景意识等方面。

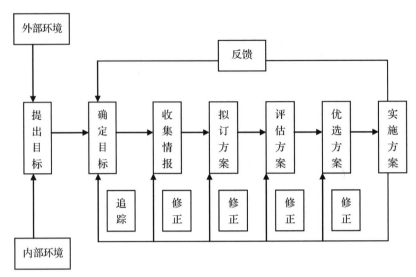

图 9.1　理性决策的过程

（引自 C. D. Wickens，M. Mavor 等，1998）

（2）确定目标。在管制员提出目标以后，受到外部环境（比如，工作的氛围、班组的协作情况、压力）和内部环境（比如，当前的情绪状态、应激等）的影响，管制员会确定具体情形中的目标，即确定某一决策的具体准则。提出目标这一步骤可能是处于管制员意识层面之上，也可能处于管制员意识层面以下；但确定目标这一过程却一定是处于管制员意识层面以上的，能被管制员所意识和察觉的。

（3）收集情报。在确定目标以后，管制员为了达到既定的目标去解决问题，就需要去收集与问题有关的情报与信息。在收集情报的过程中，管制员可能需要利用自动化系统来捕捉危及飞行安全的动态信息，也可能需要利用同伴的资源来提高自己对于当前情景的认识，也可能需要运用已有的知识和经验来获取有关问题的解决方法，甚至可能利用以往解决类似问题的已有解决方案。收集情报这一步骤为拟订方案提供依据与基础。

（4）拟订方案。在收集情报的基础上，管制员对于当前问题的状况、可能的发展态势以及已有的类似问题的解决方案已经有了一定的了解。管制员需要结合当前的任务情景和组织要求等，具有创造性地拟订问题的解决方案。在该阶段中，丰富的专业知识与经验、创造性的思维方式都是必不可少的。

（5）评估方案。在评估方案的过程中，实际是对每一种方案的风险进行认知与评价，确定方案风险的大小，为后面的优选方案做准备。而每一种方案的风险认识取决于管制员的个人经验、工作能力、认知水平和思维能力，同时也取决于不同的班组配合方式和工作方式，以及不同的工作氛围。

（6）优选方案。在这一阶段，管制员需要在前面工作的基础上，在众多备选方案中选择出能解决当前问题的最佳方案，具体的选择不仅会随着外部和内部条件的变化而变化，而且也取决于管制员的信息加工倾向性和个性特点。

（7）实施方案。管制员开始执行优选方案，即执行决策的结果。在执行方案的过程中，管制员需要不断去监控当前情况的变化，当情况变化以后，相应的情报、备案和处理方式都会产生变化，需要管制员具备随机应变的能力，能根据情况的变化更改决策以适应新的情境。需要注意的是，实施方案这一过程不是决策过程的中止，应该是对各个环节进行监控并且不断循环的过程。

若要产生安全而高效的决策，需要管制员具有良好的训练水平、强大的信息处理与判断能力、良好的意志品质、坚强的个性和随机应变的能力，同时还需要良好的工作氛围与班组配合以及正确的价值观引导。明确了决策的步骤将有助于管制员和管理部门不断进行改进，以提高管制员的决策能力。

（二）自然直观决策

自然直观决策模式（naturalistic decision making）是一种在知识、经验、性格和认知倾向性等因素的基础上，在短时间内直接导向问题解决的一种决策模式。在问题解决中，这种决策方式并未像理性决策那样详细地去对问题进行分析、对方案进行比较和优选最终方案的决策模式，而是一种快速获得问题解决方案的决策模式。

自然直观决策大致可以认为是在以下几个因素的基础上所进行的决策。

（1）经验。如果管制员在以往的工作中处理过类似或者完全相同的情况，在下一次遇到相似情况时管制员很可能直接套用上次所采用的方案来解决当前的问题。此方式可以大幅度地提高管制员在工作中的决策效率，但所付出的代价是可能没有察觉到两次不同情境中的差异，进而采取了对当前情境不适宜的措施。

（2）价值观。如果一个管制员是更注重安全的，那么他在选择方案时可能会不自觉地去选择那些安全系数更高的方案。一个管制员的价值观影响将会在管制员做出决策的整个过程中有所体现，最终影响管制员的方案选择与决策。

（3）潜意识。管制员在进行方案选择时，有时会出现选择了一个方案却不能清楚地说出该方案的决策过程的情况，这就充分体现了直观决策的潜意识性。

（4）认知。自然直观决策方式并不代表没有管制员认知过程的参与，管制员的技能、知识和训练情况都会体现在管制员的直观决策中。

（5）情绪。管制员的情绪也将最终影响管制员的决策，一个处于激动情绪中的管制员其方案的最终选择可能更偏向于激进与冒险，而一个情绪平静的管制员的方案选择可能更倾向于安全。

通过对理性决策与自然直观决策的比较，我们发现，两种决策各有优劣。理性决策在信息的收集、最佳方案的选择、防止出现遗漏等方面具有独特的优势，但其在决策过程中需要消耗大量注意资源和时间；而自然直观决策在决策过程的速度与效率、时效性与创新性等方面有优势，但其受态度、价值观与情绪等方面的影响，同时在决策过程中可能会出现偏差与遗漏，具有极大的不确定性。在日常的工作中，管制员决策过程往往是理性决策与自然直观决策并存的一个状况。

三、决策对于空管工作的意义

决策是管制员在每天的工作中所必需的，也是管制员需要不断锻炼和提升的必要能力之一，而决策对于管制工作本身也具有非常重要的意义。

（一）提高决策质量、确保飞行安全

从 1940 年以来，根据已经公布的飞行安全数据来看，大约有 3/4 的飞行事故是由人为因素所引发的，而诱发事故的因素中，大约有 5% 是由于管制员的失误或者疏忽所引起的。虽然近几年研究发现，国内由于管制员的原因直接引发的飞行事故和事故征候已经是越来越少，但是依然要承认的事实是：空管依然是保障飞行安全、高效进行的必要保障。近年来，各相关部门、管理机构对于管制员的要求越发严格，对于管制员的培训更加全面，相关的支持也越来越系统化，但是管制员在工作中出现的疏漏与差错却依旧存在。出现这一现象的主要原因是：虽然管制员想把工作做得更安全，但是管制员对自己的决策过程和影响因素不了解或者了解太少，因而造成管制员不能对分心、压力与意外事件或者其他外界因素的干扰进行有效的管理，进而在工作中容易出现错误。所以研究管制员在实际工作中的决策过程，分析管制员决策过程中的影响因素，讨论提高管制员决策质量的方法与途径，有助于减少管制员在工作中的差错概率，进而提高管制员的决策质量，最终达到保障飞行安全的目的。

（二）提高飞行效益

管制员在实际工作过程中需要对安全与效益进行动态平衡，需要在保证安全的情况下达到效益的最大化。而在对管制员的决策过程进行研究之前，如何有效地去实现这一组织目标往往存在无的放矢的情况。"提出目标"这一步骤在很大程度上决定了管制员具体的决策过程。因此，在了解管制员实际决策过程的基础上，通过变更组织文化、培训与引导等方法有针对性地改变管制员的态度与观念，可以从根本上达到影响管制员决策方向的目的，最终实现在保证安全的情况下达到效益最大化的组织目标。

（三）降低组织运营成本

研究管制员的决策过程，了解管制员的决策过程，对管制员进行有针对性的培训，改变了以往笼统的培训方式，从而起到事半功倍的效果，降低了组织运营的成本。

（四）帮助管制员挖掘潜能

在实际工作中，管制员收集信息、处理信息的目的是为了做出更加安全、高效的决

策。如果管制员本身对其决策过程不了解，就无法实现对决策进行合理、有效的管理。一般来说，人们对外部行为本身和其他肉眼可观察到的物理现象易于觉察到并能够较好地加以理解，但对人的内部生理、心理过程的认识却显得较为模糊。因而有人把内部心理过程称之为"黑箱"，而决策过程就是"黑箱"中的一个重要部分。通过对决策过程进行系统化的研究与学习，了解其进程和影响因素，有助于使"黑箱"成为"玻璃箱"。"玻璃箱"的实现有助于挖掘管制员的潜能，使管制员的思维显得更清晰，决策变得更安全。

第二节　决策的影响因素

在前面的学习中对决策的定义与过程进行了讨论分析，然而要提高管制员的决策质量，分析影响管制员决策的因素就十分必要。在这一节中，将从个人方面、班组因素和决策陷阱三个方面对影响管制员决策的因素进行分析与介绍。

一、个人方面

（一）工作负荷

决策是一个涉及管制员认知、情绪和意志的复杂思维过程。工作负荷是指管制员在单位时间内承担的工作量的大小，管制员的工作负荷可分为生理工作负荷（physical workload）和心理工作负荷（mental workload）。生理工作负荷是指单位时间人体承受体力活动的强度，表现为肌肉的紧张和力量。心理工作负荷简称心理负荷，它表现为精神上或心理上的紧张，其产生的原因和表现的状态都要比体力负荷复杂。心理负荷除了由脑力工作或认知作业引起的负荷外，还包括其他各种精神上和情绪上状态的影响。管制员的工作性质决定了其主要面对的是心理工作负荷的问题。

当管制员工作负荷偏大的时候，可能会出现焦虑、生理性紧张、注意力分散、情绪失控、过度反应和衰竭等现象。其具体表现为可能将注意力固着于某一信息或者警告上，对其他的信息或警告充耳不闻；或者是不能集中注意力思考，从而贻误了处理问题的时机；管制员可能由于情绪紧张难以迅速准确地分析当前情境，表现得犹豫不决；有的管制员可能表现为出现冲动性的决定、计划性不强或者违反 SOP 的情况；甚至会出现语速的异常（过快或过慢），短时记忆能力下降，交流能力下降的情况。在上述情形之中，由于工作负荷占用了管制员大量的注意资源，从而使得管制员放在决策过程中的注意资源减少，降低了管制员决策的质量。

当管制员的工作负荷偏低的时候，可能会出现情绪淡漠、睡意浓、厌倦、反应迟钝、注意力涣散、遗漏、忽略等现象。具体表现为：觉得管制工作无趣，缺乏工作热情与兴趣，显得无精打采；产生一种疲倦感，睡意渐浓；唤醒水平升高，警觉性降低，对意外情况的察觉能力和反应能力降低，在此时往往也伴随着对自动化过度信任的情况；管制员的注意力重点可能不在当前的工作上，而是在思考一些与当前工作无关的事情；可能会遗漏一些重要的信息，遗漏执行一些必要的程序或者产生一些不必要的省略；马虎和草率行事。在低工作负荷状况下，由于管制员的警觉性降低、工作状态欠佳，管制员的决策水平与质量也会相应地降低。

在适当的工作负荷下，管制员的觉醒水平和工作状态都处在适宜的状态之下，表现为思维清晰、情绪稳定、反应迅速，能极好地利用现有的硬件、软件资源和班组资源帮助决策。虽然不同的管制员在经验、训练水平、班组搭配、任务性质、情绪状态上存在差异，但需要认识到的是，无论何种情况，适宜的工作负荷都有助于保证管制员做出高质量的决策。

（二）经验

经验对管制员的决策质量也有着重要的影响。从图9.2中可见，经验储存在人类的记忆中，通过影响人类的知觉定势从而影响到人的注意机制，最后通过感知觉影响到管制员的决策过程。

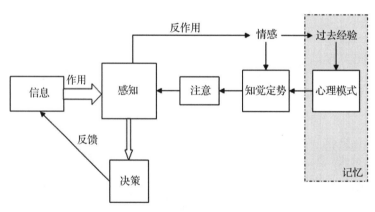

图9.2 经验对决策的影响
（引自罗渝川，2004）

一般来说，经验在一定程度上能够提高管制员决策的质量与水平。因为在处理陌生的情景时，人类只能采用"自下而上"的信息加工方式，即在对信息进行充分分析、了解的基础上，根据现有资源和条件产生备选方案，并评价备选方案的优劣，最后选出相对较好的方案。但在处理与过去情景相似的问题时，人类则往往是采取"自上而下"的信息加工模式，即把已有的解决问题的模式移植过来解决现有问题。这样的信息加工方式简化了对信息搜寻、分析和处理的过程，大大加快了管制员决策的速度。因此，一般情况下，经验所带来的影响往往是正面的。

但某些情况下，经验对管制员决策所带来的影响也可能是负面的。"从上至下"的信息处理方式在决策的速度和注意力资源的节约方面有独特的优势，但是也有不可避免的缺点。当管制员采用"从上至下"的信息处理方式时，往往是无意识的和自动化的，容易使管制员产生习惯性且不精确的推论，进而使得管制员采用了不合实际的处理方法，这是由于管制员忽略了发生变化的细节或者是对与过去情况不相符的信息进行了错误的解释所造成的。在管制员所获得的信息不完整、工作负荷异常、执勤时间过长以及注意力被其他突发事件吸引的时候，尤其容易出现这样的情况。

经验丰富的管制员还容易出现另外一种情况，由于对工作和任务已经相当熟练，可能会产生一种盲目乐观的情绪。盲目乐观的管制员在工作中可能会省略掉某些步骤或者对工作程序中的步骤没有给予足够的重视，特别容易在平常极难出现差错的环节出现失误，进而可能出现决策上的错误。

（三）疲劳

管制员在工作期间，容易产生疲劳，执勤时间越长，投入的脑力劳动越多，疲劳的现象将会越严重。当管制员出现疲劳以后，在信息加工与处理方面可能会出现以下的一些症状：

（1）知觉能力下降，警觉性降低。

（2）短时记忆出现问题。

（3）管状注意。

（4）容易被无关事物分散注意力。

（5）迟疑不决。

（6）情绪异常或不稳定，出现焦虑、厌烦状态。

当出现上述状态时，决策过程中的确定目标、收集情报、拟订方案、评估与优选方案以及在决策实施过程中对各步骤的监控与调整都将难于实现，或在某种程度上受到影响。

因此，疲劳对管制员决策的影响肯定是负面的，管制员在工作中要保持高质量的决策就需要防止管制员的疲劳的发生。

（四）其他

管制员的决策是一个复杂的过程，影响管制员决策的因素远不止于上面三种。比如，飞行情景的复杂性、自动化设备的工作情况、管制员的可利用时间、任务的分配情况等都会对管制员的决策产生影响，只有对这些因素都进行了有效的管理，才能从个人角度帮助管制员做出更好的决策。

二、班组方面

（一）决策过程中的群体思维

管制员个体在决策过程中容易受到工作负荷、疲劳、经验的影响，良好的班组搭配与氛围会有助于管制员做出科学的决策。但即使再严谨的管制班组也可能由于集体的原因而出现错误，共同选择一个失败方案，并带来灾难性的后果，这就是所谓的群体思维。

群体思维理论的创始人詹尼斯（Janis）认为，群体思维是"当人们深涉于一个内聚的小团体中，其成员为追求达成一致而不再尝试现实地评估其他可以替换的行动方案时，他们就坠入这一思维方式"。通俗地讲，集体决策是一种决策成员因某种原因而追求表面一致，导致决策失败的思维方式。

群体思维在管制员的日常工作中并不鲜见，当管制员为了维持班组内的意见一致或者不想破坏班组内的氛围而不愿意提出自己的意见时，就是出现了群体思维的现象。而在班组决策过程中出现的家长制、领导的意思、一锤定音等现象实际上都是群体思维的具体表现。这样的班组表面上看似一团和气，班组在决策过程中很少因为意见的不一致而发生争论和矛盾，但这样的班组所做的决策并不是集众人之所长，充分考虑各种可能性和在权衡各种利弊的基础上而做出的，这样的决策往往只是体现了在班组中占主导意见的管制员的意见而已。

以下措施有助于防止空管工作中群体思维现象的出现。

（1）班组成员应懂得群体思维现象的成因和不良后果。

（2）在日常工作中，班组应加强班组文化的建设，使成员认识到为班组做贡献的最好方法不是简单地听从与附和他人的意见，而是每个人都应该提出有建设性的意见。同时，在日常工作中应该注重引入新思维与新方法。

（3）参与决策的管制员都应端正态度，树立公正的立场，明确决策的原则与依据。班组中占主导位置的管制员应保持公正，注意审视自身的局限性，避免先入为主，不要偏向任何立场。

（4）合理对待与控制决策过程中的冲突，冲突有破坏班组协作与良好人际氛围的作用，但同时，冲突也有助于激发思想的碰撞，更好地合理解决问题。对待冲突的合理态度是去管理与利用，而不是简单的避免。班组成员应坚持"什么是正确的，而不是谁是正确的"的原则。

（5）班组领导应该引导每一位成员对现有意见进行批评性评价，鼓励提出反对意见。

（6）班组中最好能够指定一位或多位成员充当反对者的角色，专门提出反对意见。

（7）在有条件的情况下，可以请其他班组的管制员参与决策方案的评估。

（8）在有条件的情况下，允许匿名提出意见。

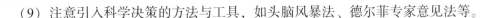

（9）注意引入科学决策的方法与工具，如头脑风暴法、德尔菲专家意见法等。

（二）决策过程中的群体极化

管制员在工作中是以集体的形式工作的，因此在决策过程中难免会受到来自集体的影响，群体决策过程中还可能会出现"群体极化"的问题。

在不明确的情景中，群体会强化群体中大多数成员的最初倾向性意见，从而使群体决策向某一个极端偏斜，进而背离最佳决策。在进行群体决策时，如果群体中具有冒险倾向的人占多数时，群体做出的决策会变得更为冒险甚至激进，称为冒险偏移；在某些情况下，如果群体中谨慎保守人数占多数时，做出的决策就比个人更保守，群体决策偏向保守一端，称为谨慎偏移；但在更多的情况下，群体决策偏向冒险的一端，比个体决策更倾向于冒较大风险。这种倾向意味着与个人单独决策相比较，群体成员更愿意拿组织资源去冒险。虽然高风险的决策会有较高的回报，但是失败的决策常常带来更加灾难性的后果。

无论团体决策的结果偏向哪一个极端，都不能真正代表经由群体讨论而获得的最集思广益的结果。以下的建议有助于管制员在实际工作中预防群体极化可能带来的负面影响。

（1）公平且不偏向任何立场。班组成员在为班组提出意见与建议时，尽量保证意见的客观与中立，避免个人情绪与动机性因素参与其中。

（2）鼓励批判性建议。班组中应该鼓励提出反对意见，思考反对意见的可取与合理之处，这会使得原有的意见得以不断改进和完善。

（3）开展头脑风暴，鼓励不同的处理方法与意见。这是寻找新的问题解决方案的有效途径。

（4）俗话说"当局者迷，旁观者清"，欢迎事件之外的专业人员与其他班组的管制员提出批评与建议。

（5）在实施决策前，开展"第二次会议"，为班组成员提供在实施决策前重新思考决策正确性的机会。

（三）决策过程中的从众与众从

1. 决策过程中的从众

在班组协同工作中，为了使班组的决策更加科学合理，必须要避免群体极化这一班组协作中容易出现的问题，因此班组内需要有人提出反对和批评意见。但是在实际操作过程中，管制员却会受到来自班组成员内部的同事压力。

所谓同事压力是指班组对工作在其中的成员特有的约束力；该压力并非像权威命令那样"自上而下地强迫个体与班组保持一致"，而是通过班组的影响来使个体在观点、态度、行为、意见上与班组保持一致，同事压力不具有行政命令一样的强迫性，但在心理感受上让个体感觉更加难以违抗。因此，同事压力对个体的影响往往是巨大而无形的。

同事压力即是在工作环境中从众的一种具体表现。所谓从众是指由于班组的引导或压力，个人的观念与行为趋向与多数人相一致的现象。社会心理学家指出，个体在班组中常常会不知不觉地受到班组的压力，而在知觉、判断、信仰以及行为上表现出与班组中多数人一致的现象。但应该认识到的是，从众是一种在人和动物中都比较普遍存在的心理现象，是一种直接的、情感的心理反应，是从低级到高级动物中都会存在的现象，有的可能是管制员能意识到的，有的则是管制员意识不到的，因此不能简单地将管制员中发生的从众现象认为是丧失立场和没有原则的表现。

在 20 世纪 50 年代，美国社会心理学家阿希进行了一系列经典的研究来探讨人类的从众行为。在一个实验中，让 1 位真被试与另外 7~9 人（实际上是实验者的助手）一起坐在桌旁，实验者向他们呈现 3 条长短不一的线段，并要求他们判断哪一条和另一幅画中的标准线段一样长（见图 9.3）。每个人轮流大声说出自己的判断，而被试在倒数第二个位置上。在大多数试验里，每人都说出同样的正确回答。但在几次预先确定的关键试验中，实验者预先告诉助手说出错误的答案。结果发现，即使正确答案十分明显，但在关键试验中，被试迎合团体的意见平均达 32%，大概有 3/4 的人至少出现了一次从众，大约有 1/4 的人保持了独立性，自始至终没有一次从众发生。

图 9.3　阿希的从众试验

由此可见，从众是一种不易觉察的，个体主动与群体保持意见一致性的行为。经研究发现，管制员的从众行为大致与以下一些因素有关：

（1）情景的不确定性。在面临不确定或不熟悉的情景时，管制员会更愿意与群体

意见保持一致，而在面对自己熟悉的情景时管制员更倾向于保持自己独立的意见。

（2）班组人数适当。当班组的人数达到3人时，班组的意见就开始左右管制员的个人意见，但当人数过多时，群体对管制员个人意见的影响作用开始减弱。

（3）不同的职权差异。相对来说经验较少、资历低、职权低的管制员更容易出现与群体保持意见一致性的行为，而经验丰富、资历老、职权高的管制员则不太容易产生从众的现象。

（4）班组内部的关系。当班组内部关系较差时，不太容易出现从众的现象，而班组内部关系越紧密，相互之间的关系越好，班组内部就越容易出现从众的现象。

（5）文化。文化对人的影响是巨大而无形的，也会影响人们是否会从众。普遍而言，东方文化比较崇尚集体主义，而西方文化更注重个人的价值与作用。因此，当出现个人与集体的意见不一致时，东方文化的管制员比西方文化的管制员更易表现出从众的现象。

从众可以互相激励情绪，有利于班组内部建立良好的氛围并使管制员达到心理平衡，因此，从众对于解决陌生的情景与问题具有一定的积极意义。但如果管制员认为自己的意见可能与其他人相左，又不想冒犯群体时，可以在一开始就将自己的观点公开地表达出来，就可以减轻群体压力和从众的影响。同时，为了避免从众对管制工作的消极影响，在管制员中和班组内部应该始终营造一种"畅所欲言"的氛围，对于不同的意见与看法应保持一种"容纳"的态度，认识到即使是错误的意见也有其积极的方面，这样才能在班组工作中广纳众人之长，提高班组决策的质量。

从众会影响管制员的决策，但是如果局方将安全的思想贯穿到相关的管理中，在管制员群体中营造一种积极的安全态度，通过同事之间的压力和从众行为来宣扬安全的思想。从众和同事压力在决策中也能起到一定的积极作用，使管制员在决策过程中更多地去考虑安全的因素，进而提高管制员决策的安全系数。

2. 决策过程中的众从

众从是指班组中多数人受到少数人意见的影响而改变原来的态度、立场和信念，转而采取与少数人一致行为的现象，这一过程与从众恰好相反。当班组中出现有少数人保持意见一致，并坚持自己观点的情况时，多数人可能会怀疑自己的立场是否正确，在思想上动摇不定，一部分人首先转变态度，倾向于少数人的意见，然后多数派内部思想瓦解，越来越多的人转变立场，开始听从少数派的意见，使少数派在班组中起到了举足轻重的作用。这样所做出的决策并不能说是集合班组智慧之长而做出的最佳选择，而是在少数人的影响下做出的具有偏向性的决定。

在管制员的实际工作中，之所以要有班组的存在，就是为了让管制员能够在专业方面相互弥补可能存在的不足，在思维的全面性方面相互补充，从而提高班组决策的安全性与效率。但若在班组决策过程中出现了众从的现象即大多数人被少数人影响，这时的班组决策只是体现了少数人的专业知识和智慧，大多数人只是起到了一个附和的作用，此时的班组决策的安全性与效率是值得怀疑的。

容易诱发众从的班组组合一般是因为职位或资历上的过大差异。由于过大的差异的存在，倘若高职位和高资历的管制员坚持己见，此时容易让班组其他成员对自己意见的正确性产生怀疑，动摇自己的信心，最后可能放弃自己的初衷。

在班组决策的过程中，从众有一定的危害性，但众从也有其潜在的危险性。以下几种措施有助于防止班组决策过程中众从现象的发生：

（1）加强团体的凝聚力。在团队内部矛盾重重、意见分歧很大、缺乏统一指挥的情况下，若少数人坚持自己的意见，就容易使其他人对自己的信念产生动摇，怀疑自己立场的正确性，失去了对行为的参照标准，在这样的情况下很多人可能转而采取现实主义的态度，转而倾向于少数人的意见。所以加强团队的凝聚力有助于防止众从现象的产生。

（2）营造能够各抒己见，团结一致的班组氛围。管制员工作的目的应该是为了让飞行过程变得更加安全和高效，而不是为了在工作中单纯体现个人的价值与存在。在具体意见方面则应允许不同的意见出现，起到互补有无的作用，从而使班组决策更安全。

（四）决策过程中的社会懈怠

通常的观点认为，管制员会尽最大努力为群体而工作，但是由于班组与群体的存在，管制员在实际工作中可能出现没有竭尽全力的情况，这种现象就是社会懈怠。

社会懈怠（social loafing）是指在团体中，由于个体的成绩没有被单独加以评价，而是被视为一个总体时所产生的个体努力水平下降的现象。其具体表现为个体和集体在一起工作时，工作绩效会下降。心理学家黎格曼（Ringelman，1880）最早发现了社会懈怠现象，他发现当人们一起拉绳子的时候的平均拉力要比一个人单独拉时的平均拉力小。在研究中他让参加实验的工人用力拉绳子并测拉力，实验包括三种情境：工人单独拉，3人一组和8人一组。按照社会促进（social facilitation）的观点，人们通常会认为这些工人在团体情境中会更卖力。但事实恰恰相反：独自拉时，人均拉力63公斤；三人一起拉时总拉力160公斤，人均53公斤；八个人一起拉时，总拉力248公斤，人均只有31公斤，不到单独时的一半。

社会懈怠现象十分普遍，不仅在团队项目的体育活动中容易出现，在发表观点、侦查信号的活动中也会出现，甚至在不同文化、政治结构的社会中也会出现。社会懈怠还存在着隐蔽性的特点，即当事者在主观上往往意识不到自己发生了社会懈怠现象，而是认为自己在个人工作和集体工作时所付出的努力是相同的。

在管制员的班组决策过程中，如若不对每个管制员在决策中所承担的任务与责任进行明确划分，就有可能会出现社会懈怠的情况。因此，要想分析管制员班组决策过程中的影响因素，不讨论社会懈怠的因素是不全面的。以下措施将有助于预防管制员在班组决策过程中出现社会懈怠的现象：

（1）班组工作的目标明确且具有吸引力。已有研究表明：如果群体目标具有足够的吸引力，并且需要每个人都尽最大的努力，这时团队精神会维持并增强个人努力的程度，使得每个班组成员为了实现班组目标尽自己最大的努力。

（2）班组内部分工与责任明确。社会懈怠现象出现的一个重要原因是社会责任分散，当每个管制员都认为自己会对班组的决策负责，但是又不明确自己的责权范围时，每个管制员对班组决策的实际责任就会减少，因而可能会出现对班组决策付出努力减少的现象。因此，明确的班组分工与明确的责任，有助于管制员了解自己在班组决策中应承担的工作，从而避免出现社会懈怠现象。

（3）加强班组成员的责任感。对群体实施激励性措施或者让群体为了一个有挑战性的目标而奋斗将提高整体的努力程度。只要团体成员坚信高的努力程度能够取得好的作业成绩并且会带来回报，他们也会努力工作。由此可见，加强班组中的管制员对班组目标的责任感，将会有效地防止社会懈怠现象的出现。

（4）班组内部的团结。如果班组成员彼此是朋友而非陌生人，或成员都很认同自己的群体，那么懈怠就会有所减少。所以加强班组的内部团结，使管制员充分认同自己的班组和同伴也将有效地提高班组的工作效率，提高决策的质量。

三、决策陷阱

在前述对管制员决策的讨论过程中，更多的是将管制员的决策设想为一种较为"理性的状态"，即管制员能够获取所有的有关决策的支持信息，能分析到所有的解决问题的方案，能对所有的方案进行理性而客观的分析，能根据当时的实际情况做出最优的方案选择。但是在管制员的实际决策过程中还存在另外一种情况，就是将决策过程中的"拟订方案""评估方案""优选方案"全部整合为一个步骤完成，在"收集情报"完成以后就直接拿出问题的解决方案，这就是除了"理性决策"以外，在人类决策中存在的另外一种决策方式——"自然直观决策"。人类在"自然直观决策"中，跳过了对方案的拟订、优选与评估而直接找到问题的解决方案，该决策模式简化了对方案的比较与评估，有助于提高人类完成任务的速度，但是在这样的决策中也明显存在一些决策陷阱，下面来一一讨论。

（一）"沉锚"陷阱

"沉锚"陷阱是指管制员在做决策时，其决策结果容易受到首先接触到的信息的影响，从而产生决策偏差的现象。在"沉锚"陷阱中，管制员第一个接收到的信息或数据就像沉入海底的锚一样，把管制员的思维牢牢地束缚在了最初的数据与信息附近，所以该陷阱被命名为"沉锚"陷阱。管制员的决策过程，应该是动态和变化的，如果发生了"沉锚"陷阱，有可能使管制员做出与当前情况和问题不相符合的决策。管制员在决策过程中注意以下几点，有助于预防"沉锚"陷阱的发生：

（1）注意更新情景意识，情景变化以后解决方法也应随之变化，不要过于依赖第一个想法。

（2）注意发挥班组的作用，遇到新问题时应集思广益。

（3）在对问题进行描述时，尽量公正客观。

（4）尽量多收集问题的情报，遇到新问题及时对方案进行修改。

（二）"有利证据"陷阱

在管制员日常的工作与生活中，常常有这样的情况：当自己带着倾向性去收集信息时，收集到的信息很多都是支持自己最初的想法的；或者是当自己做了一个决定以后再去审视这个决定时，会有越来越多的证据支持该决定，这就是"有利证据"陷阱。"有利证据"陷阱会诱使管制员只重视那些支持自己意见的证据，躲避同自己意见相矛盾的信息。

"有利证据"陷阱对管制员的决策无疑是有害的，因为它会使管制员对警告信息和变化的情况视而不见，从而错过对决策进行修正的机会。以下方案有助于防止"有利证据"陷阱出现：

（1）审查自己对不同来源的信息是否给予了相同的重视。在"有利证据"陷阱中，管制员往往只重视那些与自己意见相一致的信息；而忽略了那些与自己意见不一致的信息，对所有信息予以相同重视有助于克服这一决策陷阱。

（2）尽量逆向思维，朝与自己意见相反的方向去思考，寻找自己决策方案中的疑点与漏洞，听取班组中的反面意见。

（3）审视自己的动机。明确自己是为了正确决策收集信息，还是为了自己的决策寻找支持信息。

（4）征求班组意见时，不要找那种随波逐流、人云亦云的班组成员。

（三）"过度自信"陷阱

人们在决策过程中普遍存在的另一个现象就是过度自信，这一决策陷阱在历史上已经有很多先例。美国人的过度自信使日本人在二战期间成功偷袭了珍珠港。在美国挑战号航天飞机失事的灾难中，过度自信也扮演着很重要的角色，在"挑战者号"航天飞机的第 25 次发射前，NASA 的官员对航天飞机的风险估计是十万分之一（Feynman，1998），也就是说在三百年的时间里每天发射一架航天飞机也只可能发生一次事故。在切尔诺贝利核泄漏事故两个月前，乌克兰的能源与电气大臣曾经说"这里发生泄漏的概率是一万年都很难遇到的"。

人们在对不确定的事件进行评估时，如果没有经过专业而系统的训练，往往容易表现出过度自信的倾向。尤其是当管制员面临着时间与生产的压力，在工作中又存在诸多的分心因素干扰时，这样的倾向性就可能会表露出来，进而对自己与班组的能力、容错的空间和可利用的时间与资源存在着过度高估的现象。通过表 9-1，可以对过度自信现象有更好的理解。

表 9-1　过度自信的自我测量

对于以下 10 个题目，请你给出一个较高的估计和一个较低的估计，使得正确答案落在你的区间中的概率在90%以上。其中对于你们的挑战是：你们所设定的区间既不能过窄（过度自信），也不能过宽（缺乏自信）。如果你只有 10% 的错误率——也就是只答错了一题，你就取得了成功。

	90% 的信心区间 低—高
1. 马丁·路德·金去世的年龄	
2. 尼罗河的长度	
3. OPEC 成员国的数量	
4. 基督教《旧约全书》的册数	
5. 月球直径的英里数	
6. 一架波音 747 的重量（磅）	
7. 莫扎特是哪一年出生的	
8. 一头亚洲象妊娠的时间（天）	
9. 伦敦到东京的飞行距离	
10.（已知）最深的海洋深度（英尺）	

答案：（1）39 岁　（2）4187 英里　（3）13 个国家　（4）39 册　（5）2160 英里　（6）390000 磅　（7）1756 年　（8）645 天　（9）5959 英里　（10）36198 英尺

(引自斯科特·普劳斯, 2006)

过度自信是人在决策过程中存在的一个普遍问题。但也有研究表明，桥牌高手、职业赌徒，以及国家气象台的预报员就较少或者没有表现出过度自信的情况，这是由于他们在做出判断后会进行有规律的反馈的缘故。由此可见，要防止过度自信对管制员的决策起到阻碍作用必须有两个条件：一是丰富的专业知识与关于决策流程与质量的系统训练，二是系统和连续性的反馈有助于提高管制员决策的安全性。

（四）"投入"陷阱

"投入"陷阱又名沉没成本效应（sunk cost effects），是指人们先前花费的时间、金钱或者其他资源会让人们做出本不会做出的决策。

这一决策陷阱在管制员的工作和日常生活中很常见，在航空史上也有因为"投入"

陷阱的出现而诱发的飞行事故。1990年1月25日，阿维安卡052号班机从哥伦比亚首都波哥大的艾多拉杜国际机场起飞至美国纽约的肯尼迪国际机场，经停麦德林的José María Córdova国际机场。晚7:40，机上的油量可以维持近两个小时的航程，在正常情况下飞机降落至纽约肯尼迪机场仅需不到半小时的时间，这一缓冲保护措施十分安全，然而此后发生了一系列耽搁。首先，晚上8:00整，肯尼迪机场空中交通管制员通知052航班的飞行员，由于严重的交通问题，他们必须在机场上空盘旋待命。晚8:45，052航班的副驾驶员向肯尼迪机场报告他们的"燃料快用完了"。管制员收到了这一信息，但在9:24之前，飞机没有被批准降落。在此之前，阿维安卡机组成员没有再向肯尼迪机场传递任何情况十分危急的信息，但飞机座舱中的机组成员却相互紧张地通知，他们的燃料供给出现了危机。晚9:24，052航班第一次试降失败。由于飞行高度太低及能见度太差，因而无法保证安全着陆。当肯尼迪机场指示052航班进行第二次试降时，机组成员再次提到他们的燃料将要用尽，但飞行员却告诉管制员新分配的飞行跑道"可行"。晚9:32，飞机的两个引擎失灵，1分钟后，另外两个也停止了工作，耗尽燃料的飞机于9:34坠毁于长岛，机上158名机组成员和旅客中的73人遇难。

虽然陆空交流方式、文化、管制员的指挥方式都与该事件的发生有着密切的关系，但机组在长时间等待的情况下依然没有决定备降到其他机场而是决定继续等待下去，这实际就是与"投入"陷阱有关，正因为已经花了大量的时间与精力在等待空域上等待，于是机组做出了继续等待下去的决定。

正如巴鲁克·菲施霍夫在《可承受的风险》一书中所述，美国任何一个大型的水坝只要开工就不会半途而废，事实表明，一点点的水泥都能在一个关键的问题中起作用。"投入"陷阱在管制员的日常工作中很常见，但也难于被发现，只有管制员严格遵守相关的规章制度并且当机立断，才可以防止"投入"陷阱在空管工作中的负面作用。

(五)"框架"陷阱

趋利避害是人的本能，管制员也不例外。为了确保安全，人们往往倾向于接受事物最初的框架，而不愿意冒险突破框架，尝试新的可能性。比如当管制员已经建立一套解决问题的模式以后，往往会长期沿用这一模式，而没有去尝试寻找新的解决问题的方法，这是典型的框架思维模式。无论是你自己或是别人创造了一个解决问题的最初框架，都千万不要自动地接受它。要对一切所谓的经验、模式、规律、习惯、习俗等敢于怀疑，因为环境是变化的，管制员在工作中所遇到的问题也会随之变化，固有模式可能对解决问题有帮助，但是对新出现的问题没有任何借鉴意义，甚至可能会产生负面作用。

以下措施有助于克服"框架"陷阱：

(1) 情况随时都在变化，已有的计划与方案可能是靠不住的。情况变化以后，原有的计划与方案也应该进行相应的调整，以适应新的状况。

(2) 用"如果……会……"的假设思考模式重新考察当前的问题。尝试从全新的角度去思考当前的问题。情况变化以后，关键问题可能发生改变，需要有全新的解决途

径。从不同方面考察变化以后的情景，可能会得到不同的解决方案。

（3）思考已有方案计划的优势与劣势。

（六）"霍布森选择"陷阱

"框架"陷阱是指管制员习惯于沿用同一问题处理模式的倾向，而从几种已有方案中简单地选择一种，则是"霍布森选择"陷阱。1631年，英国剑桥商人霍布森贩马时承诺买或是租他的马，只要给一个相同的低价格，就可以随意挑选。其实这是一个圈套。他把马圈只留一个小门，大马、肥马、好马根本就出不去，出去的都是些小马、瘦马、赖马。霍布森允许人们在马圈里自由选择，可是大家挑来选去，自以为完成了满意的选择，到最后却仍然得到一个最差的结果。可以看出，如果管制员只是在有限的选项里选择，无论管制员如何思考、评估与甄别，最终得到的还是较差选择里的一个而已。人们常常受到自身思维的限制，导致思维的自我僵化，因而不能找到解决问题的最佳方案，这就是"霍布森选择"陷阱的问题。

要克服"霍布森选择"陷阱的方法有两条：一是管制员自身应该开阔视野，打开思维空间，只有能够从现有的思维方式中跳出来，才能防止"霍布森选择"陷阱的产生；二是管制员要注意借助班组的力量，特别是在处理新问题时应该注意新成员方案的可行性与创新性，因为新成员往往可能有新的技术与方法，并且没有解决该类问题的固定思维模式，更容易从原有的方案选择中"跳"出来，这样有助于打破固有的思维限制。

（七）"布里丹选择"陷阱

一个叫布里丹的人，他的驴子饿得咕咕叫，就牵着驴子到野外去找草吃。看到左边的草很茂盛，他便带驴子到了左边，又觉得右边的草颜色更绿，他就带他的驴子跑到右边，但又觉得远处的草品种更好，他便牵着驴子到了远处。布里丹带着他的驴子一会儿左一会儿右，一会儿远一会儿近，始终拿不定主意。结果，驴子被饿死在寻找更好的草的路途中。在管制员决策的过程中，需要考虑很多的因素，但如果要同时满足所有的要求，则可能错过决策的最佳时机，这就是"布里丹选择"陷阱。若管制员希望去寻找所谓最佳的解决方案，就已经进入了认识的误区，因为管制员是有瑕疵的，完美无缺的方案也是不存在的。"布里丹选择"陷阱告诉我们，在进行决策时应懂得取舍，在决策过程中只要牢牢把握住问题的关键方面即可，若一味地追求完美只会适得其反。

克服"布里丹选择"陷阱的方法有两条：一是既要善于选择，还要学会放弃，管制员应该学会分析并把握每一次决策过程中的主要方面，在把握主要方面以后再兼顾次要方面。二是注意把握决策的时机，因为空管的指挥是一个动态的过程，如果错过了最佳时机则有可能造成比较严重的后果。

第三节　提高管制员决策质量的方法

管制员工作过程中的决策是一个循环的过程，而管制员也是具有适应性的，因此管制员的决策质量可以通过系统的训练得以提高。本节将主要从个人与班组两个方面介绍提高管制员决策质量的方法。

一、个人方面

（一）加强数字辨别能力

管制员要能够发现特异信号，首先需要管制员对数字有足够的敏感度和超强的辨别能力。在管制员的日常工作中，航班号、应答机编码、航空器的速度和高度、航向以及无线电频率等重要信息均以数字信号的方式传递给管制员。管制员需要在知觉到该信息以后，对该信号进行理解和辨识，然后再以数字的形式传递给飞行员或者自动化系统，因此对于管制员来说必须对数字信号有足够的敏感度和辨别能力。特别在管制员工作的时候，常常在同一扇区内会有几个相似呼号同时出现，如果管制员不能对数字始终保持高度的敏感，就有可能出现呼错航班号、误记高度的情况，若在决策执行过程中的反馈阶段也未能及时发现并纠正，就可能酿成比较严重的差错。

（二）锻炼空间想象能力

管制员必须锻炼自己的空间想象能力。管制员实际工作中的信息是以数字形式呈现并进行传递的，但是也需要管制员的空间想象能力对数字信号进行转换，形成可以为管制员所理解和辨识的心理表象才进行进一步的决策判断。在管制员的实际工作中，空间想象能力还有两个特点：其一是动态性，在飞行运行过程中，飞行员按照管制员的指令不断进行着运动，如高度、速度、位置的变化，因此需要管制员不断地去对飞机当前在三维空间中的运动状态进行更新，如果管制员缺乏动态变化的空间想象能力，就极有可能造成情景意识的丢失，进而造成事故或者事故征候；其二是全局性，管制员在工作过程中往往需要对多架航空器进行指挥，也就需要管制员在表象中动态掌握多架航空器当前的状态和以后的运行态势，而如果管制员只能掌握个别航空器的状态，也可能造成不良的后果。因此，加强管制员空间想象能力的锻炼，有助于提高其决策的安全性。

（三）提高预测能力

预测能力也是管制员在决策中非常重要的一个能力。管制员对飞机的指挥并不是对飞机现在状态的要求，而是对飞机未来运行状态的预测与要求。预测是管制决策工作中需要经常进行的思维活动，在管制员拟订方案、评估方案和优化方案的环节中均需要预测的参与。成熟的管制员善于利用时空间隙，在航空器较少或冲突不大的情况下预先对未来某一时间段的空中交通状况进行思考，根据已获得的动态信息，如航空器预计进入本区域边界的时间、高度、航空器的性能，对未来可能出现的飞行冲突做出大致估计，考虑冲突的解决办法，进而为下一步决策奠定基础。因此，良好的预测能力是管制员高质量决策的基础。

良好的预测能力建立在丰富的知识与经验以及良好训练的基础上，需要日积月累地去训练，绝不可能一蹴而就。因为只有具备了丰富的知识、经验与良好的训练情况，管制员才能对当前情景有清楚的认识，才可能会预见到这样的情景下会发生什么样的情况，才会有良好的预测能力。

（四）良好的计划性

管制员的实际工作十分繁杂，需要管制员同时执行多项任务：管制员需要保持陆空通话；监测飞机的运行状态；对可能存在的飞行冲突进行预测；同时还必须面对大量的意外事件干扰。从管制员的决策过程来看，决策是一个需要消耗大量精力的任务。因此，需要管制员具有良好的计划性，明确知道应该先做什么、后干什么，包括进程单的摆放等都应井井有条，对自己的注意力资源进行有效的管理，需要预留出精力来处理可能突然发生的意外事件。这样才能在遭遇意外情况时，能够有充分的时间和精力去进行有效而安全的决策。

（五）善于控制工作状态

在实际工作中，管制员常常有这样的体会：在工作负荷适中、工作强度合理的时候，管制员往往表现得注意力高度集中、思维迅速、反应敏捷，对航空器的运行状态和整个空域的状况都有较好的把握，在此时管制员的决策质量往往是较高的。但是，在航空器较少的阶段，此时管制员的工作负荷变小，工作状态和工作能力降低，出现昏昏欲睡的情况，此时管制员的注意力还容易被其他无关事件所吸引，管制员在决策过程中可能会变得犹豫不决或者做出草率的决定。据统计，在加拿大，大约有75%的空中交通管制事故征候是在飞行量不大、情况并不复杂的时候发生的。而我国某年发生的12起间隔小于规定的事件中，亦仅有一起发生在飞行量较大的时候。因此，管制员应该培养自己控制工作状态的能力，做到在工作量较大时依然能保持较好的工作状态以维持高质量的决策；而在工作量较小时可以通过增加工作量来对管制员的工作状态进行调整，一个有经验的管制员会在工作量较小时养成不断去寻找飞行冲突的意识，并尽早发现冲突，尽早调配冲突。只要在岗位上，就要做到"眼手配合"，即眼睛不断地扫视雷达屏幕，手适当地移动鼠标来转动雷达标牌，结合冲突连线，标记飞越符号等，只有这样才可以使管制员在工作量较小的情况下依然保持良好的工作状态，从而能有高质量的决策。

（六）良好的交流、表达能力

管制工作是以班组为单位的，班组的决策是由多个席位、多名管制员共同完成的。席位之间、席位与协调位之间、相邻管制区之间需要相互交换意见与看法，这样才有利于做出更加安全、高效的决策。这需要管制员具有良好的交流和表达能力，应该能够清楚、简洁地表达自己的意见，并能够完整地听取别人的意见并善于处理各方面的关系，与班组内其他同事和睦相处，遇到问题互相提醒、互相配合，共同做出决策。

二、班组方面

（一）从思想上树立人人有责的观念

在传统的观念中，管制员往往认为"评价一个管制员是否合格的标准主要依据其管制能力，而协调能力大部分人认为席位能胜任，协调位肯定没问题"，这是典型的责任划分的想法，完全没有体现班组的协作与配合。在班组中应当树立席位、协调位并重的观念，席位、协调位管制员对飞行安全负有同等责任。在管制工作中，应该特别强调整体性的观念，从表面上看工作好像是由席位单一完成的，而从圆环理论来看，协调位管制员对席位管制员管制指令的监督检查、提醒，是保证飞行安全的最后一关，如果区域内飞行繁忙，冲突比较复杂时，协调位管制员能及时主动与席位进行交流、沟通，根据已知的飞行信息，加上个人的主观判断，及早提醒席位存在的飞行冲突，这样有助于提高席位管制员决策的安全性与质量。因此要想提高管制员决策的质量，首先应当树立人人有责的观念，改变过去看似责任明确实则缺乏沟通、提醒的状态。

（二）创建平等开放的工作气氛

从班组对决策的影响来看，无论是群体思维、群体极化、从众、众从还是群体懈怠，这些现象均与班组内部的职权梯度、资历状况、班组团结等因素有关。要想有效地克服班组对于决策所带来的负面作用，就需要在班组内部提倡一种平等、开放的工作氛围。在察觉可能存在的问题时，无论资历、职权如何都有权利和义务提出来，并且班组应对任何管制员提出的问题都予以重视，这样使得班组中意见多元化，有助于克服群体效应对个人思维的束缚。同时平等开放的工作氛围也会激励班组中的成员为了班组而努力工作，使班组的决策更加科学和合理。

（三）营造"有问必提"的班组文化

在制定班组决策并开始执行以后，对决策的监控过程十分重要，它能使管制员对决策可能存在的问题或不足进行有效的弥补，并能在外部状况变化后及时发现变化，更改决策以适应变化。但是，由于决策陷阱的存在、工作任务的影响或者意外的分心事件，并不是每一个管制员都能及时发现在决策执行过程中出现的问题。因此，需要班组中营造一个"有问必提"的班组文化，无论何人只要觉得可能存在问题一定要及时提出，班组也应对这些问题进行讨论，必要时修改决策方案，这样才可更好地保障决策过程的执行。

思考题

1. 空管人员的判断决策过程是怎样的？在什么样的环节最容易被影响？
2. 影响空管人员决策的因素有哪些？如何有针对性地进行有效的管理？
3. 在空管人员决策过程中可能存在怎样的决策陷阱？如何防止其负面作用？
4. 如何利用班组资源帮助空管人员实现高效、科学的决策？

第十章 空管安全文化与 SMS

安全是民航永恒的主题。就国家大局来说，航空安全事关人民群众的生命财产安全，事关社会稳定，事关国家安全，事关全国经济建设的大局。就民航整个行业来说，安全工作是民航所有工作的重中之重，是民航健康发展的客观规律，是多少代民航人用血的代价换来的经验教训。安全形势好，其他工作就能有条不紊地开展。安全出了问题，全行业的正常的工作，尤其是行业形象和整体效益就会受到影响。建设良好的空管企业安全文化，对于提升空中交通管理部门的安全形象、创造并保持行业竞争优势具有非常重要的意义。本章主要包括空管安全文化、空管 SMS，以及建设空管安全文化对 SMS 的影响三方面的内容。

第一节 空管安全文化

一、空管安全文化的含义及特征

（一）文化和安全文化的含义

对文化最简单的定义是"集体的思维模式"。文化影响到各种社会群体的价值观、信仰和行为。当我们与其他人联系在一起，成为群体中的成员时，文化告诉我们在正常和非正常的情况下应该采取什么样的行为。文化确定游戏规则，或者说确定我们与其他人的交流方式。它是人们在某个社会环境下采取行为方式的总和，是事件发生的背景。在安全管理中，了解文化与了解背景一样重要，因为文化是决定人类如何表现的重要因素。

1986 年，国际核安全检查咨询组（INSAG）首先提出安全文化的概念。两年后，INSAG 在其"核安全的基本原则"中把"安全文化"（safety culture）的概念作为一种基本的管理原则，提出安全的目标必须渗透到核电厂发电所进行的一切活动中。1991年 INSAG 编写的 75-INSAG-4 报告《安全文化》面世，标志安全文化正式在世界各国传播和实践。1994 年 3 月国务院核应急办公室与中国核能学会联合召开安全文化研讨会，把安全文化的研究推进一步。此后，在中国劳动保护科学技术学会的推动下，我国在核电工业、交通运输业、建筑业、石油化工业、冶金业等领域逐步引入并推广这一概念。可见安全文化是伴随人类的产生而产生、伴随人类社会的进步而发展。

安全文化作为文化的一个分支，是在现代市场经济发展的基础上形成的一种管理思想和理论，安全文化是在经验主义管理、科学管理的基础上逐步产生的新管理理论。从管理理论的角度看，安全文化有其独特的核心内容，它强调安全管理行为应该形成一个有机整体，其中人处于管理中心和主导地位。因此，"安全文化"广义的定义是在人类生存、繁衍和发展的历程中，在其从事生产、生活乃至实践的一切领域内，为保障人类身心健全并使其能舒适、高效地从事一切活动，以及为预防、避免、控制和消除意外事故和灾害所建立的行为准则和价值体系。简单讲安全文化就是安全价值观和安全行为准则的总和。

（二）空管安全文化的含义及特征

20 世纪 90 年代初，随着民航体改的深入，空管行业逐步形成一个相对独立的体系，空管安全的概念也被单独提了出来。近年来，中国民航局提出组织研究和大力推动行业安全文化建设，在这种背景下，空管安全文化的概念在我国逐步形成。我国空管行业的安全管理沿袭苏联模式，20 世纪 80 年代后参照美、欧等发达国家成功的经验，在空管技术体系上积极学习、大规模引进（如高度层、过渡高度层改革、电报格式变换、实施雷达管制等），在运行模式上正逐步向 ICAO 和 FAA 模式靠拢（如航路移交以实现对同一航空器的单一管制、成立区域管制中心等）。但我国空管行业安全管理的规范化和标准化工作因受各种因素的制约，尚未达到国际通行的标准，也未形成自己完整的体系，我们实际面对的是一个新旧交替、参差不齐和还需发展的安全管理局面。

空管安全文化，是指我国空中交通管理行业在长期安全生产过程中逐步形成的，或有意识塑造的又为全体员工接受、遵循的，具有空管特色的安全管理机制及行为规范；是空管行业的安全生产奋斗目标、员工安全进取精神、安全的价值观、安全的审美观、安全的心理素质等因素之总和。简单地讲，有关空管安全工作的价值观念、行业准则、道德规范、管理制度、经验总结等精神因素构成了富有竞争力的空管安全文化。

空管文化是一种客观存在，它积淀、形成于空中交通管理的内部，随着空管的发展和体制变化而发展变化。空管文化是空管工作实践的结果，影响着空管未来的实践，对空中交通管理未来具有强有力的导向作用。空管文化是一种非常复杂微妙的东西，一种蕴含于空管员工心里、脑海里的哲学、品味和境界。

由此可见，良好的空管安全文化应当至少具有以下几个特征：

（1）从主要领导到一般员工，都要树立正确的安全观。每个人都把保证安全当作自己的庄严责任，充分认识到安全的重要性，始终保持高度的警惕性，正确处理安全与效益、安全与服务、安全与发展等的关系，能够防微杜渐，有正确的是非观。

（2）人人都能自觉遵守安全规章，严格执行标准操作程序，使遵章守纪形成风气，成为习惯。

（3）在相互信任的基础上使安全信息畅通无阻，能够及时发现安全隐患，预防措施能够得到及时有效的贯彻执行。

二、空管安全文化的功能

在空中交通管理工作中，影响保障空管安全的因素有很多，如客观环境、保障空管安全的设备和设施的安全可靠性、安全管理的制度等。但其决定性因素是人的安全素质、人的安全意识、态度、知识、技能等。最大限度减少人为可控失误，是消除隐患最为理想的途径。

单从事故出发，一般来讲，安全管理应分为两类，即"事前安全管理"和"事后安全管理"。"事后安全管理"，即事故发生后，进行调查，发现原因，采取措施，预防事故的重复发生。"事前安全管理"则是前移安全防范关口，全面预测预防，尽可能将事故消灭于萌芽状态。"事后安全管理"是绝对必要的，但重要的是"事前安全管理"。如何进行"事前安全管理"？目前一个有效的方法是进行系统安全分析和评估，通过评估全面了解系统的薄弱环节所在及其危害程度，并建立一套比较完善的安全评估方法和程序。实践证明，安全评估不失为预防事故的科学而有效的途径。然而用于发现系统安全薄弱环节的安全评估却仅能通过发现隐患来预防事故，而不能从根本上消除隐患。如果评估不及时，或不彻底，或预防措施不力，则隐患仍可能演变为事故。而消除隐患最为理想的途径就是最大限度减少人为可控失误，从这个角度讲文化决定了一个人的行为和对世界的认识，文化是将一个团体与另一个团体区分开的心理活动的集合并确定特定的团体的价值和态度倾向，而对其成员行为产生最终影响。因此，"以人为本"，推广与普及空管安全文化，是基于较完善的技术设备的关键所在，它能从根本上提高空管人员的安全文化素养，使安全成为每一个人的共同的、有效的、自觉的行动。也就是说，以文化为载体，通过文化渗透与潜移默化的熏陶创造"安全第一"的文化氛围，发挥文化的导向功能、激励功能、凝聚功能、约束功能、辐射功能和协调功能，提高人的安全文化素质进而达到减少可控人为失误，提高人的安全工作水平，建构安全管理新机制。得克萨斯州大学人为因素研究项目组把安全文化分为低、中、高三种水平，并指出不同安全文化素质的人具有不同的对差错的可控率（如图 10.1）。

我们常说文化是一种力，那么这个"力"有多大？这个"力"表现在哪些方面？从国外空管的发展历程来看，文化力，第一是影响力，第二是激励力，第三是约束力，第四是导向力。这四种"力"，也可以叫四种功能。

影响力是通过观念文化的建设，影响决策者、管理者和职工对安全的正确态度和意识，强化空管行业每一个人的安全意识。

激励力是通过观念文化和行为文化的建设，激励每一个人安全行为的自觉性。

约束力是通过强化行业管理部门的安全责任意识，约束其审批权；通过管理文化的建设，提高空管单位决策者的安全管理能力和水平，规范其管理行为；通过制度文化的建设，约束员工的安全生产行为，消除违规操作。

导向力是对全行业每一个人的安全意识、观念、态度、行为的引导。对于不同层次、不同生产领域、不同角色和责任的人，安全文化的导向作用既有相同之处，也有不同方面。如对于安全意识和态度，无论什么人都应是一致的，而对于安全的观念和具体的行为方式，则会随具体的层次、角色、环境和责任不同而有别。

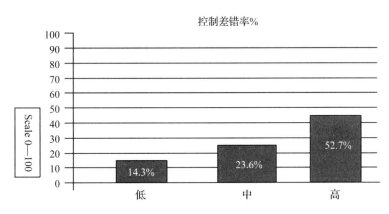

图 10.1　不同安全文化素质者差错控制率的稳定性

空管安全文化的这四种功能对保障空管安全的作用将越来越明显、表现越来越强烈。这一点在我国空管发展的历史中得到充分证明，即早期的空管乃至航空安全主要靠安全技术的手段（物化的条件）；在安全技术达标的前提下，进一步提高系统安全性需要安全管理的力量；要加强管理的力度，应用空管安全法规的手段；在上述前提下，空管安全对策的发展，需要文化的力量才能奏效。所以，空管安全文化的"文化力"是非常重要的。

空管安全文化要通过质量保证这一具体措施渗透到空管运作中。空管安全质量保证在该系统中是一个动态的过程，通常应从运作错误、差错预防、团队协作精神的建立及合作技能、信息沟通、客户服务等方面有效开展工作，从而实现空管的长久安全和持续的发展动力。

三、建设空管安全文化的目的和意义

建设空管安全文化思想的提出，使空管行业在实现安全生产和保障飞行安全的行动中，又增添了新的策略和方法。空管安全文化建设除了关注人的知识、技能、意识、思想、观念、态度、道德、伦理、情感等内在素质外，还重视人的行为、安全措施、管理水平、空管设施和设备、环境等外在因素和物态条件。

建设空管安全文化的目的是提升空管行业所有员工的安全素质，这对于提高空管安全水平、提高空管保障能力具有基础性意义和战略性意义。在人的安全素质中，安全观念文化是最根本的，而领导者和决策者的安全素质又是重中之重。因为安全观念文化是管理文化、行为文化和物态文化的根本和前提，很多传统的安全观念已经不适应现代社会的要求，这就需要建立新的适应当前新形势的空管安全观念。

用空管安全文化建设的理论来指导空中交通管理的安全策略，其意义在于：

（1）从安全原理的角度，在"人因"（人的因素）问题的认识上，具有更深刻的认识和理解，这对于预防事故所采取的人因工程，在其内涵上有新的突破。过去认为人的安全素质仅仅是意识、知识和技能，而空管安全文化理论揭示出人的安全素质还包括伦理、情感、认知、态度、价值观和道德水平，以及行为准则等，即空管安全文化使对人因安全素质内涵的认识更加深刻。

（2）要建设空管安全文化，特别是要解决人的基本人文素质的问题，必然要对本行业所有员工的参与提出要求。因为人的深层的、基本的安全素质需要从小事培养，行业的安全素质需要全行业所有职工的共同努力。所以实施安全对策，实现空管安全目标，必须有本行业所有职工的参与。

（3）空管安全文化建设包含安全科学、安全教育、安全管理、安全法制等精神层面和软科学的领域，同时重视安全技术、安全工程、安全环境建设等物化条件和物态领域。因此，在空管安全的手段和对策方面，用安全文化建设的策略，更具有系统性、整体性和全面性。因为不仅安全教育、安全宣传是安全文化本身，安全科学、安全管理、安全工程技术都是安全文化的内涵。

（4）空管安全文化建设是预防事故的一种"软"对策，它对于预防事故具有长远的战略性意义。

（5）空管安全文化建设是预防事故的"人因工程"，以提高本行业全员的安全素质为最主要任务，因而具有保障安全生产的基础性意义。

（6）空管安全文化建设通过创造一种良好的安全人文氛围和协调的人、机、环境关系，对人的观念、意识、态度、行为等形成从无形到有形的影响，从而对人的不安全行为产生控制作用，以达到减少人为事故的效果。

（7）由于空管安全文化建设是一项基础性、战略性的工程，这需要从长计议、持之以恒，急功近利、半途而废是不可取的。建设良好的安全文化氛围，是空管行业有效预防事故、保障安全生存和安全生产的重要基础。

四、建设空管安全文化的内容

安全文化建设是一个系统工程，不可能一蹴而就。尽管中国民航已经形成了自己的安全文化，但目前还处于初建阶段，建设富有竞争力的安全文化是中国民航面临的艰巨任务。空管安全文化建设应主要包括加强安全教育、实行规范化行为管理、建立安全信息通道、发扬团队精神、建立健全安全文化评价体系以及加强安全生产法制建设六个方面。这六个方面的内容相互渗透、彼此联系，是提高空管水平、保证航空安全的重要方法。

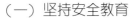

（一）坚持安全教育

1. 坚持安全教育的必要性

"安全观念"必须成为空中交通管理人员根深蒂固的观念，贯穿于工作学习全过程。目前有的管制区域由于飞行活动不是很繁忙，管制手段又在不断更新和提高，这些都易引起部分空中交通管理人员依赖于科技的发展而淡化个人和组织的安全意识。因此时刻注重"以人为本"的安全意识教育，才是安全工作的一个重要保证。

2. 当前的安全教育工作中的不足

首先是教育内容缺乏针对性，没有区别不同的对象进行不同的教育。对于不同的对象，教育的目的应该是不同的，只有准确地把握了教育目的，适当选择学习、教育内容，做到有的放矢，才能收到良好的效果。

其次是理论联系实际不够。进行安全教育的最终目的是为了预防事故的发生，因此安全教育应多采用现场剖析、案例分析等来具体解释有关安全理论，提出正确观点和方法。

第三，在调动教与学双方积极性方面仍有所欠缺。表现在安全教育的形式上比较单一，很多单位大多数是领导在讲，职工在听，至于听进去与否就不得而知了，职工缺乏主动参与性。所以说一方面应当加大安全教育的力度，采用丰富多彩的形式和现代化教学手段，使安全教育工作生动、高效，另一方面应特别注意职工的主动参与，鼓励自学，使"要我安全"变"我要安全"，使接受安全教育成为职工发自内心的要求，从而形成职工主动关心民航安全，把搞好安全作为自己的首要职责。

第四，安全教育抓时紧，放时松。通常是经过领导和每个职工的努力，安全形势在相当长的时期内保持平稳，然后出现思想上松动，行动上懈怠，或者不能正确地处理安全与其他工作的关系，导致隐患滋生，后患无穷，甚至出现了事故征候乃至事故。因此安全教育应注重巩固，做到常抓不懈，使员工的安全知识不断完善，安全意识不断增强。

3. 营造安全文化舆论环境

民航安全文化建设是行业预防事故的基础性工程。建设安全文化，一定要以人为本，高度重视人的生命、健康价值和精神、情感意识，一定要坚持"安全第一，预防为主"的指导思想，通过广泛深入的宣传教育工作，营造积极向上的安全生产环境。要加强行业内部安全生产的宣传教育工作，提高从业人员的安全意识、安全知识、规则意识和法制观念，使"诚信""严实"成为从业人员的基本素养和中国民航的行业精神。要继续宣传安全文化理念，使职工在心理、思想和行为上形成安全生产的自我意识和安全环境氛围。要重视行业外部民航安全的宣传教育工作，通过多种形式向社会和消费者宣传航空安全知识，让旅客和货主了解民航，理解民航，配合民航，在社会层面构筑起一道保障安全的坚固防线。

4. 赋予安全文化时代特色

作为科技进步和管理创新的代表，民航在建设安全文化时，一定要坚持使整个行业始终代表先进文化的前进方向。要不断探索政府职能转变中和转变后安全管理的新思路、新方法，促使安全管理工作尽快走上法制化的轨道。要研究新形势下航空安全工作面临的新问题、新挑战，尤其要研究针对航空安全的恐怖行为，寻求积极有效的防范措施。要跟踪世界先进的科技手段，更新机队和安检、航管设施设备，提高安全设施设备的科技水平和安全管理的科技含量。要摸索市场经济形势下民航专业技术人员的管理手段，适时通过收入杠杆影响其价值取向。要创新机制，结合民航体制改革后企业规模、组织结构、经营机制的变化，建立健全科学、高效的安全管理机制，要积极实践，探索机场下放地方政府管理后出现的新思路、新机制，完善安全生产责任制，要从政治、技术、作风等方面入手，努力提高安全员队伍和安检队伍的整体素质，使这两支队伍成为保证航空安全坚不可摧的防线。

（二）实行规范化的行为管理工作

1. 规范化的行为管理工作

空中交通管理人员的行为是受思想支配的，而思想来源于客观需要。按照行为科学的理论，由需要引起动机，由动机产生行为，这就是行为的基本模式（如图10.2）。

图 10.2　行为的基本模式

管制员的需要可分为两种，一种是基础需要，也就是对衣食住行等生活必需品的需求；另一种是较高层次上的需要，指为了维持社会生活，进行社会生产和社会交往而形成的需要。而动机则是指引起空中交通管理人员行为，求得个人目标实现的一种驱动力，空中交通管理人员在这种驱动力的影响下进行活动。引起动机的来源主要分为以下两个方面：一是内在需要，二是外在条件。空中交通管理人员的动机性行为是内在需要和外在条件相互影响的结果。因此，其行为并非机械的反映，它是因时因地、因情及因个人内部身心状况不同而有不同的表现。这些直接关系到工作质量，空管安全的质量波动可以用公式明确地表示：

$$B = f(P \times E)$$

式中，B 表示空中交通管理人员的行为；P 表示个人—内在心理因素；E 表示环境—外在环境的影响。

这表示空中交通管理人员的行为是个人和环境相互作用所发生的函数或结果。要进行有效的行为管理，就得从个体与环境两方面因素入手，从分析环境对个体的影响以及环境和个体相互作用对个人行为的正负作用和效能，从而从"人"——空中交通管理人员这一根本因素上规范空中交通管理人员的个人和社会行为，强化空中交通管理的核心能力，减少人为因素对 ATC 安全造成的负面影响和强化正面的积极作用，提高空中交通安全质量。

2. 规范化的行为管理措施

1）营造良好的集体气氛，树立正确的人际关系观

针对部分空中交通管理人员对集体没有归属感，人际关系相对紧张，心态消极以及存在潜在的对抗情绪而对空中交通管理安全有负面影响，提出以下措施：

首先，空中交通管理人员是社会人而不仅仅是"经济人"，因此，只局限于物质方面的激励是不够的，还必须从其人与人之间的友谊、安全感、归属感和受人尊敬等方面入手。

其次，空中交通管理人员不是"单一体"，而是复杂的社会系统成员。应该说空中交通管理人员的行为动机是受到社会、家庭和空管部门人与人之间的关系影响的。所以一个系统中，空中交通管理人员的关系对个人行为和组织行为起重要作用，直接关系到ATC 管理核心能力的形式，营造良好的集体气氛，使空中交通管理人员形成一种向心力，对于保证安全核心能力的形成和优化是有积极意义的。

2）培养 ATC 宽松的工作环境和组织环境

SHEL 模型表明，在管制系统设计过程中，设计者的思路必须建立在使机器适应人的要求上，尽量寻求降低人为差错的最佳方案，这本身就蕴藏着空管安全文化的思想。在 ATC 系统中，行政组织关系相当严密，在一个小的 ATC 管理部门有分层的职能机构，级别高低分明的管理人员，这些正式组织和机构有一个明显特点是客观，没有感情。当 ATC 遇到工作上的困惑，心理上产生冲击，或对管理部门的工作评估感到不满意时，容易产生不满情绪，对工作负面影响相当大。如果这种负面影响发展成为一种群体效应，那么工作就无法开展，核心能力出现一种散逸状态，ATC 管理的安全也无从谈起。一般说来，组织管理人员的逻辑是"安全平稳的逻辑"。当空中交通管理人员在工作和生活中与"安全平稳的逻辑"发生冲突时，他可以从这些非正式组织的"感情逻辑"中找寻心理平衡点。在符合法律规范、道德标准的条件下，积极倡导非正式组织的建立和活动的开展，有利于职工在感情上交融，协调好"安全平稳逻辑"的关系，使管理人员与空中交通管理人员之间、空中交通管理人员内部之间能相互协作，充分发挥个人能力，提高整体空中交通管理安全水平。

3）建立合理的激励机制

根据行为科学理论，人的积极性是由需要来决定的。可以按照马斯洛的需求层次理

论，将空中交通管理人员的需要分为生理需要、安全需要、社交需要、尊重的需要，以及自我实现的需要。针对不同需要，可以采取针对性的管理措施。见表10-1。

表 10-1 需要、激励和管理上应采取的措施

需要层次	激励（追求的目标）	管理策略
生理的需要	工资和奖金 各种福利 健康工作环境	工资和奖金制度化 住宅和福利制度 工作时间及休息 创造健康工作环境
安全的需要	职业职位的保障 意外事故的防止	建立安全生产生活条件 危险工种的营养福利制度 合理的用工制度 医疗保障制度 离退休养老金制度 健康和意外保险制度 失业金制度
社会关系的需要	友谊（良好的人际关系） 团体的接纳 组织的认同	建立和谐的工作小组和人际关系 建立对话制度 工作和其他团体活动 建立娱乐制度
尊重的需要	名誉 地位 权利与责任 被人尊重与自尊 与他人工资奖金之比较	业绩考核制度 职称聘任制度 奖金、奖励、表彰制度 建立责任制度 选拔择优的进修制度 参与决策与提出合理化建议制度
自我实现的需要	能发挥自己特长的组织环境 富于挑战性的工作	建立决策参与制 提案制度 建立攻关小组，提倡创造性工作 创造性和挑战性工作 建立破格晋升制度

4）加强职业规范培训工作

当前民航安全管理工作存在的一个主要问题就是职工规范意识较差，管理程序不规范，落实规章不规范，工作中存在随意性现象。民航的技术性、系统性和风险性特征要求行业必须有一个统一的"职业规范"，通过科学、有效的规范保证安全生产。"职业规范"的形成，很大程度上依赖于职业培训工作。通过规范化培训，一方面使职工形成一种统一的行为准则、思维方式和对安全工作的共同看法，使职工在按照同一目标前进时，沟通、协作更有效率。另一方面使每个职工都有明确的岗位规范，每个岗位都有标准的岗位职责。其中，职业技能鉴定就是行业进行规范化培训和认证的主要方式。职

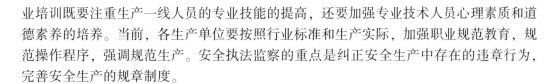

业培训既要注重生产一线人员的专业技能的提高，还要加强专业技术人员心理素质和道德素养的培养。当前，各生产单位要按照行业标准和生产实际，加强职业规范教育，规范操作程序，强调规范生产。安全执法监察的重点是纠正安全生产中存在的违章行为，完善安全生产的规章制度。

（三）建立通畅的安全信息通道

包括两方面的内容：一是将各地的安全情况、动态及时通报给一线工作人员，使他们增加对管制特情的正确处理能力；二是鼓励职工"有疑问说出来"，提倡不安全事件的自愿报告制度，然后根据情况，制定相应对策。

安全动态的及时通报工作要依照《航空安全信息通报制度暂行规定》来制定具体办法。定期、不定期地通报全国、本区域内发生的不安全事件，并分析原因，然后提出对各单位的工作要求。其实飞行中的不安全状况不是人人都能亲身经历的，而且最好也不要有这种经历，因此从别人的经验中学习，是从实践中学习的最好途径。这种通报使工作人员对类似不安全事件情形的处置能力大大加强，促进了空管安全工作。

"有疑问说出来"使空管系统内形成一种相互信任、坦诚的沟通气氛，对保证安全是十分重要的。任何问题，哪怕自己尚不明白是怎么回事，只要觉得对安全有影响就应报告。应鼓励职工把经历的不安全问题、看到的安全隐患、发现的事故苗头、认为系统存在缺陷和改进建议等毫无保留地报告出来。需要说明的是要把故意违法违章事件和一般差错区别开来。前者是法制问题，应予彻底查清；后者应着眼于找出导致出现差错的根源，鼓励职工自愿报告安全问题。西方航空发达国家近年特别强调"自愿报告"，鼓励人们把发现的问题和产生的差错报告出来，并采用将报告者姓名保密或许诺免于惩处等措施来打消顾虑，保护报告者的积极性。它的目的在于发现征兆，把问题消灭在萌芽状态。这实际上是一种十分积极的改善人为因素、保证安全的有效方法。

（四）提倡团队精神，搞好班组建设

事故链理论认为，只要将事故发生前的一连串的不安全因素去掉其中一个，该事故就发生不了。从理论上分析，每个人都有可能犯错误，但对每一个可能的差错都有防范，多重把关，交叉检查，加强班组资源管理，合理有效地利用所有可用资源，都有助于将事故发生的可能性降到最低限度，以达到安全、高效的空中交通管理目的的过程。

（五）建立健全安全文化评价体系

建设安全文化，既要有定性的要求，还要有定量的指标，在空管工作中应在不断的实践中建立健全安全文化评价体系。安全文化建设的指标可分为四个层次。

一是衡量行业安全水平的宏观指标体系，主要包括全行业的年航空事故率、安全周期、飞行总量、与其他运输方式同比运输增长率、专业技术人员整体素质、安全生产法

制建设情况、基础建设情况等等。

二是衡量航空运输企业安全水平的微观指标体系，主要包括航空公司的安全业绩、品牌认知率、旅客忠诚度、机队更新情况、运输增长率、专业技术人员整体素质等等。

三是衡量航空运输企业安全管理工作的控制指标，主要包括安全意识、管理体制、运行机制、规章制度、专业技术、队伍作风、工作环境、设施设备、思想政治工作等等。

四是衡量航空运输企业安全生产工作的技术指标体系，主要包括事故（运输飞行事故、空防安全事故和地面安全事故）、事故征候万时率、事故征候万架次率、飞机延误千次率，尤其是人为原因事故征候万时率、事故征候万架次率、延误千次率。其中，前两类指标可以理解为社会对行业安全形势和航空运输企业安全水平的评价指标体系，后两类可以理解为行业内部评价航空运输企业安全水平的技术指标体系。

（六）加强安全生产法制建设

从宏观层次看，依法行政和依法监督是市场经济条件下政府工作的主要方式，也是安全生产管理工作的职责所在。安全生产监督管理职责的本质是依法行政，即依照国家安全生产的法律、法规及行政规章对安全生产主体实施监督管理和监察的行政行为。

法律、法规是安全生产监督的依据和准绳。要使民航安全生产管理走向法治化的轨道，就应该以安全生产法制建设为重点，推进安全生产管理体制的创新。

一是要以《民用航空法》为依据，抓紧清理、修改和完善过去各有关部门制定的行政法规、条例，同时废止不适合现实生活的现行法规和条例，并根据形势研究制定安全生产的法律、法规和条例。

二是要深化改革，理顺关系，建立健全统一、集中、规范的安全生产执法、监管和监察主体。要切实改变安全管理政出多门、职能交叉、职能分属几个部门的状况，使其权利到位，责任到位，管理到位。

三是要依法建立、健全各级安全生产监察机构，落实人员编制，使安全生产有组织制度保障。

四是要根据航空运输的新形势和安全生产的新特点及其发展趋势，研究和制定民航安全生产的产业政策和中长期规划。

五是要依法强化安全生产监察，加大对违法、违规行为的惩戒力度，维护生产秩序。

第二节 空管安全管理体系

一、SMS 简介

(一)安全管理体系背景

2001 年 11 月,国际民航组织(ICAO)在《国际民航公约》附件 11 中建议各国在空中交通服务单位中建立安全管理体系(Safety Management System,SMS),同年 3 月 ICAO 对附件 14 有关机场合格审定的条款做了重要修改,以"建议"的形式要求申请合格审定的机场从 2003 年 11 月 27 日起要提交有关 SMS 的文件,并于 2005 年 11 月 24 日后,机场都要运行一个合适的 SMS。2005 年,ICAO 正式颁布了《ICAO SMS 手册》(Doc 9859 AN/460),以此统一附件 6 的 I 、III 部分,附件 11 和附件 14 第 I 卷中与安全有关的规定,还要求各国对实施的 SMS 进行审计认证。

ICAO 理事会于 2004 年 12 月 17 日召开的第 173 届会议批准了《ICAO 2005 年至 2010 年的战略目标》,其中,安全为首要战略目标,并在安全战略目标中提出"支持各国在所有与安全相关的领域实施 SMS",编写并颁布《ICAO SMS 手册》就是其中一项。在此基础上,ICAO 制定了一项全面的后续计划来推动 SMS,协助各国协调一致地实施《ICAO SMS 手册》中有关安全管理的规定。

ICAO 提出各国应建立 SMS 的建议得到了许多国家的积极响应,许多国家的民航当局相继发布了有关空管的 SMS 及其指导材料。例如,2000 年 7 月,欧洲航行安全组织(EUROCONTROL)提出了"在空中交通服务中应用体系性安全管理"的要求(ESARR 3);2002 年 9 月,英国民航当局(CAA)颁布了题为"空中交通管理的安全管理体系实施指导手册"(CAP 730)的文件,明确了英国民航当局对空中交通服务机构实施 SMS 的要求。2004 年 5 月,美国联邦航空管理局(FAA)正式颁布了其针对空中交通服务的《安全管理手册》,并把 SMS 的设计、建立和实施作为未来发展航空安全的重要战略措施。此外,加拿大、新加坡等国家和中国香港特别行政区都相继建立了自己的 SMS 规定并取得了较好的效果。

(二)SMS 定义

安全管理体系(Safety Management System,SMS)是指建立安全政策和安全目标,通过对组织内部组织结构、责任制度、资源、过程、程序等相互关联或相互作用的一系列要素进行系统性管理,实现安全目标的管理体系。

（三）SMS 的主要内容

通常情况下，一个组织可以通过选择多种方法来实现安全管理的需要，但是绝对不存在某一个适合于所有组织的简单模型，组织应根据自己的规模、复杂度、运行方式、安全文化、运行环节等情况来决定自己的安全管理结构、安全工作思路和方法。

SMS 的主要内容包括：安全管理的政策和策略、安全目标、安全管理的组织结构与职责分配、风险管理、安全评估、安全监督、安全培训与教育、运行日常监督检查、事件调查、安全信息报告与管理和安全文化建设等。其中 SMS 的核心是风险管理。

二、空管 SMS 的结构与组成

空管安全管理体系（如图 10.3）包括安全管理体系基础，安全管理程序，监督、测评与改进等三部分，其中安全管理体系基础包括安全政策、安全目标以及开展安全管理所需的各种资源、组织构架、制度、文件等；安全管理程序是指为达到预期安全目标而持续开展的各项安全管理活动；监督、测评与改进则是为了促进空管安全管理体系持续改进，对空管单位自身的监督、检查和总结。

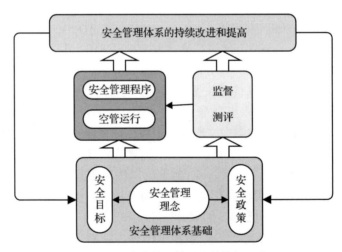

图 10.3　安全管理体系的结构与组成

（引自 ICAO，2009）

（一）安全管理体系基础

1. 安全政策

安全政策是空管单位进行安全管理的行动依据和准则。安全政策由空管单位主要负

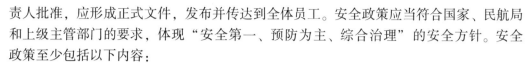

责人批准，应形成正式文件，发布并传达到全体员工。安全政策应当符合国家、民航局和上级主管部门的要求，体现"安全第一、预防为主、综合治理"的安全方针。安全政策至少包括以下内容：

（1）空管单位主要负责人对贯彻"安全第一、预防为主、综合治理"，实现安全目标，并提供必要的资源保障做出的承诺。

（2）建立、实施和持续改进安全管理体系。

（3）开展风险管理，积极预防不安全事件，将风险降低至可接受程度。

（4）推动积极的安全文化。

2. 安全目标

安全目标是在一定时期内预期达到的安全水平，由一系列量化的安全指标进行描述。空管单位应与相关运行部门签订安全责任书，将安全目标分解到各责任部门，各责任部门视情况将安全目标逐层分解，并制定具体计划、措施或手段，形成完整的安全目标管理体系。安全目标的制定应考虑：

（1）国家和行业的安全目标。

（2）公众对航空安全的期望和可接受的安全水平。

（3）目前的安全水平和保障能力。

（4）安全目标应当是可度量、可量化、可实现的。

3. 组织机构及职责

为有效贯彻安全政策和实现安全目标，满足安全管理体系建设的要求，空管单位应当完善自身组织机构，建立清晰的安全责任体系，明确各部门、岗位的安全责任及任职要求，并实施责任追究制度。安全责任制度应当覆盖有业务往来的相邻空管单位、机场等单位，以及空管服务项目、场所、设备发包或出租的承包方，应当以制度或协议的形式明确第三方的安全责任。

4. 文件管理

空管单位应建立健全文件管理制度，文件通常应包括下列内容：

（1）空管适用的法律、法规、规章、规范性文件、标准，上级下发的文件，国际民航组织的相关规范和标准等。

（2）安全管理手册、运行手册、程序、规范、规定、协议等。

（3）工作记录等。

文件是开展各项工作的依据，为空管安全管理体系的运行效果保留证据，文件管理应达到以下要求：

（1）文件的制定应当符合国家、民航局有关的法律、法规、规章、规范性文件、标准的要求。

（2）文件的制定应符合空管单位的实际情况，确保其充分性与适用性。

（3）文件发布前应得到批准，明确文件发放的方法和渠道，确保相关部门和人员能及时得到文件的有效版本。

（4）对所有有关文件进行标识、编号，规范管理，方便查找，能够追溯到相关活动。

（5）所有文件应得到定期审核，确保在各个部门中使用的文件是唯一现行的有效版本，防止文件的非预期使用。

（二）安全管理程序

1. 安全评估

安全评估和风险管理是实施安全管理体系的基本要求，空管单位的系统风险处于可接受范围才是安全的状态，安全评估和风险管理是一个识别系统中的危险，进行评估、处理的过程，目的是为了降低系统风险，消除不可接受的风险。危险是指潜在的、易于造成伤害的根源或可能造成损失的状况。民航空管系统应建立、健全安全评估机制，通过实施安全评估，采取各种手段，发现客观存在的危险，并采取有效措施进行消除或控制，确保外部或内部的变化不会降低本单位的安全水平。

安全评估应当由民航局空管局、地区空管局或其指定机构负责实施。被评估空管单位应给予积极配合，提供必要的数据、文档及资料，保障安全评估活动的顺利完成。安全评估通常包含如下步骤：

（1）系统及其运行环境描述。

（2）危险识别。

（3）风险严重性和可能性分析。

（4）确定风险等级。

（5）制定风险缓解措施。

（6）编写安全评估报告。

2. 风险管理

风险管理是对影响空管安全的所有危险进行全面识别、主动控制和持续管理的方法。安全管理部门是开展风险管理的主管部门，负责风险管理的发起、组织和监督。安全管理部门应当制定风险管理的实施办法，明确风险可接受准则，对风险缓解措施的落实和风险持续监控进行监督。各运行部门应根据安全管理部门的要求具体实施风险管理。

风险管理的实施通常包括危险识别、风险评估、风险缓解、持续监控等 4 个基本步骤（如图 10.4）。

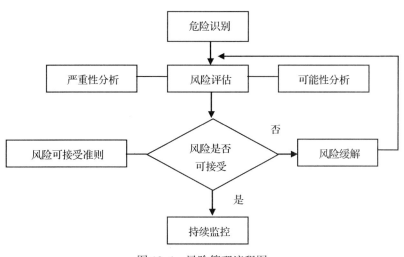

图 10.4 风险管理流程图

（引自 ICAO，2009）

危险识别是对可能影响安全的因素进行识别的过程，空管运行单位应建立和实施有效的危险识别方案，针对本单位和部门的活动，识别所有对安全有影响的危险或隐患。危险识别应从人、机、环境、管理各个方面入手，运用各种方法和工具，分析各种可能影响安全的因素，确定危险源。

风险评估是用定量或定性的方法从危险的后果严重程度和发生可能性两方面入手，综合评价风险大小的过程。

风险缓解是指对于需要采取措施的情况，各部门应制定风险控制方案，明确所需的各种资源，形成详尽具体的实施办法。安全管理部门应监督风险控制方案的落实。降低风险可通过更新设备设施、改进程序、培训等多种措施。实施风险缓解应考虑残余风险，即方案实施后未处理、未消除或新产生的风险。对于本单位无法进行风险缓解的情况，应报上一级主管部门，由上级主管部门协调解决。

持续监控是指空管单位各运行部门应持续监控风险，检查相关风险缓解措施的落实情况，确保系统没有不可接受的风险。风险监控的方法包括对外部或者内部情况变化的分析；对日常运行信息的分析；随访、查阅相关安全记录；安全形势分析；安全信息挖掘；事件调查等。

对于下列的情况应进行重点分析和监控：小于最小飞行间隔；低于最低安全高度；空管雷达自动化系统出现低高度告警或短时飞行冲突告警；非法侵入跑道；地空通信失效；无线电干扰；影响空管运行安全的设备故障。

3. 安全信息管理

安全信息管理是对相关的安全数据和信息进行收集、处理、存档、分析和利用的过程。对不安全事件、运行隐患、系统安全缺陷等信息、数据的掌握是安全管理的基础，建立安全管理体系应使数据渗透到安全管理的全过程。安全信息管理由空管单位安全管理部门负责，规模较小的空管单位可以由指定的专职或兼职安全员负责。各运行部门应指定专人配合安全管理部门开展安全信息管理。空管单位应建立安全信息管理制度，配备相应的设施、设备。具备条件的空管单位还应建立安全信息数据库，用于记录、分类、查询安全信息，数据库由空管单位安全管理部门专人负责管理与维护。安全管理部门在对安全信息进行审核、分析后，统一存档并录入安全信息数据库保存。

4. 事件调查与处置

事件调查是对空管运行单位内部的事件调查，是对安全有影响的事件进行的调查，其目的在于查明事件发生的原因，总结经验教训，提出改进建议，提高本单位的安全水平，防止事件重复发生。安全管理部门是事件调查的主管部门，负责事件调查的组织实施。事件调查人员应熟悉空管系统的相关专业知识，具备空管一线工作的经验和事件调查所需的专业知识和技能，接受过事件调查的相关培训，有较强的综合分析、判断、文字、口头表达及独立工作能力。事件调查的范围可由空管运行单位自己决定，凡是可能影响安全的事件都可以进行调查，调查的深度取决于事件的性质和潜在的后果。事件调查应遵循客观、深入、全面的原则，调查人员应当保持友善的、鼓励的态度，实事求是、客观公正地履行职责。

5. 安全教育和培训

民航空管单位应当建立、健全安全教育和培训制度，组织和安排从业人员进行安全教育和培训，使其具备必要的安全生产知识，熟悉有关的安全生产规章制度和本单位的安全管理理念、政策、程序和方法，掌握本岗位的安全操作规程和操作技能，确保所有从业人员胜任其岗位。安全管理部门是安全教育和培训的主管机构，空管单位应提供经费以及其他必备条件，确保安全教育和培训工作顺利进行。安全教育和培训工作应做到有计划，有检查，有总结。安全管理部门应与相关培训机构联合制定培训计划和培训内容，监督、落实安全教育和培训。空管安全培训分为岗前培训、复训、专项安全培训和新技术培训等。

空管新从业人员和转岗人员应当经历岗前培训，未经岗前培训的空管从业人员不得上岗。岗前安全培训内容应当包括：岗位安全职责和操作规程；班组人员之间、岗位之间工作衔接配合的安全注意事项；岗位曾发生的空管不安全事件案例和其他安全风险；其他需要培训的内容。

空管单位应每年组织从业人员进行安全复训，复训应当包括下列内容：国际民航组织的安全概念和安全管理体系知识；国家、民航局的安全生产方针、政策和有关安全生产的法律、法规、规章和标准；专业安全生产技术或安全生产管理等知识；本单位的安全理念、安全政策、安全目标和安全管理方法；各级组织和岗位的安全责任和要求；空管不安全事件的报告以及处理方法；特殊情况处置程序和要求；国内外先进的安全管理

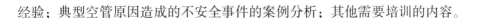

经验；典型空管原因造成的不安全事件的案例分析；其他需要培训的内容。

6. 应急保障程序

为提高应对突发事件的能力，保障空中交通安全，空管单位应建立健全应急保障机制，确保发生突发事件时应急工作能够协调、有序和高效进行，最大限度地减少突发事件造成的人员伤亡和财产损失。应急保障程序应以书面形式概括说明突发事件之后应该采取什么措施，以及每个行动由谁来负责。空管单位安全管理部门应监督各运行部门建立和完善应急保障程序。运行部门负责本部门应急保障程序制定和完善的具体工作，制定完成后应上报审核，经批准后，方可执行。空管单位应组织从业人员熟悉相关的应急保障预案的内容，可以采取"桌面"演练和"现场"演练的办法定期进行，确保从业人员熟悉流程，明确各自职责。

（三）监督、测评与改进

为保证空管安全管理体系有效运行，发现体系运行中的问题和不足，及时采取纠正和预防措施，应对空管安全管理体系进行监督和评价，并持续改进。空管单位应建立健全内部安全监督制度，通过安全检查、安全调查、安全审计或其他适宜的手段，对运行的所有方面进行持续的监控，以确保生产运行与法律、规章、标准和程序等相关要求的符合性和安全管理活动的有效性。安全检查是内部安全监督最常见和最直接的一种形式，空管单位应制订安全检查计划，明确安全检查的频度、内容、程序和整改措施。检查计划的内容应包括检查的任务、目的、范围、方式、时间安排、责任人等。检查的形式有定期、不定期和专项检查。内部安全监督中发现的不符合规范、安全隐患、系统缺陷、违规操作等问题，监督人员应当要求被监督部门当场予以纠正或者要求限期改正。需要通报其他部门的，应当将有关情况通报相关部门。被监督部门应该对内部监督检查发现的问题提出整改措施，并指定专人落实。监督人员应对整改措施和效果进行持续跟踪。

安全绩效管理是制定安全绩效指标、实施绩效考核，并将绩效融入空管日常管理活动中以激励本单位各部门的安全业绩持续改进并最终实现安全目标的安全监督方式。安全管理部门负责安全绩效的考核，应会同相关部门制定安全绩效考核办法，每年进行至少一次安全绩效考核。通过绩效考核应向航空安全委员会以及管理者代表的领导提供现实安全绩效水平及发展趋势。安全绩效考核的数据和文档应妥善保存，为安全管理体系的有效性积累证据。

三、建立我国空管 SMS 的步骤与方案

参考国际民航组织建立安全管理体系的 10 个步骤，以及欧洲和 FAA 建立安全管理体系的步骤和程序，结合我国民航空管系统的特点和实际情况，制定出我国空管安全管理体系建设的步骤与方案。建立空管安全管理体系通常要经过安全管理体系建设的准备

与策划、安全管理体系建设的实施与运行、空管安全管理体系的持续改进几个基本过程和步骤。不同的空管单位在建立、完善空管安全管理体系时，也可根据自己的特点和具体情况参照实施。

（一）安全管理体系建设的准备与策划

安全管理体系建设的准备与策划在于做好空管安全管理体系的各种前期工作，主要包括获得领导支持、成立工作组、差异分析、制定安全政策和安全目标、拟定计划、资源保障等。空管单位主要负责人应当承诺对安全管理体系的支持，提供必要的人力、物力、财力等资源保障。空管单位主要负责人的支持和决心是安全管理体系建设的内部动力，也是空管单位各部门和全体员工积极投入安全管理体系建设的重要保证。空管安全管理体系建设应成立工作组，由空管单位主要负责人担任组长，负责安全管理体系建设过程中重大问题的决策、组织协调、资源调配等。空管单位管理者代表是安全管理体系建设的直接负责人，并且应当保证空管安全管理体系建设的人力、物力、财力投入，协调各个有关部门，通力合作，确保体系建设工作正常顺利开展。

（二）安全管理体系建设的实施与运行

空管单位应建立文件系统，明确其范围和层次，并按照差异分析的结果，修订有关文件，以满足空管安全管理体系的要求。建立和实施安全管理体系应对全体从业人员进行相关知识的专项宣贯和培训，以便得到广泛的理解和支持。培训从两个层次上展开，一是针对管理人员的宣贯和培训，应了解安全管理体系的基本原理、内容及运行模式；二是针对运行人员的培训，应了解安全管理体系建设的基本内容，本岗位在体系中的地位和作用，以及相关要求。

安全管理体系相关文件编写和修订完毕后，应着手开展风险管理等安全管理活动，这个过程中应建立和保持记录，积累安全管理体系有效性的证据，不断发现问题，完善系统。

（三）空管安全管理体系的持续改进

持续改进的要求：为保持空管安全管理体系的适宜性、充分性和有效性，空管单位应持续开展安全监督和测评活动，定期进行安全绩效考核，评价安全管理体系实施的效果，通过内部审计和评审制度，不断改进和提高空管安全管理体系。

纠正措施：安全管理体系运行应通过内部安全监督网络及时发现系统缺陷，形成有效的纠正措施程序，实现闭环管理，推动安全管理体系不断改进。

形成积极的安全文化：空管单位应通过加强和完善安全管理，努力形成积极的安全文化，建立安全管理的长效保障机制。

四、我国空管 SMS 建设应注意的问题

（一）正确认识和理解 SMS

1. SMS 的核心是风险管理

目前在国际上 SMS 有美国、加拿大、英国、澳大利亚等很多模式，但其核心都是风险管理。SMS 在本质上是一种系统的、清晰的和全面的安全风险管理方法。然而，一些单位在安全管理体系建设中却过分强调了 SMS 的机构、人员设置和所谓的"框架体系"建设，使很多人误以为，只要建立了一个所谓的"体系"也就建成了 SMS。实际上，风险管理与"体系"建设是"神"与"形"之间的关系，风险管理需要"体系"的支持，但这个"体系"必须是为实现风险管理的最终目的服务的，因此"体系"应因国情、因组织而异，不论具体形式如何，只要能实现风险管理的效果即可。

事实上，SMS 也并不存在一个所谓的统一模式，ICAO Doc 9859 号文件《安全管理手册》中也指出："绝对不存在某一个适合于所有组织的简单的模型。企业的规模、复杂度、运营方式、安全文化和运行环境等特性影响着适合于某一具体组织及其特有的状况的安全管理的结构。"

2. SMS 是一种新的航空安全管理理念

SMS 是一种新的航空安全管理理念，但并不是"全新的"或者是"革命性"的。SMS 的核心是风险管理，而风险管理方法已在核工业、化学工业等很多行业的安全管理中应用了几十年，只是对航空安全管理而言，它是一种新的管理理念而已。说得更确切些，应该是对民用航空运行管理而言，它是一种新的安全管理理念，因为在民用航空器制造领域风险管理早已有广泛应用，现代航空器的容错能力越来越高，就是风险管理应用的具体体现。另外，SMS 中的很多要素，如强制报告、自愿报告、安全评估等，在以往的民航安全管理中也已应用了很多年。

3. 把握 SMS 理论的基点

一种理论的建立，必然要有很多的定义和观点作支撑。ICAO 在手册中对支撑 SMS 的定义和观点进行了全面、详尽的阐述，理解这些定义和观点，是认识 SMS 的基础。

4. SMS 和传统安全管理的关系

为使各国认识到安全管理的重要性，ICAO 把安全方案和安全管理系统区分开来：

安全方案是针对提高组织安全水平的一套规章和措施。安全管理系统是有组织的管理安全的方法，包括所需的组织结构、职责、政策和程序。各国应规定运营人、维修组织、空中交通服务部门和具有营业资格的机场运营人实施国家认可的安全管理系统，具

体为识别实际和潜在的安全危害；为了维持可接受的安全水平，确保实施必要的纠正措施；对所达到的安全水平进行持续监督和定期审计。

已认可的安全管理系统也应明确规定各级员工的安全责任，包括高级管理者的直接安全责任。即 SMS 是一套有组织的管理安全的方法，包括所需的组织结构、职责和程序。SMS 应有三个方面的功能：一是识别实际和潜在的安全危害，主要的方法是风险管理；第二个功能是为了维持可接受的安全水平，确保实施必要的纠正措施，具体包括了建立良好的企业安全文化、强制报告系统、自愿报告系统、安全调查、安全分析与研究等；第三个功能是对所达到的安全水平进行持续监督和定期审计，具体措施是建立正规的安全监督系统，包括组织内部的安全审核、外部的安全审计等。

由此可见，一个组织建立的安全管理系统，只要具备了上述的三个功能，并且被所在国家的民航主管当局认可，就可以被认为是建立和实施了 SMS。

5. SMS 与质量管理体系的区别

SMS 和 ISO 9000 有很多相似之处，例如两者都有一个识别、处理问题、持续评审和改进的过程，在体系的构成要素上都有目标、政策、统计、分析和改进等等。但两者也有着明显的区别：

1）关注的重点不同

质量体系更关注于质量的控制，而 SMS 则是安全管理的一种方法，质量管理和安全管理是企业管理的两个子系统，虽然它们之间是有交叉的。

2）处理问题的逻辑方式不同

ISO 9000 虽然也有风险分析，但总的来说，是一种正向处理问题的方式，即首先建立一套严格的质量保证的规范，然后通过严格实施这个规范，来实现组织的质量目标。而 SMS 总的来说，是一种逆向处理问题的方式，即首先分析系统存在哪些风险，然后再通过寻求和实施缓解那些不可接受风险的方法，来确保组织安全目标的实现。

3）形式和要求不同

质量体系从形式上更接近手册所说的"安全方案"，手册把安全方案和安全管理系统进行了区分：安全方案是针对提高组织安全水平的一套规章和措施。安全管理系统是有组织的管理安全的方法，包括所需的组织结构、职责、政策和程序。

4）认证目的不同

质量管理体系认证有改进自身管理的作用，但企业申请认证更重要的目的，还是为了通过第三方认证来向顾客证明自己保证产品质量的能力，取得认证已成为企业参与市场竞争的必备条件，虽然 ICAO 也要求民航单位的 SMS 必须通过所在国民航主管当局的认证，但此认证并无质量体系认证所起的作用。

6. 实施 SMS 并不能完全消除事故

SMS 的核心是风险管理，但风险管理本身是有局限性的，风险管理各阶段都是人的主观活动，从风险识别来讲，尽管已经发展出很多种系统识别风险的方法，但目前还没有一种方法能保证将一个系统所有的风险都识别出来，因此风险识别是一个持续的过程。从风险评估来讲，无论是定量的还是定性的分析方法，也都有其局限性。尤其是风险发生的可能性，所谓"不可能"或"极不可能"发生，只能说明事件发生的概率很低，并不代表一定不会发生，航空安全还有一条"墨菲法则"，"可能发生的就一定会发生"，这也就是 ICAO 为什么将应急预案（ERP）纳入手册的原因之一。

（二）必须结合国情来建立和实施 SMS

由于东西方文化的巨大差异和安全基础的不同，因此，在建立和实施 SMS 的过程中，必须要紧密结合国情和一个组织的具体情况，既要积极推进，也要充分考虑干部员工的接受能力，将 SMS 的各要素进行必要的分解，条件成熟的，可以马上实施；而那些条件不成熟的，则要积极创造条件，待条件成熟时再逐步实施。如果盲目地生搬硬套，只会造成员工思想上的混乱，反而可能危及安全。

1. 结合国情来理解和运用 SMS 理论

前面讲过，SMS 的定义和观点是 SMS 的理论基础。然而，很多观点的接受和转变需要一个过程，不能完全抛开现实的国情和普遍价值观来盲目地生搬硬套。

1）安全定义与安全评价机制

SMS 认为，只要将风险降低到可接受的水平以下就是安全的。可接受的水平是一个组织综合了国家规范、社会容忍度和成本等因素后所自我确定的一个标准。

2）不能无限扩大组织的原因

安全是有成本的，允许任何差错的系统一般也是不存在的，必须在"允许差错"和安全成本之间找到一个平衡点，过分强调一个差错的组织原因，就可能会忽视遵守规章和程序的必要性和重要性。其结果可能是，安全成本大幅上升，职工工作责任心下降，明明是违规所导致的事故，当事人也都将其归咎于组织差错。

2. 正确认识我国民航安全管理所处的历史阶段

SMS 是安全管理发展过程的一个阶段，国际民用航空安全管理的发展大致经过了三个阶段，第一个阶段是 20 世纪 80 年代以前，这个阶段的安全管理的主要特点是完善规章和提高设备可靠性。随着规章的完善和设备可靠性的提高，事故率显著下降。第二个阶段是 20 世纪 80 年代到 20 世纪末，安全管理进入了"人为因素"时代，随着规章的完善和设备可靠性的提高，人们发现，80% 以上的事故都是由于人为因素造成的，由此开展了大量的人为因素研究，并形成了很多管理方法，如"驾驶舱资源管理"等。第三阶段是从 20 世纪末到现在，安全管理进入 SMS 时代，在进行了大量的人为因素研究后，人们发现，人为因素的研究逐渐走进了死胡同。首先，激发事故的差错大部分都是由经过培训并且合格的人员造成的；其次，激发事故发生的差错或违规好像是随机发生的，并没有固定的模式，从而逐步认识到，人为因素只是事故调查和预防的着手点而非终止点。

以上只是西方发达国家民航安全的发展状况，他们早已基本解决了规章完善、设备可靠性和人员遵守规章自觉性的问题。我国总体的安全管理水平应该还处在第一和第二阶段，还有大量的规章和设备需要完善，人员违规的问题就更为突出，所以还需要在加强基础管理上狠下功夫。当然也不是说要坐等这些问题都解决后再去推行 SMS。要实现中国民航的跳跃式发展，两者必须要同步推进，不能有所偏废。完善的基础管理是建立 SMS 的基础，否则，SMS 也就成了无源之水，无本之木。如果设备不达标、人员培训不到位、规章标准不完善，由此所引发的风险是明摆着的，不用分析也想象得出。

3. 重视文化差异对建立 SMS 的影响

文化的差异有时决定了一个措施或方法的成败。例如，自愿报告系统是 SMS 中信息报告系统的一个重要组成部分，这个系统在很多国家都有十分成功的运作，如美国的 ASRS（航空安全报告系统），现在存档的报告数已经超过 30 万份，为推动美国的航空安全管理做出了重要贡献。中国民航在 2003 年也建立了自己的自愿报告系统，并进行了大力的宣传和推广，然而接到的有效报告仍较少。自愿报告系统在整个亚洲运作得都不是很好，比较重要的原因之一就是东西方文化的差异。

相对于设备和规章来说，文化的改变需要一个较漫长的过程。认识到文化差异的重要性，在推进 SMS 时就可以做到有的放矢和分清轻重缓急。例如，在信息的来源上，自愿报告系统是努力方向，但在相当长的时间里，强制报告和隐患举报仍将是信息的主渠道。

第三节　空管安全文化与构建空管 SMS 的关系

安全文化既涉及个人和组织的态度，也涉及组织结构，在空管安全生产中起着至关重要的作用。要充分利用安全文化潜移默化的作用，将安全意识提高到文化的高度来认识来行动，使它成为各级管理者及基层员工的习惯意识。也就是说，每个人必须具备一定的安全文化素质，才能真正做到防患于未然。安全文化建设是 SMS 的重要组成部分，在有效的安全文化中，有明确的报告路线、明确的任务和明了的程序。职工充分了解自己的职责，知道报告什么，向谁报告以及何时报告。高层管理者不仅审查组织的财务状况，还需要审查其安全绩效。因此，在构建空管 SMS 过程中，空管安全文化建设应当把握以下要素原则。

一、牢固树立安全第一的观念

民航空管单位高层至基层职工需要形成安全第一的一致态度。安全文化注重以人为本，但要强调安全第一，提倡关心人、爱护人，注重通过多种宣传教育方式来提高员工

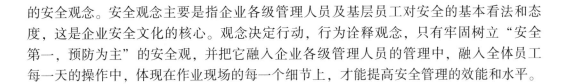

的安全观念。安全观念主要是指企业各级管理人员及基层员工对安全的基本看法和态度，这是企业安全文化的核心。观念决定行动，行为诠释观念，只有牢固树立"安全第一，预防为主"的安全观，并把它融入企业各级管理人员的管理中，融入全体员工每一天的操作中，体现在作业现场的每一个细节上，才能提高安全管理的效能和水平。

二、倡导安全管理系统化，促进安全制度保障

中国民航发展历史经历了四个发展历程：行政管理，行政、经验管理，行政、经验及规章管理，以及经验、规章管理。民航从过去的行政管理、经验型管理向制度型、科学型管理转变以达到文化管理的目的。法制安全文化也就是要完善、严格安全法规制度。安全制度主要是在安全价值观的指导下建立起的安全管理体系（SMS）之安全规章制度。而制度用于规范指导和约束行动，是价值观得以落实的保障。如果没有健全的安全管理体系（SMS）之安全规章制度，就会出现安全责任不到位、安全管理目标不明确等现象，从而成为导致各类事故发生的间接原因。如有健全的安全规章制度，而在具体操作过程中不严格遵守，也只是纸上谈兵，起不到约束作用，同样会导致各类事故的发生。所以安全管理的核心是制度，推行理念的保障是制度。在推行安全理念的同时，应当有切实的制度保障，法规规章是民航安全文化的制度保障。

三、规范安全行为，提高安全管理执行力

我国民航实践表明，安全文化是安全系统有效性的决定因素，员工对企业安全文化的感受支配着其安全行为。安全文化决定着安全系统要素是否有效地发挥作用。在长期的安全工作中已形成了具有一定影响的观念、行为、物质三个层次的安全文化。安全行为受安全观念支配，有什么样的安全观念就会产生什么样的安全行为。管理人员和员工的安全行为在安全生产的过程中极为重要，它是安全价值观的具体体现，也是安全制度、标准的最终落实点。行胜于言，要用自己的行动去实施制度上的规定、标准上的要求。安全行为和不安全行为主要是由人的安全意识强弱来决定的，在生产过程中，主要是由人的主导作用决定，物和环境是从属地位。

四、建立自愿报告体系，把握安全总体趋势

国外很多家航空公司和机场正在实施"自愿报告无惩罚政策"。"自愿报告无惩罚政策"主要是指发现的安全隐患及造成的不安全事件，既无后果又不是故意违章，发生后及时报告，对这类情况不要去惩罚。建立这一制度的目的是收集不安全事件对安全运行形势进行分析，把握行业总体安全趋势。为了更好地实现这个目的，应建立起更加公开、透明的无惩罚自愿报告安全隐患的安全文化。主要应包含几个方面内容：一是互通信任。报告不安全事件的单位或个人必须能够信任接收报告的组织，并相信他们所提

供的任何不安全信息将不会用来作为追究责任的依据。没有这种信任，人们将不愿意报告他们的失误，并且也不会报告他们所意识到的其他危险。二是明确承诺。当管理机构收到不安全事件的自愿报告时，只作数据收集统计，应对其进行分析找出根本性原因，并采取相对应的措施，而不作为惩罚的依据。三是公正原则。作为管理机构承认人是会犯错误的，应当理解差错的发生，但是有意犯错误是不能被原谅的。作为员工应该明白并同意什么差错是管理机构可以接受的，什么差错是管理机构不能接受的。

五、提高物态安全系数，奠定物质基础

安全物质文化是安全文化的基础，要保持安全必须保持物质的安全状态。物质的安全状态是指安全硬件设施、安全设备和安全环境，它是安全价值观、安全制度的物质技术保障。观念再好，制度再好，而物质本身安全系数低，企业安全也难以得到可靠保证。因此，空管单位主要负责人承诺提供本单位 SMS 所需的资源，需要见之于实际。

六、营造积极的文化，构建安全自律机制

安全第一是安全文化的灵魂，诚信、严实是安全文化的精髓，安全就是效益，是安全文化的价值反映，法规规章是安全文化的制度保障，设备设施是安全文化的物质基础，与时俱进是安全文化的时代特征。创新安全文化应是管理理念和方式上的变革。这些都需要用一种积极的心态去营造这种积极的安全文化。积极的安全文化必须以自我为主，要先人一步，要善于总结，创新安全文化，转变安全管理理念。营造积极的安全文化，作为每一个员工必须逐步实现安全意识上的"四个转变"，即"从他律到自律；从被动到主动；从随意到规范；从个人到团队"，以达到"要我检查到我要检查；要我安全到我要安全；要我规范到我要规范；要我协作到我要协作"的目的，用一种积极的心态，建立一整套科学、先进、具有安全文化的企业安全管理自律机制，实现自我管理。

思考题

1. 简述空管安全文化的含义与特征。
2. 简述空管安全文化的功能。
3. 简述空管安全文化建设的内容。
4. 空管 SMS 的内涵是什么？
5. 简述空管 SMS 的主要组成部分及其核心内容。
6. 简述建设我国空管 SMS 应该注意的问题。
7. 简述空管安全文化对建设空管 SMS 的影响。

第十一章 空中交通管理中的自动化与工作站设计

第一节 空中交通管理中的自动化

在过去几十年中，很多涉及感知、告警、预测及信息交换领域的自动化组件已经被引入到空中交通管理中并得到了广泛的应用。这些自动化系统的引入减轻了管制员的工作负担，提高了管制员的工作效率。自动化系统还将朝着具有决策和计划功能的高级自动化系统方向发展，能进一步增加容量，提高安全性和效率，并能减少人员、降低保养维持费用、控制管制员的工作负荷。在自动化广泛应用于空中交通管理的情况下，就必须考虑管制员和自动化系统交互的人为因素问题。本节主要将从自动化对空中交通管理的影响和以人为中心的自动化在空中交通管理中的应用展开讨论。

一、自动化的定义与种类

自动化一词使用广泛，含义众多。The American Heritage Dictionary（1976）中对自动化的定义很通用，但不很明确："对一个过程、设备或系统的自动操作或控制。"目前获得广泛认同的自动化的定义是"能部分或完全实现先前由人来完成的操作的设备或系统"。这里将自动化定义为用设备或系统替代部分或全部原来由管制员来承担的任务。自动化的定义强调了完成任务的主体由人向机器转移这一变化，而不是指由人控制机器来完成任务的这一事实。在空中交通管理中，电子飞行进程单是空中交通管理迈向自动化的第一步；而一些辅助决策工具，则是今后空管自动化发展的更高级的方向。

自动化的应用是相当广泛的，从计算机驱动辅助设备来帮助人类完成工作任务到由计算机或机器完全替代操作人员都是属于自动化的范畴。根据自动化的不同用途可以将其分为三类。

（1）执行人类因其自身局限而不能执行的任务的自动化。由于人类自身的条件限制，人类在反应速度、忍耐能力、信息处理量等方面都存在着极限的问题，在这些方面就需要由自动化来执行人类所不能执行的任务。比如，在对复杂的核反应进行控制时，由于这一过程太复杂，人类不能做出连续性的反应，并且是对危险和有害环境、材料进行操作，人类不可能对其进行亲自操作，在这样的情况下自动化是必不可少的；或者在飞机的运行控制中，全盘掌握飞机的所有飞行数据，并及时做出提前的判断与计算，由于人类自身信息处理能力的限制，这些都是不可能实现的，因此就需要由自动化替代人类完成这些任务。

（2）替代人类需要付出高昂代价或不可能完成得很好的工作的自动化。目前已广泛应用于飞机操作的自动驾驶仪、近地警告系统、交通告警和撞机提示系统就是很好的例子。这些自动化系统的使用，使得管制员和飞行员得以从程序性的具体工作中解脱出来，将注意力放在整个系统的控制与管理上。

（3）对人类的工作绩效起辅助和增强作用的自动化。与前面的自动化类型不同，这个类型的自动化并不是完全代替人类完成整个任务，而是为人类提供完成任务所必需的外围支持。在化学工业、核工业和过程控制工业中，由于人类自身的局限，计算机辅助提示被广泛应用。计算机显示的操作步骤、检查表与语音识别系统相连接，就能使管制员按照操作步骤完成工作，这种自动化大大减少了管制员的工作记忆负荷。该类自动化还有一个重要的"过滤"功能，它可以从大量的信息中将不需要的部分除去，使管制员对有用信息的选择和注意更加容易。空管工作中的自动化大多也是属于这个类型，计算机将地面对飞机的指挥以文字符号的方式呈现在飞行员的控制界面上，又将飞机信息与当前所处状态呈现给地面上的空中交通管制员，从而为空管人员更有效地指挥飞机提供了可能。

在空中交通管理的实际工作中，按自动化对管制员工作取代的不同，空中交通管理系统自动化程度可分为四种：

（1）半手动。在将任务转交给自动化系统以前全由管制员完成。

（2）半自动。空中交通管理中的半自动大致有四种：管制员选定选项，然后由计算机完成；计算机帮助完成选择并执行，不需要管制员跟随；计算机辅助选择，由管制员来决定其执行与否；计算机完成全部工作，并在全过程将所执行工作反馈给管制员。

（3）自动。自动这一分类在空中交通管理中有两种类型：计算机完成全部工作，并有选择性地告知管制员其工作状态；计算机完成全部工作，在管制员查询其工作状态时才将信息反馈给管制员。

（4）全自动。工作的全过程由计算机自主决策并完成，在管制员查询其工作状态时才将信息反馈给管制员。

空中交通管理系统中究竟什么水平和种类的自动化水平是最合适的，并没有一个统一的答案。但有一点始终是明确的，那就是自动化的应用最终是以确保飞行安全为最终目标。在后面将讨论自动化在空中交通管理系统中的应用及其对管制员的影响。

二、自动化对空中交通管理的影响

随着航空业的发展和交通运输量需求的增加，航空业对空中交通管理系统的能力与运行效率要求也相应提高了。由于人类自身在感知、记忆、信息处理能力上的局限，单纯由空中交通管理人员来完成指挥空中交通的任务已经不能再适合当前的需求了。自动化系统被引入到空中交通管理中来，其目的是为了减少管制员工作负荷和提高工作效率，协助管制员完成指挥空中交通的任务。

1976 年南斯拉夫境内，两机空中相撞，管制员被判入狱，第一班管制员在向下一班管制员移交工作的同时，还在与飞机保持着通话，这使得下一班管制员没能听清移交内容，在下一班管制员工作时，造成两机相撞。如果当时采取的是自动化交接，则有可能避免悲剧的发生。由此可见，将自动化引入空中交通管理系统中，对于减少差错与疏漏，确保飞行安全是具有积极意义的。

（一）自动化对空管系统的提升

将自动化引入到空中交通管理系统中，除了由于计算机替代人工而出现的成本节约以外，自动化的引入还带来了其他一些优点。在许多情况下，自动化的引入提升了效率，例如，使用了自动化设备以后，空管人员所能同时指挥与监控的飞机数目大大地增加了。自动化能够通过扩大绩效的极限，达到提升整个系统工作效率的目的，例如，带有"自动着陆"功能的飞机可以在大雾弥漫的机场上实现盲降，这是目视进近的飞机所没有办法做到的。同时精密的自动化还能够降低管制员在各个阶段的工作负荷，当空中交通管制员在面对特情，需要做出高风险的决策时，管制员必须对信息进行充分的获取和分析以后才能做出决定。将自动化引入到空中交通管理系统以后，在高应激的情况下，管制员可将信息的获取、整理和分析交由计算机完成，将注意力完全集中在方案的选择和评估上。另外，将自动化引入到空中交通管理系统中还可提高管制员对危险情景的警觉。还有一些好处如下：增加了交通流量，减少了人员配置，改善了人与系统的性能，改善了管理控制，减少了管制员的工作量，更好地综合了不同信息源的数据，降低了人员训练的要求，增强了服务，实现了一些人类所不能实现的功能，降低了任务的复杂性，加强了安全性。

（二）自动化对空管系统的潜在危害

尽管自动化具有确保安全、提高工作绩效等优点，但这并不是说自动化为空管工作所带来的就全都是好处，在空管系统自动化的使用过程中也存在着大量与自动化相关的危害。管制员所要做的工作应该是将自动化的优势保存下来，并通过采取人工介入的方法补救自动化可能带来的负面影响。这里所谈到的负面影响并不一定是指自动化设备自身失效，而是由于自动化设备的引入所引起的一切可能威胁飞行安全的事件。例如，如果提供了不正确的输入，而自动化继续按这些输入工作，系统的运行又缺乏管制员的监视或者当自动化行为是预期之外时，就会产生差错。

1. 自动化引起管制员工作负荷的异常变化

自动化用机械装置或计算机替代了原先由管制员所完成的部分工作。尽管这样的变化消除了可能出现的人为差错，但是却增加了系统差错或故障的概率。而且自动化功能的水平或复杂性越高，它所包含的自动装置将越多，因而自动装置在某些方面出故障的概率也越大。并且由于自动化系统日益依赖于软件，那么精密性的增加就意味着需要更多的软件支持，软件中可能隐藏的"缺陷"使自动化系统出现问题的可能性增大。所以，自动化系统的引入不一定会降低工作负荷，在自动化故障的情况下，还可能增加管制员的工作负荷。同时由于空管自动化的程度越来越高，不断增加的自动化复杂性也带来了一个关于自动化系统复杂程度的问题。由于自动化过于复杂，使得其解决问题的方法超出或有异于管制员的工作能力，管制员可能对自动化的功能和工作过程感到不能理解，有时还会对它产生怀疑。以飞行为例，当自动驾驶仪计算航线的精密程度超过了飞行员所能理解的范围时，飞行员就会对自动驾驶仪的正确性产生怀疑。一般来说，这样的怀疑不会有太大的影响，但若飞行员假设自动设备已失灵，从而进行了不适宜的干预，自动化辅助人类完成任务的功效就荡然无存了，并且加重了飞行员的工作负荷。

工作负荷的变化将会影响管制员对自动化系统的使用情况。当自动化的好处不明显时，或在使用自动化的过程中需要过多的思考和评估时，那么附加的认知负荷可能会使管制员放弃使用自动化。

2. 导致管制员对自动化系统信任不足

信任是管制员坚持使用自动化的一个重要基础。人们总是倾向于保留原来的工作习惯，怀疑或不信任首次引入的新技术。但是，随着对新系统工作经验的增加，而且如果新系统工作准确可靠的话，大多数人将开始接受并信任新的设备。但即使自动化是完全可靠、准确、有效的，如果管制员对它有丝毫的怀疑，那么管制员也可能会产生不信任感，并且在特殊情况下出于减少风险、确保安全的考虑而放弃使用自动化。由此可见，不论系统本身可靠与否，管制员出于对安全的考虑，都会对系统的可靠性产生怀疑。

当管制员不信任自动化时，无论是出于系统的复杂性过高还是因为系统的可靠性水平不够，都会使管制员对系统的信任度显著低于得到证明的系统可靠性水平。即使这样的自动化一般是可靠的（例如，系统有10%不可靠，但在90%的时间中系统仍然是可靠的），它也可能被弃用。

同时由于虚假告警所带来的管制员对系统的不信任也广泛存在。为了降低设备的虚假报警率，并且尽量减少漏报，系统都会设置一个决策阈值来判断是否发出警告。决策阈值的大小和危险情况发生的概率影响了虚假告警率，进而影响管制员对自动化告警系统的信任。决策阈值的设定需要审慎评估，设置自动化告警系统的决策阈值时，必须考虑的是遗漏告警和虚假告警各自的代价。但仅仅为设备设置了决策阈值并不能保证系统的高可靠性。可靠性高的告警真实概率只能通过探测灵敏度和危险事件概率的组合获得。如果危险情况发生的概率很低（绝大部分危险事件确实如此），那么即使是很灵敏的告警系统，其真实告警率也会很低。当真实告警的概率很低时，即使管制员并未出现忽视警告的情况，他们也不一定会做出反应。例如在 1997 年 8 月 6 日，大韩航空的波音 747-300 在关岛机场降落时坠毁，就与机场的最低安全高度警告系统（Minimum Safe Altitude Warning，M-SAW）的失效与误报有关，进而使得空管人员对该系统不能完全信任而最终导致了事故的发生。

具有同样结果的是，一些完全可靠的系统因为过于复杂，而使得管制员不了解其运作过程并产生不信任感，最终弃而不用。无论是因为不可靠性还是因为复杂性使管制员放弃自动化，其结果都可能是灾难性的。

总结起来，自动化告警系统参数的设定应综合考虑以下因素：第一，自动化告警系统设计者不仅应考虑系统的决策阈值，还应考虑探测系统的灵敏程度。第二，结合有效训练和良好的显示设计，使所采用的任何自动化算法都能得到较好的理解。第三，告警系统的用户必须认识到：因为系统故障难以捉摸并且有可能发生灾难性故障，所以需要及早告警，以及在基本故障率非常低的情况下，假报警是不可避免的并且需要管制员正确的认识。第四，管制员可能还会对他们不是很了解的系统产生猜疑。尽管设计者的本来意图是设计一个有用的软件产品，但管制员对自动化过程的不了解或不完全了解仍然会对其产生不信任，这将减少自动化为管制员所带来的帮助。随着自动化系统越来越复杂，其行为越来越难以理解，设计者应努力使自动化更透明，以避免产生不信任。

3. 管制员对自动化系统的过度信任

所谓过度信任，即管制员过于依赖自动化，而没有意识到它的局限，从而没能对自动化的工作过程进行有效的监视。管制员对自动化的过度信任有两种表现：第一，完全依靠自动化系统自身的信息反馈对自动化系统的工作状态进行判断，而将其他的信息来源排除在外；第二，管制员认为基于自动化的决策不会出错，所以他信任这种决策，因此管制员没有去监控做出决策的过程和该决策可能导致的后果。2000 年厦航 8551 航班与东航 7510 航班在上海区域发生飞行冲突，一个重要原因就是厦航 8551 航班在雷达上没有二次显示，管制员却过分依赖雷达显示，忽略了进程单的作用，未及时调配潜在冲突，进而形成了事故征候。

影响管制员对自动化过度信任的因素是工作负荷和自动化的可靠性。当管制员的任务负荷很高时，管制员可能会出于降低工作负荷的目的而产生对自动化过于依赖的倾向；如果自动化工作有时候很可靠，有时候不可靠，那么管制员不会对自动化过于依赖和信任，但若自动化一直表现出了良好的可靠性，管制员则有可能产生对自动化系统过于依赖的心理。

在管制员对自动化过度信任的情况下，管制员会产生一种自满的情绪。自满是一种由认知差错而引发的行为和心理状态，它会产生三种行为后果：

第一，当发生了预料之外的自动化故障时，管制员将无法及时察觉到这些故障的存在。

第二，管制员对自动化系统的工作状态非常满意，无法去监控自动化正在执行的工作，因为管制员丧失了对自动化系统的工作状态或自动化系统周围环境进程状态的情景意识。管制员清醒地保持情景意识，清楚地了解其管制扇区内及扇区附近空域的空中交通情况是十分重要的；但是管制员对自动控制设备状态的了解也同样很重要，这样当系统出现差错或自动化系统的工作状态不适合周围环境的时候，管制员才能及时有效地做出相应的反应。

第三，如果管制员过度信任自动化，可能会频繁地使用它，以至于管制员执行相同任务的技能会下降，管制员的技能下降将使管制员更加依赖于自动化，这就形成一个恶性循环。但当自动化系统失灵时，这样的技能对管制员来说却是必不可少的。例如，如果繁忙的飞行员正在不熟悉的自由航道环境中飞行，可靠的自动化引导对于安全飞行是有益处的。飞行员通过将飞机的部分控制权交由自动化处理，飞行员能在不分散注意力资源的条件下查询导航信息和做出决策。但此时的飞行员应该防止由于过度使用自动驾驶仪而使自己的驾驶技术生疏，在自动驾驶仪失灵时自己无法立即接替对飞机的操作。

（三）自动化给空中交通管理所带来的变化

自动化对空中交通管理的影响是全方位且深远的，且自动化系统中的设备、软件、工作站的变化会直接引起系统中各部件间相互作用效果的改变。随着自动化工具的引入，系统中管制员的作用和工作方式都会发生相应的改变，从而引起管制员的工作量、工作能力和工作效率的变化。此外，随着自动化工具的引入，也需要对管制员进行相应的培训，以实现管制员更好地对自动化系统监控与管理。自动化对空中交通管理的潜在影响大致分为以下几点：

1. 自动化改变了管制员的作用和工作方式

（1）在高自动化程度的情况下，管制员将逐渐从对每一架飞机的具体指挥中解脱出来转变为一名空域管理者，管制员的主要工作是对自动化系统的工作进行监视和控制，只在情况超出计算机能力或自动化系统出现差错时，才进行干预。

（2）在自动化开始使用的初期，管制员的工作保持现有状况，当自动化系统能可靠地解决冲突以及空地数据链通信实现后，管制员就能过渡到空域管理者的角色。

（3）管制员应该了解自动化系统如何解决冲突、采集数据、提出备份方案、按什么优先顺序选择方案等工作流程，否则可能对自动化系统不信任或过分信任。此外，作为空域管理者，要始终掌握自动化系统及空域管理的情况，并准备好接管超出计算机处理能力的复杂环境。

（4）管制员应根据人与计算机在信息处理方面的优劣（如表11-1）来安排和分配任务，取长补短。

表 11-1　人与计算机在信息处理、判断、执行方面的优劣比较

项目	人	计算机
检测能力	易受外界影响，有倾向性	灵敏，快速，无通用性
判断能力	较强的综合判断能力，存在个体差异	快，协调，但综合判断能力弱
操纵能力	通用性强，要训练，随机应变好	通用性差，重复性好，再现性好
可靠性	取决于生理、心理与训练状况	取决于设备可靠性
持久性	差	取决于设备可靠性
信息量	小，易错	大，不易错

2. 自动化影响了管制员的工作量、工作能力和工作效率

将自动化引入空中交通管理以后，自动化改变了管制员在空管系统中的作用和工作方式，同时也对管制员的工作量、工作能力和工作效率产生了影响。

1）对工作量的影响

空中交通管理的工作量是由空中交通管理的形势项目确定的，即飞机的数量、飞机相遇的复杂程度、需要通信和协调工作量、气象等，基本上取决于形势的要求。由于管制员的知识、技能、经验、健康和疲劳情况不同，同样的要求对不同状态和情况的管制员来说，需要的工作量也不同。在估计工作量时，要计入两种工作量，管理形势需要的目标工作量和脑力活动需要的觉察工作量。自动化程度增高对觉察工作量的实际影响很大程度上取决于使用者与自动功能间界面的设计，即人机工作分配。比如，需要输入的数据性质和内容将影响目标工作量和觉察工作量。另外，静态的工作分配方案可能降低工作效率，而一个动态的、可调整的工作分配方案可以提高整个人—机系统的工作效率，减少脑力活动的觉察工作量。对于管制员来说，觉察工作量应保持中等程度，过高、过低都会降低人的注意力和警觉性。一个以使用者为中心的自动化系统，需要把人的觉察工作量保持在可以接受的中等水平，以保持必要的注意力和警惕性。人在短期内可以承受高的工作量，但若长时间处于高工作负荷的情况，人的差错率就会大大增加，并且长时间的高工作负荷也有害于管制员的身心健康。因此，当自动化引入空中交通管理以后，管制员的工作量不再是像原来一样的静态分配，而是在人—机之间交互承担工作量，使管制员的工作负荷始终处于中等水平，保持管制员的最佳觉醒状态。

2）对工作能力的影响

与工作量的变化相类似，随着自动化程度的提高，自动化对管制员工作能力的影响也表现了出来。将自动化引入到空管工作中后，自动化取代了许多原先由人工完成的任务，因而引起管制员的工作能力降低、情景意识降低，有时管制员甚至会表现出丧失原

来意义上的工作技能的情况。

当管制员的工作重心转变为空域管理时，管制员的主要职责将由检测飞行冲突，转变为对系统异常情况的监测，管制员工作能力的性质和定义也将随之改变。在现有系统中，管制员工作能力的主要衡量标准是，能否胜任交通繁忙、复杂时期的交通管制。但管制员的工作能力并不应单一以其工作是否繁忙来衡量，一个看起来很忙碌的管制员的工作能力，可能并没有一个事先已根据飞行计划安排好交通的清闲的管制员的工作能力高。自动化程度提高后，对管制员的工作能力评估标准也不应再以能否胜任交通繁忙、复杂时期的交通管制来评价，应该有新的测评管制员工作能力的标准出现。

3) 对工作效率的影响

通常情况下人们认为由于自动化替代了管制员的工作，所以将肯定会提高管制员的工作效率。但实际情况由于对工作效率的分类不同，自动化对管制工作效率的影响也是完全不同的。管制员的工作效率可以分为定量和定性两种。单位时间内通过扇区的飞机数量就是一种定量的工作效率，其特点是变化性大，不同的单位时间所要求的工作效率是不同的。定性的工作效率是指对空中交通管理中安全、效率和系统可靠性的评估。因此，如果只单独考虑一种工作效率，定性的工作效率更重要，但如果一种新的自动化工具能增加定量和定性的工作效率，才能说它是能提高管制员的工作效率的。但若自动化工具需要额外的信息处理和数据输入，则将增加管制员的工作量，此时无论定量或定性的工作效率都不会得到提高。因此要提高定量和定性工作效率，自动化工具的设计必须是可用、适用和可以接受的。

在自动化系统中，由于计算机和人类的工作流程与方法不完全一样，这样使得管制员原来使用的一些提高工作效率的方法在自动化系统中可能失效，这会降低管制员的定量工作效率。因而在新系统开始使用之初，因管制员对新系统不熟悉，工作效率会降低，管制员对系统熟悉后工作效率则会提高。如果自动化系统的可接受性低，管制员可能不愿采用新的设备，这同样也会降低定量工作效率。因此，系统可接受性的变化可用定量工作效率来衡量，但定量工作效率可能会与定性工作效率发生相反的变化，即处理的飞机数目增多，但安全性却反而降低。所以，在将自动化引入到空管工作中时，不能仅仅从自动化是否会提高管制员的工作效率出发，还要综合考虑自动化的安全性和服务的可靠性。

3. 自动化影响了管制员的选拔和训练方式

随着自动化程度的提高，当今的管制员逐渐转变为空域管理者，他们工作的能力和内容都发生了改变，因此选拔管制员的原则也应随之改变，并且对管制员的训练要求也应发生相应的改变。

在进行管制员选拔时，对具体事项的操作能力要求不应再是重点，管制员对整体形势的掌控与把握，对异常信息的察觉与判断能力，与自动化系统进行信息交换的能力，对自动化系统的监控能力要求则应相应提高。

管制员训练的目标和内容也应发生改变，管制员首先应深入了解自动化的功能，特

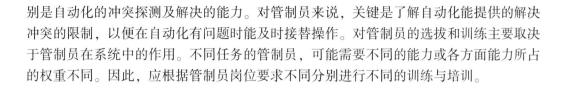

别是自动化的冲突探测及解决的能力。对管制员来说，关键是了解自动化能提供的解决冲突的限制，以便在自动化有问题时能及时接替操作。对管制员的选拔和训练主要取决于管制员在系统中的作用。不同任务的管制员，可能需要不同的能力或各方面能力所占的权重不同。因此，应根据管制员岗位要求不同分别进行不同的训练与培训。

三、在空中交通管理中采用以人为中心的自动化

将自动化应用于空中交通管理以后可能会面临一些新的问题，针对这些问题研究者提出了以人为中心的自动化原则。以人为中心的自动化设计未必能达到用户与自动化之间的最佳匹配，但是如果按照这样的原则去设计自动化，则能为用户提供对自动化最大的满意度，并为自动化发生故障后的"人工接替"提供了最大的可能性，可能将错误操作的危害性减到最小。

（一）以人为中心的自动化的定义及表现

以人为中心的自动化是指导自动化系统设计的一种思想。它认为，在人—机系统中人是主导，在进行自动化的设计时既要保持自动化的优点，同时也要使得自动化可能产生的负面效应尽量少。并可将以人为中心的自动化设计要求表现为以下几点：

（1）在人机之间合理分配任务。
（2）将管制员保持在决策和控制的环节中，以保持管制员的情景意识。
（3）自动化应让操作者具有对任务的操控感和成就感。
（4）应保持管制员对自动化的信任。
（5）管制员能及时获得所需要的信息。
（6）自动化系统应容许管制员的一些非标准操作。
（7）保持管制员对自动化的监控。

（二）以人为中心的自动化的应用

以人为中心的自动化的设计理念，其目标是按照管制员对信息和任务的要求，用自动化为管制员提供需要的信息和工作。对于将自动化应用到空中交通管理中，必须保持人对飞机和空中交通管理系统运行的指挥；自动化可以提供一些计划和控制选择来帮助管制员完成任务；自动化的设计必须将人始终保持在任务的闭环系统中；人始终能够保持对自动化系统运行状态的监控。

空中交通管理中以人为中心的自动化有三个目标：可用性，适应性和接受性。

1. 可用性

即系统是否易于使用。通过输入输出设备的菜单结构，易于管制员寻找到需要的内容；使用具有一定形式和顺序的指令，易于管制员记住数据输入的要求。而一个自动化

系统的可用性是由系统能力的可靠性、人—机交互界面的组织、系统的维修能力三个因素共同影响的。

2. 适用性

以人为中心的空中交通管理自动化系统，应在有效地制订计划、保持对形势的了解、飞机的间距和其他空管任务能力方面为管制员提供支持。如果不能及时为管制员提供所需要的形势和设备状态的信息，这样的自动化系统具有可用性，但不具有适用性。

3. 接受性

除了可用性和适用性以外，自动化系统的接受性还取决于新的自动化技术对管制员工作满意程度的影响。随着新技术的使用，如果管制员对工作的满意度反而降低，那么新技术的可接受性就应该受到质疑。

为了满足以人为中心自动化的可用性、适应性和接受性的要求，在将自动化应用于空中交通管理时就应该注意以下几点：

（1）软件运行的透明度。
（2）容错与恢复能力。
（3）自动化系统应当保持与管制员的期望一致。
（4）合理利用管制员的能力以达到兼容。
（5）自动化控制的水平调节。
（6）易于控制异常和应急情况。

（三）管制员如何适应自动化系统

随着人类社会的发展和科技的进步，人们对航空业安全与效益的要求从来没有停止过，因此越来越多的自动化被引入到空中交通管理系统中，但人类的进步速度远低于机器发展的速度。现在的自动化系统在信息处理的广度、速度和精确性上已经远远超越了人类；而人类在信息的综合处理能力、紧急应变能力、任务紧急性的排序能力以及模糊运算能力都是自动化无法企及的。要想让空中交通管理系统变得更安全，需要人与自动化的完美匹配，就需要自动化在设计、运行方式等方面充分考虑管制员的特点，但是在越来越多的自动化系统被应用到空中交通管理系统中的情况下，管制员也需要做出相应的调整。

1. 在人员的选拔方面

在自动化系统被引入空管系统以后，大多数的信息都以视觉信号的形式呈现给管制员，当然也有部分信息是以声音的形式呈现给管制员，但是一旦数据链技术投入到运行以后，信息的呈现将更多偏向以影像的形式出现。从工作负荷的多重资源理论来看，相同信道的工作负荷就加重了。同时，由于现在航班的架次更密集、间隔更短，即使有自动化系统的加入，管制员的工作负荷也是逐渐变大的。因此在人员选拔的时候，应该倾

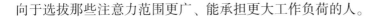

向于选拔那些注意力范围更广、能承担更大工作负荷的人。

2. 在培训的内容方面

如果管制员不信任自动化系统，将会导致管制员弃用自动化系统或者不相信自动化提供的正确信息，这都有可能诱发严重的问题。而不信任的根源在于不了解，如果管制员不了解自动化系统以及其工作过程，那么将必然引发不信任。因此，在自动化系统的设计、开发之初，管制员就应该介入。对管制员的培训就应该围绕着自动化系统的工作过程、自动化系统的局限性以及系统失效的表现与弥补方式来进行，而不单单是让管制员知道如何操作自动化系统而已。同时，在自动化系统失效以后的人工接替技能是需要经由练习才可以发展起来的，因此在培训中也应加强对接替技能的培养训练。当一个新系统被引入到空管系统中以后，管制员在开始通常会有很高的差错率，进而容易引发不信任和使用度降低，因此在使用前的培训范围就应该大于管制员的正常使用范围，这样才能使管制员建立起相应的信心，并且在使用过程中应对常出现的差错进行有针对的复训与指导。

3. 在工作方式方面

在管制员的实际工作过程中，始终存在着一个"谁在负责"的问题。管制员始终应该明白，在人与机器协同工作的过程中，机器所做的工作应该是为人的最终决策提供相应的信息、资源，而最后的决策权始终应在人的掌控之中。这就需要在一个系统中明确划分自动化系统和管制员的作用。管制员在实际工作中需要始终努力将自己保持在决策的过程中，明确自动化的工作状况、清楚潜在的问题、把握工作的整体方向，防止由于自动化的长期使用而出现的盲目自信与乐观，并且需要管制员随时确保自己的后备技能储备，以便在自动化失效以后能够随时接替操作。同时由于自动化系统的引入和各方面技术条件的提高，管制员的工作强度进一步加大，为了使管制员能与自动化系统之间有更好的匹配效果，就需要保证管制员良好的工作状态，可以通过缩短执勤时间、增加班组人数、合理排班等手段达到该目的。

第二节　管制工作站及其设备设计中人的因素

管制员使用人—机界面和系统交互作用来完成空中交通管理。因此，空管工作间必须根据恰当的人体工程学原则展开设计，以满足 ATC 的所有要求，从而减少管制员在实际工作中出现差错的概率。有关显示器和编码、操纵器和输入装置的类型和敏感度、工作间的设备布局、通信频道及其激活方式、显示器和输入装置间的感知关系等方面的设计也应考虑管制员的特点与需求。工作间包括软件、硬件和环境等方面，同时也必须考虑管制员自身的情况。管制工作任务完成的好坏不仅取决于工作间的规格和设计，亦取决于空中交通的需求与提供管制员使用的设备和设施之间的匹配。自动化改变了人—

机界面间传输的信息，这样导致了一些信息根本无法传输或改变了传输信息的格式。不良的界面设计可能延长人类接管自动化所需的时间。因而，在本节中主要讨论管制工作站以及设备设计中人的因素，以期提高管制员的工作效率，降低管制员在工作中的差错，以达到提高飞行安全的目的。

一、工作站及其设备设计分析

（一）任务数据分析

现行 ATC 工作台收集的任务数据将有助于使新系统满足运行的适宜性要求。任务类型、次数和顺序允许设计者预测 ATC 任务会在哪里堆积起来，因此这是确定管制员工作负荷的基础。

任务数据可通过各种方法进行收集，包括 ATC 模拟练习的录音带或是与管制员直接会面。为了提供适当的数据，数据收集方法要仔细选择。如果控制台完全是新设计的，初始任务数据可能只能根据图画、计划或程序进行推断。管制员可根据他们的运行经验对新设计进行评估。如果有原型的话，就可进行更多的精确测试。

以下类型的任务数据可为设计者提供有用的指导：与某特定操纵器、显示器或指示器有关的任务量的使用频率；与某特定操纵器、显示器或指示器有关的任务危急程度；用某特定操纵器、显示器或指示器完成控制或显示操作的预计次数；任务之间的关系或联系。

一项 ATC 任务的危急程度和出现频率不一定有关系。例如，表明飞机被劫持的告警一般很少出现。但这是非常重要的信息，因此就必须使用特殊的颜色或者标记以使该任务易于被识别。所以，独立收集这些任务也是非常必要的，适当时可综合任务的频率和危急程度确定最重要的 ATC 任务。如果设计组觉得任务的频率或危急程度中某一项更重要一些，可用加权因子来综合频率和危急程度。虽然不同的方法所得任务级别不同，但设计时考虑实际任务数据越多，新系统运行适宜性越高。列出了任务清单后，就可分析这些任务是如何相关完成的。人和控制台组件之间的关系可定义为连结，建立了连结后，可以用空间操作顺序图来表示。以下是两种典型连结：①通信连结，即目视、口头/听觉。②运动连结，即眼、手、脚的运动。

（二）信息

1. 信息的来源

ATC 中的信息主要由管制员通过人—机界面来解读软件获得，了解信息的等级将有助于工作站及其设备的设计。根据 ATC 的工作方式，ATC 可从几个不同的来源获取信息，而管制员则必须充分理解混合在一起的所有信息。

1）信息普遍是通过话语获取的

几乎所有的 ATC 工作都要求管制员通过使用语言或非语言符号系统，发送和接收飞行员和其他管制员所发出的信息。管制员事先得到关于航空器的信息（包括航空器识别和飞行计划表中的飞行细节）是很普遍的，这也是 ATC 计划任务的主要依据。在飞行进程中，更新这种信息是通过标注纸质进程单或电子进程单或通过更新计算机中储存的表格和其他相关资料来完成的。通常由雷达获取的、以物化因素为形式的信息非常普遍，它也是空中交通管理的主要依据手段，尤其是有的雷达显示还提供管制下的各航空器的电子标牌，以显示它的飞行详细内容。在未来，类似的信息可能来自卫星，更多的信息来源于航空器与地面固定设施的对应位置（如，标出航线的无线电设备）。许多 ATC 信息是以实际时间形式显示的（如，通过航路报告点的时间，预计报告点、航线交叉点或加入点的时间）；有的信息则是通过工作间本身获得的（如，输入装置、显示信息、显示器与操纵器的关系、通信设施等各项的选择与布局就有利于指出操纵功能并提醒管制员可选择的功能）。

2）诸多信息需要处理和计算

未来的 ATC 系统将包括更多处理过的信息，主要分为两大类：一类是旨在引起管制员对异常情况、偏离航迹、潜在冲突或违反间隔标准、已变化或已自动更新的信息等情况的注意，引导管制员采取行动。另一类则是在对现行情况进行未来预测和推断的基础上，供 ATC 做计划用的信息。有的辅助功能可展现对指定的未来时刻交通状况的预测，或为目前暂不明显的、预测出的未来问题提供解决方案。因为这种计算机辅助功能已远远超出了人类能计算的速度和精确性，所以这是一种经过自动化系统预处理以后再呈现的信息。

3）可以用平行的不同形式来提供相似功能使用的信息

有的系统使用纸质进程单，有的用电子进程单；在地空之间，有的数据依靠自动发送数据形式，有的靠飞行员和管制员之间的对话。人的因素原则都适于两种形式，但涉及的人的因素问题却不相同。例如，在一个工作间内加入一个大的 FPB 或一个进程单电子显示器，其人体工程学问题就大不相同。

4）管制员应随时准备好接替系统工作

管制员要随时准备好接管并保证 ATC 服务安全，这意味着管制员必须保持信息不断地更新并对交通情况保持完全了解。如果不能满足这个要求，一旦系统失效，空管工作就不可能安全返回到以人工形式为主导的工作方式。

2. 工作站设计中应考虑的信息方面

为了建立和保持管制员对情况的了解，工作站及其设备设计中必须考虑以下方面：展示信息的时机；信息的格式、编码和详细程度；不同信息源的兼容性，以使它们能够被正确地整体读解；描绘各不同种类信息之间的关系；与各类信息相关的差错种类，探测和防止会造成严重运行差错后果的方式，以及管制员处置非严重差错的适当程序；各类信息适当的准确度、精确度和可信度，并为管制员提供正确传达这类信息的手段；与任务要求相匹配的信息量和详细程度，信息的细节不能太烦琐也不能太简略；正确使用、应用和读解信息所需的培训要求及落实；要遵循的程序和细则，以及可以或必须使用的备用程序或细则的条件；管制员在年龄、经验、知识、能力或其他因素方面的个体差异对解读或使用提供的信息方面的影响。

（三）管制员的熟练度

1. 管制员的信息选择能力

在确定显示器、操纵器和工作间的要求时，重要的是这些设备、设施要适合于所有它们要完成的任务，而非其中的一部分。这样一来，它们对某一特定功能的匹配可以不是最佳，但对于所有的功能则都要有效和安全，否则运行系统中的某些功能可能会是无效的或是无法完成的。例如，颜色的视觉代码可能有助于完成与其直接匹配的任务，但对那些需要对比不同颜色的信息来完成的任务，就会造成一些不利的影响。在各项任务间，要取得平衡，选择那些有助于更多任务而不严重干扰其他任务的代码。

2. 管制员的基本工作任务

管制员要完成基本管制任务，必须理解以各种形式显示的信息。管制员必须清楚知道能够得到什么形式的帮助，并知道何时该使用哪种帮助。在任何情况下，管制员都必须知道什么措施是正确的。

3. 管制员的再培训

人的因素涉及管制员在工作过程中所必须遵循的思维过程以及设备变化对思维过程的影响，在对设备和程序进行修改时最好能够做到这些修改不会对管制员固有的思维过程改变得太多或太快。无论何时这些思维过程一旦发生改变，管制员都必须有足够的再培训，这经常也会涉及人与软件关系的修改。如果设备和程序改变相对较小，管制员的再培训的目的可能就是将已掌握知识进行转移。如果新的设置与原管制程序完全不匹配，再培训的目标之一就是学会新的知识并清除新旧知识之间的相似之处，使管制员不会习惯性地把旧的或不适当的行为带入新系统之中。因此，引进新系统的地区可以学习已经引进相似系统地区的有关再培训方面的经验。

（四）最低可接受条件

在允许的最不利的条件下，空中交通管理的工作间也必须要保持安全和有效。这普遍适用于人的属性（如最低视力标准）、硬件的属性（如将要更替的设备）、软件的属性（如非标准程序）和环境属性（阳光造成的眩光）。因此，工作间必须针对这些条件进行测试和验证，而不能仅针对最佳或平均条件进行测试和验证。每个工作间的设计必

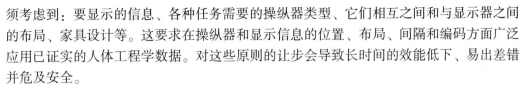

须考虑到：要显示的信息、各种任务需要的操纵器类型、它们相互之间和与显示器之间的布局、家具设计等。这要求在操纵器和显示信息的位置、布局、间隔和编码方面广泛应用已证实的人体工程学数据。对这些原则的让步会导致长时间的效能低下、易出差错并危及安全。

如果现存的工作间有局限，不能实施人的因素建议，那么应当采用在局限条件下的最佳近似值。当严重受限时，可能会存在不满意的条件下人的因素解决方案。比如说，没有足够的空间摆放所有的进程单或有眩光影响信息的显示，这些问题必须通过对系统的彻底改变来解决，而不能任由这些问题悬而不决。

二、管制工作站与设备的设计

在 ATC 工作环境中，工作环境由管制员工作站设备以及物理环境共同组成。管制员"工作站"指的是控制台、工作面、相关装置（如戴在头上的听筒和麦克风）以及设备。工作站的设计可以影响管制任务完成的速度和准确度。因此，工作站设计的适当与否对整个 ATC 系统的表现非常重要。

（一）管制工作站设备设计中人的因素原理

ATC 工作站环境包括管制员工作环境中的所有项目：工作间、主显示器和控制台、辅助显示、通信设备、工作台、座位以及储物柜等。如果设计得当，ATC 工作站和设备环境可以有效地保障与提高管制员的安全、健康、工作表现以及工作成就感。恰当的设计来源于对运行情况的了解以及对基本人为因素准则的运用。工作地点和工作站的设计应与管制员的期望和能力保持一致。物理尺寸因素和心理因素是 ATC 工作站设计中应考虑的两个基本因素。

物理尺寸因素。通过考虑人的尺寸特点，设计适当的设备尺寸的科学称为人体测量学。人的身高、腿长和臂展等物理尺寸是不尽相同的。如果忽视了这些物理特性，有些管制员可能就不适应工作站或够不到工作站的操纵器，因此工作站的物理尺寸应与使用它们的管制员相一致，可以通过建造一个完全尺寸的模拟工作站来进行评估。也可以让各种不同体形的管制员们来评估工作站的距离、视觉和延伸区域，仿真测试可以揭示出一些工作站设计中的问题。在设计的方案中也可以考虑这些差异，例如，采用可调整的工作站显示器和座位。同时，在设计方案中，还应该考虑的尺寸包括键盘高度和角度、屏幕位置和角度，以及座位、面板和靠背角度。

心理因素。管制员对全新的或经过升级的工作站的接受度是很重要的。如果工作站组织得很好且便于使用，那么管制员可能更容易接受这些改变。若工作站设计中的缺陷还会带来更严重的问题，如不正常的应激状态、疲劳甚至疾病等，这样的工作站设计将很难被管制员所接受。因此，在工作站设计中还应考虑管制员的心理感受因素。

（二）管制设备设计中的人的因素原理

1. 座椅与工作台

1）座椅与工作台设计原则

座位和工作台的设计应考虑管制员对空间、设备接近性及舒适性的要求，并将这些要求以各种数据的形式反馈给设计者。座椅与工作台的设计，首先应考虑人体测量学。人体测量学测量的是人体标准化物理尺寸的范围和分布，并综合所有特征的各方面。对不同身材的管制员，工作间的有关方面设计需要是具有可调节性的。要么就是工作台可调节，例如，可实现上下移动的架板；要么就是管制员的座椅高度可调；要么是二者皆可调。可调工作台的架板应当采用薄的材料，以确保每位坐着的管制员有足够的腿部空间。并且操作席下方应提供充裕的空间，供坐姿时的腿部活动。基于这些考虑，管制室工作台和座位应从运行的角度进行全面的评估。评估具体过程如下：

第一步是确定整个ATC系统（工作站是系统的一部分）的运行要求。这些运行要求规定了工作站所需的功能，这些又可为工作站中的旋钮、开关、按钮及设备的类型和数量提供设计选择。确定了需求之后，就要确定用户群，通常这是通过对工作人员主要物理尺寸的调查完成的。定义了用户群之后，就要确定能比较舒适使用工作站的工作人员的百分比，从而增加一些设计的限制。

确定了一致同意的设计限制后，就可以得到初步的工作站和工作空间的设计方案。随后，设计者和人为因素专家可以利用专门设计的计算机程序，对使用工作站的工作人员测试新设计工作空间的可达性和间距。对于主要是升级的工作站，常制成全尺寸的模拟工作站。这些仿制品在物理尺寸上和工作站类似，通常还包括有新工作站的灯光系统，但它们可以简单到以泡沫为核心来制作。一旦仿制品建成，就可以完成可达性、间距以及视觉的人为因素测试。

2）座位、座椅与工作台的设计

座位的设计应该遵循以下方针：臀部应支撑人体绝大部分重量；大腿应尽可能少承受压力；座位应支持背部较低的人；脚应该可以放在地板上；坐着的人可以改变姿势；座椅可充分支持各种体形的人；座椅应当移动方便，最好是装有大的脚轮，这样才不会卡在板缝之中；相邻管制员之间彼此座位中央间距不小于650毫米，这样管制员离开或进入工作席位时才不至于打扰邻座；长期有人坐的席位，尤其在有扶手的座椅之间，建议有不少于750毫米的间距。

座椅的设计应该遵循下列方面：

坐面高：即座椅面离地面的高度，最好设计成垂直可调式，以适应管制员一定的可接受身材范围。座位高度可在38~54厘米范围内进行调整。

椅面倾角：通常设计成略往后倾，可以防止臀部的前滑。

椅面与靠背的夹角：座位靠背可以放置为100°~115°。这样座椅可充分支持背部较低的工作人员。靠背使管制员身体活动不超过 7.5 厘米，就可使眼睛调整到视觉显示中所建议的位置。

坐垫：靠背和椅子都应加上至少 2.5 厘米的填充物衬垫。坐垫可以使臀部受力均匀，保持身体平衡。坐垫厚度通常为 2.5 厘米，面料应有利于散热、透气和防滑，建议使用皮革。

扶手：建议座椅配有扶手，并且应当是可调节的。座椅扶手应当保持相邻座位间建议的间距，这样管制员离开或进入工作席位时，才不至于打扰邻座。手臂扶手建议为 5 厘米宽、20 厘米长。

在工作台的设计方面应考虑下列因素：

如图 11.1 和 11.2 所示的工作台外形是一套平面构成的侧视轮廓图，它是为在工作席位就座的管制员提供的。

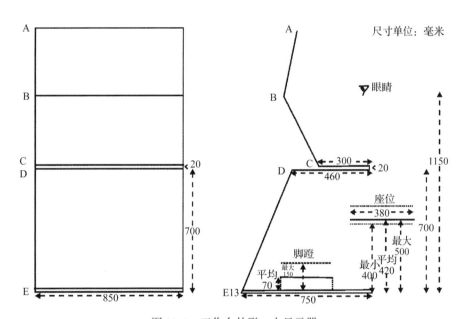

图 11.1　工作台外形：大显示器

作为环境的重要因素之一，设备的外形必须满足各种身材的管制员的人机工程学要求，如有必要，有的平面应当设计成可调节式的。工作台的外形必须能够促进工作台内硬件及其相关软件的有效使用。各主要显示器的平面应当与繁忙时管制员的正常视线基本垂直。繁忙时管制员身体通常会向前倾，而不会向后倾。因此，使用的人体测量学数据应当对弯腰驼背加以修正，建立正常的眼睛位置、观看角度与距离和触及距离。

工作台的设备外形应当避免干扰，突出主要活动，减少由任务设计造成的头部运动的频率和幅度。如果经常需要的信息不能显示在同一屏幕上，就应当在邻近的屏幕上显示，而且相互关系要明确。在同一工作间内，不同的、却常用的信息显示器之间的亮度不应当有明显的视觉差异。

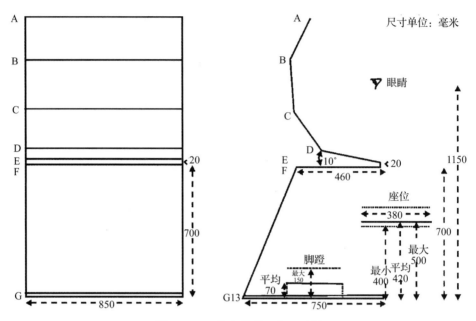

图 11.2　工作台外形：小显示器

对工作台的布局设计应考虑到以下因素：

（1）设备的可获得性。由于管制员是以坐姿进行工作并且移动较少，因此需要将管制员使用的设备集中在工作台上，最远的按钮不得超出管制员手臂伸长的最大范围。对于整个管制队伍来说，所有任务需要的操纵器都必须设在建议的触及距离之内。实际的建议触及距离会根据操纵类型、触摸、抓握或操作的方式而有所不同。频繁使用的操纵器应当处于管制员所使用的工作台架前面的最佳操纵位置，该工作台架板也应当是水平的或是几乎水平的；它还可以起到支撑手臂的作用，从而有利于防止疲劳。使用频率较低的操纵器，例如，设定操纵，可置于工作台的垂直平面。

（2）设备位置与管制职责相匹配。设备的提供和布局很大程度上取决于管制员需要承担的工作。每个工作间的责任必须可以切实完成而非虚设。环境中设备的布局必须保障管制员之间的有效协作。管制工作台应设计成两人同时使用的工作台，对大多数习惯右手的人而言，管制席在左，协调席在右。一般来说，雷达屏幕正对管制席，屏幕右边是雷达的控制按钮，进程单架放在写字台上，管制席略偏右；无线电通信设备控制面板放在管制席与协调席之间；协调用电话放在协调席右边；其他不常用设备放在两旁。如果有监察员，在监察员的工作间就应当有可用的、有效的形式提供进行有效监察的设施；如果没有切实实施监察的设施，监察工作将名存实亡。

（3）考虑管制员不同任务性质需要。在设计工作台时，必须要考虑塔台与区调的区别。区调工作以监视雷达为主，要求雷达屏幕高度范围在人坐在座椅上眼睛平视的范围内，工作台较高。塔台工作需要随时向外观察跑道情况，要求工作台不能阻挡管制员

向外观察的视线，因此塔台的工作台应该比较低平。

2. 通信设备设计

ATC 系统安全有效的工作与通信的质量是密不可分的。1991 年纽约发生的通信开关转换问题造成的后果是整个美国东海岸的空中交通管理被打乱，航班延误数小时。因此 ATC 单位管制员端人机工程设计的好坏将直接影响管制员与飞行员及其他单位管制员的通信。

1）通信设备设计原则

工作间可用的通信设施应当明确。管制员的通信主要是通过软件与硬件的共同作用来实现的。将通信设施集成到工作间时，通信频道应当在被占用时有清楚、明确的指示，成功地发送信息后应当有明确的指示。目前，大多管制员之间和管制员与飞行员之间的信息传递还是依靠言语来进行的；发报格式中已经包括有收到并理解电文后的正式认收方式。未来，更多的信息将在航空器与地面系统之间、卫星与计算机之间通过其他各种通信系统自动发送，而不再需要管制员的直接参与，除非有意地提示信息给管制员，否则管制员并不会收到这些信息。当通信自动化后，因为人与机器的连接是通过人—机界面实现的，通常是信息只提供给一个管制员，而不提供给一组管制员，因此班组的作用经常会被削弱。

管制员要理解并组合可能遇见的各种信息。在未来的许多年里，ATC 系统仍要包含各种混合的通信，ATC 还必须为装置了不同机载通信设备的各类型航空器提供服务。如果通信有自动化辅助设备，管制员必须要知道它们是如何工作的。只有以可行的人—机界面设计方法开展设计，各种不同类型的通信信息才能被管制员组合并协调起来。

ATC 话语电报应尽可能标准化。为了避免语义含糊和潜在的差错源，ATC 话语电报的内容、结构、对话、词汇和顺序都应尽可能标准化。

易混淆或相近的主要语音源应尽量避免。同一空域内呼号相近的航空器，不可避免地会成为造成人的差错的潜在因素，最好的解决方法就是预先避免这种情况。如，当两架以上的航空器在它们某个飞行阶段会在同一区域相遇时，就应当给它们指定不易混淆的呼号。按标准格式和顺序发送的 ATC 电报内容就可避免语义含糊，并可以避免一种信息被误解为另一种信息的可能性。

佩戴与使用的舒适性考虑。管制员使用的头戴式听筒或其他通信设备应该具有舒适性。听筒应设计为没有裸露的金属部分接触到管制员的皮肤；戴眼镜的管制员不能因为头戴式听筒而感到不舒服。正常工作情况下，麦克风、头戴式听筒和电话听筒应允许不用手操作。电话听筒应该很容易拿到，如果需要多个听筒，经常使用的频率或最紧急的听筒应该是位于最容易被管制员获得的位置。

2）控制面板设计

为了便于使用，应该将无线电通信设备的控制按钮做成整合的控制面板，放在管制员和协调员伸手能及的地方。控制面板首先应该有频率调节旋钮、频率显示窗（数字显示）、耳机话筒插口，并且应该至少有三套，分别处在正式频率、备用频率和军用频率上，以便在各种情况下能及时切换。

由于现在陆空通话仍是采用半双工通信，即听说不能同时进行，因此需要设计一个通话按钮，用按钮的按下或弹开来控制是发指令还是收听信息。为了使管制员确认按钮是按下或弹开状态，需要在按钮按下或弹开的同时给管制员一定的信息，以免出现误操作。控制面板通常有以下的设计：

（1）在控制面板上设计一个与按钮联动的发光组件，按下灯亮，弹开灯灭，反之亦可。

（2）将按钮设计成反馈式按钮，按下弹开时手上应有相应的感觉。

（3）听筒和语音控制设备设计：为管制员提供听觉信息的 ATC 设备中重要的部分是听筒。接受输入的耳机和进行输出的麦克风组合就是听筒。任何听筒的麦克风部分必须设计为在人的语音频谱范围内（最好 200～6000 Hz，最小可接受范围为 250～4000 Hz）工作最佳。输入的听觉信息应既提供给耳机，也提供给耳机外面，双声道耳机对 ATC 工作有两个好处。第一，双声道设计可把信号从一只耳朵转换到另一只耳朵，可比信号同时提供给两耳更有效地警告管制员。第二，当两个听觉信号/信息同时出现时，双声道可用于防止屏蔽，例如，来自飞行员的语音通信可以通过一只耳朵传送给管制员，而告警信号可以传送到另一只耳朵。

为了尽量减少听觉信号同时出现，应有一个告警/信息的优先系统，可行的话，信号和语音信息每次只提供一个。同时，有关的或备份的告警/信息应综合，例如，指示一个复杂系统故障。

听觉设备的某些方面应可以由管制员控制，而不是完全交由计算机控制。对于只要问题存在就一直响的语音信号，管制员应该可以关掉它。但是，轻易就能关掉告警信号会增加管制员的差错。如果过了很长时间后，问题还没有解决，计算机应再次对管制员发出告警。一旦一个信号不论什么原因停止，计算机应自动重新设置，这样当问题再次发生时，告警信号还会再次发出。同时，关掉语音告警信号不应抹掉有关警告的视觉信息。重复的信号或无限制持续的信号应仅用于很少出现的紧急情况。否则，这些信号会使管制员烦恼，并可能使管制员养成马上轻易关掉告警的习惯。

通信设备的音量控制。因为年龄、工作时间、噪声剂量等因素会降低人类听觉的感知能力，所以管制员应该随时可以调整音量。响度控制的量很大程度上取决于设备设计的初衷，如果固定响度的声音对应某一固定的信息，那么信号强度可以设定为保持不变。同时需要注意的是，音量调整机制应防止管制员将听觉设备误调到听不见的大小。如果信号用于提示管制员的计算机输入差错，管制员就应该控制关掉无法"beeps"的声音或转换为视觉提示。为了避免由通信原因引起的航空事故，对话筒与耳机的最基本要求是传输音量适中、音质清晰、噪声较小。

耳机宜设计为头戴式，耳罩较大，并可过滤噪声；耳罩用料应比较柔软，不能给耳朵造成压迫感；耳机整体重量要比较轻；耳机带上后应比较稳固，不易脱落。另外，管制室内也应该有扬声器，便于有需要时其他人员监听陆空通话。

3. 工作站显示器

1）显示器设计原则

在管制设备中，大多数的信息依然是以视觉信号的方式传递给管制员，因而在视觉显示器设计时必须考虑人类在视觉、信息处理和理解等方面的特点。

（1）视力。对于所有需要利用显示器来完成工作的管制员来说，即使在设备老化的情况下，显示的详细信息也必须清楚可见。因此在工作空间设计时，就应当设定显示器上所有信息的观看距离，并应当根据适用的观看距离来检查各项显示信息的设定要求，确保在可能发生的最不利条件下，即使管制员的视力为允许的最低标准，也能看清楚各项显示信息。

（2）前景和背景信息。显示交通平面图的 ATC 电子显示器可描述两大类信息。静态背景信息（如航路、海岸线、限制飞行区和距离环等）应当存在，但不能突出；其描绘方式应当采用区域填充，并且是非饱和的颜色（如果使用颜色）和低对比度。动态的前景信息是可变化或移动的，其中大部分（包括标牌）与单一的一架航空器相关。动态数据与背景之间的亮度对比率应当大约为 8：1 较为合适。

（3）颜色。如果使用颜色，通常应使用柔和且非饱和的颜色。饱和的颜色可能会破坏视觉，因此饱和的颜色应当仅用于至关重要的和临时的信息。同时需要注意的是，饱和的颜色也不适合各项尺寸小的视觉信息或区域。尤其是蓝色之类的饱和色，可能会诱发色差之类的问题，所以也要尽量避免使用。所有的颜色，包括饱和度高的颜色，都必须满足亮度对比的要求；否则，不管它们有什么特点，为了适合运行都必须被弃用。为了避免混淆，所选用的颜色相互间应当明显不同；而且为了在话语中提及时不会存在含糊的语义，都应当有明确的名称。应当对管制员进行色盲测试，以确保他们全部都满足工作时必需的色觉要求；但所选用的颜色也必须容许个别管制员色觉方面允许的缺陷。

（4）符号、字母和数字。确定符号、字母和数字的最小尺寸和可接受的设计方案以及它们之间的最小间距，应当涉及信息和背景亮度对比、环境光线、符号、字母和数字生成的方法、有关可认读性的人体工程学建议和最低视力标准等诸方面的知识。实验表明，人对数字和字母信息的辨认能力最好，颜色和几何图形辨认其次，因此可以用这些符号来设计显示各种信息。因此，许多动态 ATC 信息是以符号、字母和数字的形式来进行表示的，其可认读性取决于它们的生成方式。在现代的设备上，为了保证人类的正常识读，符号和标牌信息最低约需要 3 毫米的字符高度。如果是旧的设备或不利的观看条件，比如过强或暗的光线环境，可能会需要增大字符尺寸来进行补偿。同一标牌上的大写字母、数字的最低行间距大约应当是字符高度的 30%；屏幕上的连续文字的行间距不应当小于字符高度的 60%；一行中相邻字符的视觉间隙最小应当是构成字符笔画粗细的两倍。如果字符的大小当作代码尺寸使用，应当只使用两种尺寸，而且两种尺寸间要有明显的不同。

ATC 信息的视觉代码还需要满足一些要求。各形状必须可以目视区分，并要有口头能说明的明确名称。人的视觉限制必须进行确认，例如，因为小的符号不易根据颜色区分，所以颜色代码不适于非常小的区域；因为环境光线会改变显示颜色的外观，所以它不应当有颜色；环境光线不能亮得难以看清显示的信息，也不能暗得难以阅读其他重要信息（如，印刷材料上的信息）。

2）显示器设计

（1）显示器的大小。视野是指管制员的头部和眼球固定不动，眼睛注视正前方所能看见的空间范围，人眼的视野常常采用角度来进行表示。设计要求显示器中的重要信息大部分要落入人的视野范围中，这样可以保证管制员能长时间注视雷达屏幕而不感到疲劳。人的双眼视野是水平方向60°，垂直方向80°；但只有在水平方向8°，垂直方向6°的中心视野范围内，才能清晰地辨认出物体细节。当配合眼球转动时，人眼可以注视到水平、垂直方向约18°～30°范围内的物体。根据前面的工作台设计方法，建议显示器的尺寸是25厘米×25厘米，这样管制员的眼睛较少转动就可以注视屏幕，并获得大部分信息。

（2）显示器颜色与亮度。显示器的背景是黑色的，建议主要图像的颜色设定为绿色，有特殊情况的飞机标牌为红色。这样既容易辨认，又符合人们的日常生活习惯而不容易出错，并且所有使用的颜色都必须满足亮度对比要求。所选颜色之间彼此应十分清晰，并且都应有明显的名称，以便颜色在语言表达上避免模糊。管制员选拔时要进行色盲测试，确保每个管制员都能达到分辨颜色的视力标准。显示器亮度要适中，一般而言，如果图像亮度越高就越显眼，因此越容易被识别。但长时间注视高亮度的区域，会使眼睛疲劳且有刺眼的感觉。所以为了区别飞机标牌与航路的背景、导航点等，最好使飞机标牌略亮一些，而航路稍暗。实验表明：运动的数据与背景信息之间亮度对照比例大致应为8∶1。就人的认知特点而言，浅色比深色要亮一些，因此可以将飞机标牌设计成浅绿色，航路导航点设计成深绿色，这样就可达到要求。

（3）显示器上符号的设计。有背景的航路与导航点应用深绿色进行表示，布局要与航图一致，表示导航点的符号也应与航图一致，旁边要注明名称。实验表明，在几何图形中人对三角形、圆形、矩形的辨认最好。由于三角形用来表示航路上的报告点，因此建议使用圆形或矩形代表飞机，再加上直接用字母和数字表示的航班号、高度和地速等必要信息，就可以构成一个完整的标牌。为了增加屏幕内的信息量，字符要尽可能地小，而过小的字符人眼将无法识别；如果为了看清楚而加大字符，屏幕的信息量就会减少。实验表明，为了识别英文字母，让视力5.0的人在距屏幕1米处看，字母的大小应不小于2.5毫米。因此，雷达屏幕上字母数字大小建议使用4.5毫米为宜。

3）共用显示屏的设计

当一群管制员常必须看同一信息时，大型显示屏就很有用；另外由于空间限制的原因，也可能需要去掉单个显示同样信息的显示器。因此在设计共用显示器时几个主要因素如下：

（1）视角。大型显示屏的使用要保证所有要使用该显示屏完成工作的管制员没有

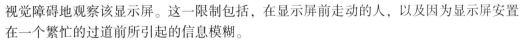

视觉障碍地观察该显示屏。这一限制包括，在显示屏前走动的人，以及因为显示屏安置在一个繁忙的过道前所引起的信息模糊。

（2）视距。显示屏离观察者的距离不能超过该显示屏分辨率所允许的最大距离。对于大型显示屏，因为视距更远，所以字符的大小应比依据推荐视角所得标准显示字符大小要大。另外，显示屏离任何观察者的距离不能小于该显示屏最大尺寸的一半。

（3）图像亮度。整个显示屏上图像亮度应保持一致。人眼可接受一定的亮度不一致，但显示屏最亮的部分不能超过最暗的部分亮度的三倍。如果使用的是投影仪，屏幕最大亮度不能超过最小亮度的四倍。

（4）控制显示信息。显示信息的控制设计，应保障重要信息不会被无意修改或删除。共用显示器信息应由指定的人员按预先编好的程序进行操作。不管显示控制如何设置，对经过训练的观察者而言，显示信息的内容应清楚明晰。例如，对于包含几架飞机到达和起飞时间信息的大型显示屏，显示某航班到达时间比正常时间晚的图例应该可以很明显从屏幕上辨别出来。管制员浏览信息时，应可以不需要看控制面板设置就能指出航班将比预计时间晚到达。

4. 操纵器设计

管制员从开始至完成所有的管制行为都需要使用输入装置。最简单的输入装置是开关和按钮（如，在通话前用来选择正确通信频道的开关或按钮）。传统的键盘和一些现代化系统中使用的触摸屏允许向系统内输入并及时更新字母数字信息。其他输入装置还有：滚球、鼠标、旋钮、按钮和脚踏开关（如，通信频道的发射开关）。选择适于任务的输入装置，并依据操纵器的物理特性和操纵器与任务之间的关系对其进行合理布局，制订各输入装置的详细设计要求，将直接影响管制员使用该装置的熟练程度、效率和速度、技能培养情况、使用时可能出现的人的差错种类等。管制员的工作间应当根据人体工程学建议展开设计，其中包括位置、间距、敏感度、反馈和输入装置的视觉外观、操作时所需的适当触及距离和力量等方面。

1）工作站中操纵器设计原则

程序完成的速度和准确度与操纵器的逻辑安排有关。其中包括软件生成的操纵器。操纵器的设计和安排应支持管制员完成运行程序的自然动作顺序，并且操纵器的安排应基于完成所需功能必需的子任务或程序。以下是工作站中操纵器设计应考虑的一些主要的人为因素问题：

（1）可见性。为了使 ATC 工作站有效运行，操纵器的可见性是必要的。根据管制员眼睛的位置安排的操纵器，其可见性是最佳的。管制员是以坐姿还是站姿工作将直接影响管制员眼睛的位置。这些因素使设计者需要将操纵器和显示器安置在管制员既能获得最佳可见性，同时又能控制太阳光反射的位置。图 11.3 所示为一个坐着的管制员的视角可见范围。

（2）操纵器间距。操纵器的布局应保证它们之间有足够的空间，以便于管制员在无磕碰和阻碍的情况下完成操作。如果扳钮开关等操纵器需要抓住，就需要更大的空间。如果操纵器之间靠得太近，无意中触动某个其他操纵器的可能性就会增大，或很难触动准备触动的操纵器。最小间隔取决于操纵器的类型，对于手动操纵而言，操纵器间的最小间隔为10毫米到50毫米。同时影响操纵器间距离的另外一个重要因素就是手的尺寸和宽度。这一点每个管制员都不一样，手较大的管制员就需要更大的空间来触动硬件操纵器。

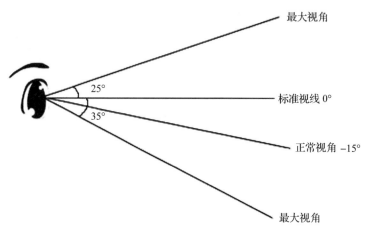

图 11.3　管制员保持坐姿时对操纵器和显示器的可见性

　　影响软件生成的操纵器间的间隔因素包括：轨迹球或触摸屏等输入设备的灵敏度，以及作为控制标签或符号的图例或图标的清晰度。出于安全考虑，某个重要的操纵器和其他次重要的操纵器之间，还应额外增加距离以保持足够的区分度。

　　（1）识别因素。安排操纵器布局时，识别因素也有一定的影响。逻辑上相互关联的操纵器，按顺序使用或在其他方面有相似性的操纵器，就应当安排在一起。另外如果可行的话，控制各显示器的操纵器应安排在靠近对应显示器的位置。如果操纵器提供如蚀刻线之类的物理上的边界，就可以有效提高操纵器的识别和使用。

　　（2）管制员的期望。操纵器的使用应与管制员以前的使用习惯保持一致，同时还应考虑文化风俗之间的差异。在美国，人们习惯按一下开关弹上来表示打开开关，按下去表示关掉开关；而在英国，按下去意味着打开，弹上来则意味着关闭。同样的，在美国人们习惯于顺时针转动旋钮使电力、明亮度、压力等指数增加。因此，在设计中应考虑到国情和习惯，违反这些期望的设计会增加造成不安全事件和事故的危险性。

　　（3）健康和安全。在工作站设计中，管制员的安全和健康应放在首位。设计一个新的或升级的工作站或工作点时，必须进行危险分析。工作中的安全危险包括：工作面的尖角或凸出部位；或可能增加管制员出错可能性的操纵器和显示器布局。工作站设计中的缺陷可能引发疾病或问题，例如工作站中重复性的弯腕动作过多，会造成对通过手腕的神经的损伤，其症状包括麻木、抓物不牢、丧失手功能，因此在设计中应尽可能减少管制员出现这类病的可能性。另外，视频显示器发射的电磁波也应降低到最小，以尽

量减少对管制员健康的损害。

（4）标准化。系统标准化以后能够减少管制员适应新系统的训练时间；减少管制员从一个 ATC 单位转换到另一个单位时出错的可能性；系统标准化还可以提高共用软件的利用率，降低使用成本，减少后勤支持。但是，新系统或升级系统的设计者应该注意的是不能为了标准化，而实施不好的设计。例如，从后勤和标准化的角度来看，镜像操纵器布局可能很好，但从运行角度来看，这样的布局可能导致混淆，并增加出错可能。

（5）灵活性。在对工作站中操纵器进行设计时，还需要考虑的另外一个重要因素就是灵活性。操纵器和显示器的可调性就可有效提高管制员的工作表现，使管制员工作更舒适。因此在布局满足功能适应性的前提下，灵活性是 ATC 工作站设计的另一个主要目标，例如，操纵器的安排应使习惯用左手和右手的管制员都能使用。

2）评估工作站操纵器和显示器运行适应性的物理标准

工作站操纵器和显示器的设计和布局通常都是权衡考虑的结果，而并不能将所有的操纵器、显示器和指示器都放在最佳位置上。因此，在决定操纵器和显示器位置时，评估安排的优先顺序是必要的。通常，优先级别高的操纵器应尽可能靠近管制员，优先级别高的显示器和指示器应放在中间的位置。以下是评估操纵器和显示器物理方面的三个主要标准：

（1）操纵器、显示器或指示器及它们相应标签的可见性。

（2）操纵器的间距应保证操纵器间有足够的间距以便抓握和操纵，并预防意外的触发。

（3）不需要管制员过度的肩部活动或弯背就可以触到操纵器。

为了评估这些因素，应使用人体测量学以获得工作站间的适当的物理尺寸，以及使用工作站的管制员不同的人体尺寸。例如，一个坐着的管制员的眼睛位置与管制员的躯干和脖子的长度有关，通过对测量数据分布状态的分析可对不同管制员的这一尺寸进行评估。由这一分布可以确定管制员坐姿时眼睛的平均高度以及极端的高度，设计者可使用这些尺寸安排操纵器和显示器的布局。一种典型的设计目标是使工作站的设计必须适合 90% 的用户，其中包括大约 5% 的女性和 95% 的男性。

3）键盘与滑鼠的设计

目前，雷达使用的键盘有两种：一种是普通键盘，另一种是特殊键盘。普通键盘即个人电脑所用的 101/104 标准键盘，这种键盘的优点是普遍易学，只要有计算机基础就会使用，无须专门学习；但其缺点在于调用雷达功能时，需要逐级调用功能菜单，既费时又易错。特殊键盘是为使用雷达而特制的，它的字母键、数字键排列与普通键盘都有所不同。另外此种键盘还有许多功能键，每个键代表雷达的某一功能。这种键盘优点是雷达功能可以直接调用，方便快捷；缺点是使用者要专门学习键盘的使用，不熟悉时容易出错。特殊键盘通常放置在雷达屏幕旁边，单手即可操作。普通键盘通常放置在写字台上，需要时使用。这两种键盘相辅相成，如何使用应视具体情况而定。

滑鼠可以用于选取飞机、点取菜单等需要。目前，所用的滑鼠有两种：一种是鼠标，一种是轨迹球。鼠标定位准确迅速，拖放操作方便，但使用空间要求比较大；轨迹球使用空间固定，不必做大的移动，但不容易选准目标。这两种滑鼠各有所长，但考虑到工作台空间狭小，目标移动不快，因此建议使用轨迹球。由于大部分人习惯使用右手，可将轨迹球放置在雷达屏幕右边，与特殊键盘整合在一起，便于管制员操作。

5. 其他设备

1）气象信息显示器

该设备可以反映出实时的风向、风速、场压、修正海压和温度等气象信息，这些信息是管制员发布着陆许可时所必需的。该仪器应该做成一个整合的显示面板，逐行显示各种信息，要求在各种照明下都能清晰可见，显示面板必须是在头部转动不大时，眼睛能注视到的范围内，可以放在管制席的左前方或工作台的上方。

2）标准时钟

管制员工作时对时间掌握是非常严格的，需要随时注意到时间，因此时钟要求足够大，并在管制室内任何位置都能清楚看见。标准时钟应该有指针式和数字式两种，精确到秒，便于不同习惯的管制员观察。管制室内应该有两套时钟，一套是当地的区时，一套是国际标准时。但这两套时钟不要放在一起，应分开较远放置，以免产生误会。

3）进程单自动打印机

进程单自动打印机可以根据起飞报自动打印出进程单，代替管制员填写，提高了管制效率。打印机一般应放在管制员与协调员之间，使二者都伸手可及。控制打印机的计算机应放在协调席上，并且可以与飞行计划显示系统、飞行动态显示系统结合起来，减少工作台的复杂度，也能提高工作效率。

三、物理环境设计

从广义上讲，环境包括组织文化和物理特性。此前的章节中已就管制中的组织文化进行了讨论，因此在这里主要讨论工作空间设计、室内设计、布局等环境的物理特性，以及环境因素这些方面对管制员的表现产生的明显影响。

（一）管制工作空间的设计

工作空间设计中人的因素包括工作空间位置设计、室内设计和管制席位的设计。

1. 工作空间位置设计

在进行工作空间位置设计时，首先应考虑有关工作间的建筑的选址，例如，位于机场内的 ATC 单位要求完全隔音，这样噪声才不会损坏话语的清晰度；停车位、小卖部、休息室、卫生间及其他的方便设施都应设置在工作空间附近，这样使用这些设施才不需要过度延长工作中的休息时间；同时还要设置一个可供大型维护设备出入的入口，尽量减少对 ATC 工作的干扰。其次在对空间的设计中，房屋建筑的布局应当使维护和修缮对 ATC 工作的影响降至最低，比如，为大型维修设备提供方便的入口。最后，管制室内及其通道的照明不应有明显差异；通往工作间的通道和工作间本身的墙壁和天花板应当使用吸音材料，地板应当有地毯，这样进出工作间对工作所产生的干扰才能降至最小。

以目视为主的塔台管制，其工作的点应该在机场的制高点。在塔台环境中，所有的管制员都必须能清楚看见所有工作所需的信息。管制员必须能够清楚看见航空器起飞或最后进近的跑道和他们所负责的航空器，这个要求适用于每条跑道的两个方向。有的管制员需要能看见塔台下面的滑行道和停机坪上的航空器活动；有的管制员要求能看见全部或大部分停机坪、全部或大部分起落航线，以进行正常的工作。其他人、塔台内部设备、标牌、内部其他装置或者机场建筑都不能妨碍管制员的视野。同时，也要求在机场范围内运行的航空器能随时看见和识别出塔台，以便在紧急情况下能进行灯光管制和旗语管制。

塔台工作空间设计还必须能促进信息快捷、清晰地传递。繁忙机场的管制工作可以分为进近、离场、监控、计划和地面管制。塔台内部设计应有利于数据传递以及管制责任的移交。每次移交时，必须将飞行进程单放在指定的位置，但决不能放错位置。即便是在空间有限的塔台内，飞行进程单托架必须能容纳最大允许航班数量的飞行进程单以及其他显示器的信息，如地面活动计划、接地区指示灯距离等信息，必须准确无误地与其他来源的信息相综合，并保持它们之间完全一致。

以雷达为主的进近和区调管制，其工作地点要求能清楚地接收到雷达信号和无线电信号，要求工作地点附近没有或较少电磁干扰，管制员能收到连续的雷达和通信信号。

2. 室内设计

房间布局也是环境的一个方面，包括管制空间容量、管制室内布局与设计和管制席位的设计。

1）管制空间容量

ATC 单位工作站和工作站组所需的空间大小由管制空域环境类型（例如，塔台、终端区、航路）、单位的物理限制等几个因素共同决定。以下是决定工作站空间大小的主要因素。

成员多少，这是指管制班组由多少成员组成。依据工作站是一人使用，还是与其他人一起使用，其空间要求也不一样。随着班组成员增加，独立的、面对面的通信变得更困难，而且为了使语音更清晰，成员必须站得或坐得更近一些。如果两个或更多人共用同一工作站控制台和显示器，可以节省空间。如果两个或更多人常需要同时穿过工作站间的过道，那么工作站之间的距离应保持足够大。房间的布局应当能容纳计划在此工作的最多人数，包括管制员、助理、监察员和其他工作人员，这样便于交接班、上岗培训和出入。工作间内应当有足够的空间对移交进行观察、在岗培训和评估，而不对其他管制员的注意力造成分散或影响。

虽然运行上的考虑很重要，但工作站的布局和间距还应当有足够的空间来安放供紧急情况时或者主用设备失效时使用的备份席位，并允许维护支持技术人员将系统组件移除或换动位置。支架、支持结构或其他障碍不应该妨碍打开或移去设备的盖子或架子。另外，工作站的位置应使得其他设备或工作站不影响该工作站设备组件的可达性。在紧急情况下或设备故障时，空余位置空间多，也不妨碍进出。安全设备必须始终随时可用，且不受阻碍。

2）管制室内布局和设计

必须分清管制任务与非管制任务各自的范围，以进行相应的室内布局和设计。所有的管制和非管制任务应当明确；房间的布局设计应当有助于完成这些任务。如果 ATC 工作间要求连续有人工作，管制室的布局应当允许在一些工作间能保持运行时，还能够定期进行维护和清扫。同时，工作空间室内布局必须考虑到负责非管制任务的人员，如，设备检查、对现行系统进行修改、未来工作计划、质量保证或航空安全工作等人员的任务要求。

总的设计原则是：事先识别出需要，然后设计满足这些需要的房间布局。如果不这样做，可能会造成一些需要会根本得不到满足，另一些需要也会得不到充分的满足。这样就会造成在事后需要对环境进行昂贵的改造，而且即使进行了改造其最终的效果也不一定很好。

3. 管制席位的设计

各管制员的工作间根据工作和任务被组合为操作席。操作席的设计包括：环境、软件和硬件部分。每个工作席位必须包含完成该席位全部职责所需的所有设施，其中包括信息显示、数据输入装置和通信设备，并且这些设备都必须满足人体工程学所要求的可触及距离、可观看距离和易达性。

（二）室内装饰

管制室的环境色彩、建筑材料、造型、环境布置等对于管制员的心理感受都有重要的影响，如黄色能刺激并提高人的积极性，柠檬花香可使人心情舒畅，消除疲劳，提高管制员的工作效率，有利于身心健康。管制空间的室内装饰设计应该保持一致，而不能随意地设计，这样才能获得最佳视觉环境。内墙表面应当是不光滑的，且不应当发亮，也应避免长期使用后发亮。装修设计应当使墙壁、地板和家具的颜色柔和，如柔和的米色、淡棕色和浅灰色通常会令人满意，饱和色彩将会影响管制员对显示屏上数码的识别，而白色通常会显得太亮。

如果房间比较大，就应当有能提供视觉结构和能表达房间大小印象的可视特征，例如，地毯的方格表面上略有不同却又总体一致。大房间还必须保持足够的高度，大房间的天花板如果太低会使人感到压抑，且很难在整个工作空间内达到合理的、相对一致的环境光线。

（三）光线

1. ATC 工作站和环境照明的具体要求

如前面所述，对光的感知是光的物理特性和人眼视觉系统构造的相互作用。影响光线感知和考虑管制员最佳照明的因素如下：

1）年龄

人的视觉系统随年龄而改变。年龄增长主要的变化是眼睛的晶状体变厚，这将降低人的近距离视敏度，并减少进入视网膜的进光量。人类 50 岁时视网膜的进光量大约只有 20 岁时的一半，进入视网膜的光也更分散，使图像的对比度降低。视觉系统的所有这些变化意味着，为了获得同样的视敏度，年龄大的人需要更多的光。因此，年龄大的管制员比年轻的管制员需要更多的直接照明。

2）管制员任务要求

各种标准和指南中都有关于照明的要求，但都很少涉及管制员要完成的任务。但在自动化系统（AAS）照明开发要求中，扇区要求确认小组（SSRVT）列出了管制员用户群。SSRVT 已定义了与 AAS 管制员要完成的任务有关的照明标准，这些任务要求可能需要由管制员进行评估，以确定工作站或环境照明是否充足。

3）灯和照明的类型

ATC 单位主要使用两种灯：用电加热灯丝的白炽灯和电流通过气体发光的气体放电灯。最常用的气体放电灯就是日光灯。

白炽灯或气体放电灯都是以直接或漫射的方式产生光。对于保障读写（阅读或写记录）功能的小区域照明，直接照明很有用。漫射照明可使眩光和反射的情况最少，因此对大区域照明很有用。可将一个或多个设备合并为一个灯，以控制光的散布。这些设备包括镜头、扩散器、遮板及反射镜。

4）照明度

对于 ATC 系统和环境的用户和设计者来说，一个主要的问题是确定照明度。决定照明度的主要因素是要完成活动的类型，以及所要求的视敏度。通常，细节视觉要求越多，环境照明度就应越高。空中交通管理塔台有其特定的照明问题，白天直接的阳光照射会"冲失"视觉显示；夜间塔台内部照明则应平衡管制员看窗外和阅读文本（如进程单）这两个要求。新的 ATC 环境和工作站的设计者和施工者应和熟练的照明工程师、人为因素工程师一起工作，以准确确定适当的照明度。

5）光的分布

除了照明度外，光的分布也会影响视敏度，以及空中交通管制员的表现。工作环境中相邻区域的照明度不同，使管制员在转换注视目标时，需要不停地适应这些差异。一个主要标准是发光度比。发光度比是视觉范围内两个相邻区域的发光度的比值，如果两个区域的发光度比相差太大，将影响视力和舒适性。对于周围环境，照明工程师协会建议，工作空间中相邻环境中最亮的和最暗的区域的差异不能超过三倍。

6）工作站发光度的范围

因为工作站显示屏会发光，所以在没有周围环境照明的情况下显示屏依然是可见的。但是管制员为了完成和显示屏有关的其他任务，通常还需要环境照明。对大部分任务而言，环境照明越高，管制员的视敏度越好。但是对于 ATC 工作站显示屏照明而言，周围环境照明越高，就越难阅读显示屏上的内容。因此，建议环境照明应折中考虑读写任务的高照明要求和完成显示屏任务所希望的低环境照明的要求。

可使用任务照明来达到工作站发光度的范围要求，即为读写任务提供集中的光源。为了避免工作站显示屏和操纵器的眩光和反射，光源的位置和可调节很重要。间接照明可避免期望之外的眩光和反射，这对于完成 ATC 任务很有帮助。当管制员环视房间时，各方向上的总体照明强度应当大致相同，这样环视周围不会导致眼睛瞳孔直径的大范围变化。同时，房间内部也不应当有小片的黑暗或明亮区域。

工作空间、操作席、工作台和显示器的布局，必须根据环境光线来设计。在工作空间的设计方案上，可以通过绘图来找出从正常位置观看时各显示器所反射的房间区域来检查和避免眩光和反射。在反射出的房间区域，不得装有直接可见的光源。这种检查的另一方法是使用实际尺寸或小比例的实物布局模型来进行。

2. 高亮度环境下提高显示信息的可读性的方法

环境光线是物理环境中最关键的一个因素。空中交通管理塔台内的环境光线，从直接的阳光到夜间的人工照明变化很大。管制环境设计要求为管制员创造一个良好的光照环境，无论环境光线如何，所有的显示器和操纵器都要保持可用，使得它们在黑暗中不会太亮，在阳光下不会太暗。因为管制员工作时要随时看着航空器或雷达信号，如果照明条件不好，很容易使眼球疲劳，直接影响管制工作。所以天花板上的灯组或向上照的灯光经过天花板的反射来提供照明，是有效的照明方式。直接安装在天花板内的灯组和天花板上反射光线都必须能有效实施照明，同时墙壁表面应粗糙且颜色呈白色或大致呈白色，从任何工作位置都不能直接看到如灯丝或灯管等光源。

1）减少反射和眩光

反射是指相对于显示屏发出光量的反射光的量。落在工作区域或显示屏上的光量由两部分组成：直接射在工作区域上的光量，以及墙壁、天花板及其他表面反射的光量。

塔台由于位置较高自然光充足，因此光照条件比较好，但在阳光强烈的白天，塔台内的光线亮度会变得很高。同时由于塔台四面都是玻璃窗，因此眩光则会是另一个严重的问题，所以塔台的修建位置最好应使得管制员在看主要跑道的同时不需要面向太阳。从管制员工作的安全性和舒适性来看，ATC 环境内必须避免任何来源的眩光和反射。通常，室内照明光源所引起的眩光可通过减小环境灯光或更改显示器来得到解决。在修建塔台时，窗户玻璃角度向外，同样可以有效地减少眩光，这样的设计同时还可防止玻璃上的雨水对能见度带来的损害和失真，但这也可能会使管制员向上的视野范围受到限制。此外，窗户玻璃贴膜和滤光、提供可调有缝的遮光板、减少房间内发亮的表面、在工作间或个人的显示器周围加遮光罩、将塔台内的工作台和家具尽可能置于阳光直接照不到的地方等方法，都可有效减少眩光。同时，由于眩光可降低显示信息的对比度和可认读性，因此可以通过增强显示亮度、显示器表面贴膜或滤光、改变显示器使用的技术来加以弥补。在塔台中使用一些宣称适合日光条件的显示器时，也需要具体地考虑该塔台的亮度会不会使这样的显示器依旧显得暗淡。

区域或进近管制的工作空间，要么没有外界视野，要么窗户应装有窗帘或遮光板，以获得可控照明的环境。进近与区调管制室主要采用人工照明方式，为了看清雷达屏幕，光源不能太亮，不能在雷达屏幕上引起反光而掩盖雷达信号；管制员工作时要填写进程单，进程单区域的照明又不能太暗。因此，管制室里的光源建议分为两种，一种是比较暗淡的背景光源，另一种是比较明亮的直射进程单架的光源，这样可同时满足看屏幕和填写进程单的需要。由于区域或进近管制工作间的照明是针对一个固定的视觉环境以及其中的显示器专门展开设计，因此其要求的亮度调节范围比塔台就小得多。

2）控制环境亮度问题的其他方法

提高显示屏在日照情况下的可读性，除了增加对比度之外，另一个方法是减少投射到屏幕上的太阳光。用透明窗帘可有效改善日照环境下的可读性。如，在塔台采用透明窗帘，窗帘透光率可仅为3%。使用窗帘可极大地提高显示信息的亮度对比度和色彩对比度。但有些管制员可能不喜欢窗帘，他们宁愿戴太阳镜。太阳镜其实并没有提高日照情况下可读性，因为它只是滤掉了进入眼睛的太阳光，并没有减少投射到屏幕上的太阳光。因此，彩色显示屏应考虑使用窗帘来减少投射到屏幕上的阳光。

另一个方法是使用电子铬设备。近年来，已发展了代替下拉式窗帘的另一些方法来改善 ATC 塔台环境，例如电子铬窗户可用电压自动减少传输的光。这些设备已有一些安装在办公室里以调节热量损失和太阳热能，并用在汽车反光镜上，调整射入汽车的灯光反射。在 ATC 塔台安装这些窗户可能会解决日照条件下的可读性问题，并允许使用低亮度低成本的 CRT 显示器。低亮度 CRT 还会使电力消耗减少，并减少发热。这些窗户的吸热特性还可帮助塔台和外界隔离，进一步降低成本。

（四）温度和湿度

在 ATC 单位中，工作环境的热舒适是另一个很重要的方面。因为涉及的变量太多及人体在感受性以及个人体质的个体差异，热舒适的测量很困难。影响人体热舒适的因素主要包括空气温度、湿度、墙面或周围结构温度、通风状况以及管制员的体力负荷等方面。

热环境与温度、湿度和空气流通率有关。ATC 单位设计中考虑热环境因素的主要目的是获得温度、湿度和通风的平衡，使管制员不要受到环境应激源的影响，分散在工作中的注意力使工作表现变差。

（1）温度。在管制工作中，如数据输入或目标跟踪等大部分工作皆需要手部的灵活性以完成任务，而如果工作间的温度过低，则会降低手部表面的温度从而使手部显得不灵活。有研究表明，当手部温度在16℃时，人的手部灵活性表现就会变差。此外，过冷或过热对于人体大脑的活动情况也具有显著的影响。实验表明，人体的舒适温度是23±5℃。过热会使人精力涣散，心情浮躁；过冷会使人注意力不集中、手足颤抖、影响操作，因此过热或过冷管制员都很难正常进行工作。控制温度最有效的方法就是在管制室内装上功率足够的空调。对于大多繁忙的ATC环境来说，通常建议21~25℃为最舒适的温度。但还应当考虑到，各国家和地区的人们所习惯的、认为舒适的温度是不尽相同的，在我国北方地区的人普遍青睐于更高的室内温度。

（2）湿度。ATC环境中的湿度应当在50%左右或略高，稍微的变化可以忍受，太高或太低的湿度都将使管制员感到不舒适。非常高的湿度会使空气发闷，使人体感觉不适；而太低的湿度会导致喉咙干燥，人体同样感到非常难受。管制单位的相对湿度应随着温度而变。温度为21℃（70℉）时，相对湿度应为45%左右；随着温度升高，相对湿度应降低。但无论何时，相对湿度都应保持在15%以上，以防止皮肤、眼睛和呼吸道干燥。ATC单位的温度应保持稳定，所以相对湿度变化不能太大。所有ATC环境尤其是塔台，容易受到外部环境温度变化的影响，因此应制订规定确保温度和湿度保持在舒适范围内。

（3）通风。影响热舒适的另一个决定因素是空气流通情况。管制室由于工作需要，往往门窗紧闭，空气不大流动，这样人在里面工作过长，就会有胸闷气淤的感觉。因此在不影响工作的情况下，应经常打开门窗，保持室内空气新鲜。

（4）空调环境对健康的影响。空调病，又称办公大楼病或封闭楼综合征。空调病表现为无任何器官的品质性损伤但出现功能改变的症状，特点为周期性发作，上班时症状出现或加重，离开空调环境后恢复，周末休假后症状改善或消失。空调病主要有四大症状：干燥症状、过敏反应症状、哮喘症状和不明原因症状。突出表现为易感冒、嗜睡、头痛、胸闷、乏力、思想不集中，以及鼻、咽、眼和皮肤干燥及关节痛等。空调病的原因主要倾向于室内微小气候、通风不良、负离子浓度、臭氧、挥发性有机物和致病微生物滋生等因素，因此在空调长期开放的情况下，应该经常开窗换气，最好两小时换一次。

（5）空调环境对心理的影响也较大。管制室多为封闭式，以避免室外环境的影响，但这也可使人在心理上有种隔离感。空调室无窗或有窗不能开，感到不能与外部大自然联系在一起而使人感到自己处于一种封闭的被迫状态，产生一种压抑感、孤独感。

对于空调病的预防，可通过房间的造型、颜色、环境布置来淡化空调的作用，如通过变换色彩来影响空调环境内人的心理状态；可通过空调设备的通风系统使茉莉花和柠檬花香散布整个管制室，这样有助于使管制员保持精神愉快。同时还需要注意的是，在空调房间内必须做到严禁吸烟。

（五）噪声

1. 噪声的影响

高噪声值不利于有效的空中交通管理，尤其是在协调和联络时，背景噪声会通过无线电或电话传送给飞行员或是正在其他席位工作的管制员。在 ATC 环境内，不建议常规地使用扩音器。安静的通风、地毯、吸声石膏和窗帘，以及工作间内良好的声音衰减，都是避免航空器或其他外界噪声源并将房间内的环境噪声值减小到 55 分贝左右的有效手段。在低噪声环境中，管制员之间、管制员与飞行员之间可通过较小的音量就可以安静地通话，管制室或塔台的音量就可保持很低。如果需要在嘈杂的背景下进行大音量的沟通，去听重要的报文，出现错误的概率也就会上升。因此应当采取一切可行措施，降低 ATC 的所有工作间内的背景噪声值。

2. 噪声控制

建议需要经常使用电话或无线电及不超过 5 英尺距离的直接通信单位，其环境噪声不能超过 65 分贝。环境噪声主要由振动引起，大容量通风系统或其他设备常产生振动引发的噪声，但环境噪声有时也来自同一单位工作的人的谈话。高的噪声不利于有效的空中交通管理，尤其是在协调和联络时。为了防止噪声对陆空通话的影响，可以采用以下措施：

（1）静音通风、铺设地毯、吸音墙纸和窗帘以及工作空间良好的声音稀释技术可以防止来自飞机或其他外界声音源的噪声。

（2）管制员使用有屏蔽噪声作用的耳机，音量最好在 5 分贝左右。

（3）采用隔音材料制造门窗，工作时紧闭门窗。

（4）工作时保持室内安静。

（5）在日常 ATC 环境下建议不用喇叭。

 思考题

1. 简述自动化的含义与种类。
2. 简述自动化对空中交通管理的影响。
3. 简述什么是以人为中心的自动化，如何实现以人为中心的自动化。
4. 简述 ATC 工作站中的设备在设计中应该遵循的原则。
5. 简述在 ATC 的物理环境中应该考虑什么样的因素。

第十二章　空中交通管制人员选拔

管制员是航管工作中与飞行关系最密切、肩负着重大安全责任的岗位，在工作中经受着巨大的生理压力和心理压力，具备良好的生理素质和心理素质是作为一个合格管制员的必备条件。选拔出满足空中交通管制需求的专业人员，是空中飞行安全和经济保证的前提条件。目前西方一些国家已采纳一些较为科学的空中交通管制人员选拔程序，并已形成了经过相关领域专家严密科学论证后的完整的测评体系。我国管制员选拔和训练方面起步较晚，目前尚未研发出一套完整的、系统的、成熟的选拔系统。

第一节　国内外管制员选拔概况

一、国外管制员选拔概况

（一）美国管制员选拔

美国管制员选拔起步较早，早在 20 世纪 50 年代，美国民用航空局（现在的 FAA）就开始在实验基础上用不同种类的能力倾向测验来测试入选的管制学员，并先后于 1961 年、1966 年、1972 年在原来的选拔系统基础上进行修改和完善。1976 年，FAA 又开发了一些研究，一方面用以检验这些测验在预测管制学员成功方面的作用，另一方面是为了可以找到一个能预测学员在今后培训中成功率的最优测验组合。这些测验包括：当时的管制员选拔测试包、一般信息测验、职业知识测验、MCAT（多重能力倾向测验）、导航测验、仪表认读测试和算术推理测验。20 世纪 80 年代中期，根据需要，FAA 再次对 OPM（美国联邦航空局人事管理局）测验内容做了一些修订，增加了职业知识测验，用来测试应试者有关 ATC 规则和领航学、航空气象等方面的基础知识。由于当时在 FAA 航空学院进行的是非雷达选拔程序选拔，耗时 9 周，而且很多学员并不能如期毕业，所以花费巨大，并且其主要精力都放在了管制员培养而非选拔上面。

美国现行的管制员选拔系统研究始于 1996 年底，主要是为了解决因大罢工而招聘的管制员将会在同一时期退休而导致数量不足的问题。通过该系统测试后，学员被 FAA 雇用并送到航空学院进行大约 15 周的培训，通过培训表现评估后，再派到一线管制单位进行在职培训。这套选拔系统就是 AT-SAT（Air Traffic Selection and Training），它是一套以计算机为基础的测验，耗时 6 个半小时，申请者可以在不同地方的社区测试中心进行考试，非常方便，因此，被 FAA 正式作为官方的管制员选拔测验。早期，AT-SAT 共由 12 个子测验组成，进行大量效度验证后，保留了 8 个子测验，为现行的 AT-SAT 主要测试项目，即仪表盘认读、字母工厂、应用数学、空中交通情景模拟、类推、角度判断、扫视和经验问卷。其中经验问卷是测试性格特征，其他 7 个主要是认知能力的测试。其中空中交通情景模拟、角度判断、字母工厂和扫视测试都是动态交互式的，需要用计算机来完成，其他的都是纸笔测试。最后进行加权得到总分数。AT-SAT 的开发耗资约 800 万美元。

（二）英国管制员选拔

英国的管制员选拔系统研发始于 1983 年，当时由英国国家空中交通服务公司（NATS）委托职业心理测试公司 SHL 完成。其选拔程序的设计主要是基于其对管制工作任务分析而制定，通过工作任务分析得出管制员需具备的能力：多渠道获取信息的能力、决策能力、应变能力、自我控制能力、快速反应能力等，并开发出相应的测试系统对其进行测定。这些基本的能力要求与德国、美国等国的相关研究基本一致。与此同时，SHL 公司还对这些测试结果进行了效度验证，结果表明，该测评对于预测管制员日后的成功确实有效。我国曾在 2006 年和英国 BAE 公司合作在英国培养了 16 名管制员，均经过其选拔系统的测试进行选拔，培训出来的管制学员均反应十分优秀。

SHL 公司的选拔系统主要包括 4 个部分的内容。

（1）预选。在预选阶段，主要是对应聘者年龄、教育经历、身体条件、工作经历等按标准进行审核。其中对于年龄，一般限制在 26 岁以下。另外，对于有民航背景或军队管制经历的也予以优先录取。

（2）能力测试。能力测试主要是测试应试者的认知能力，主要有 6 个测试以评估与管制员工作表现有关的特征：

①基本检查测试：测试应试者感知速度和精确性的能力。

②数学计算：测试应试者基本的算术能力。

③空间推理：测试空间想象和心理描述能力。

④图像：测试短时记忆、会聚思考、复杂指令收发能力。

⑤学习方式：测试应试者适应学习环境的能力。

⑥空管动机测试：测试应试者对基本空管知识的了解情况。

对于性格测试，英国民航当局根据工作任务分析的具体要求，专门设计了一套性格测试试题，即职业性格问卷（OPQ）。该问卷主要测试了应试者在人际关系、思维及情感三个方面的共 32 项性格特征，可为面试官了解应试者潜在的性格特质提供较为全面的参考。

（3）交互式计算机测试。经过上述测试后，当局发现这些测试并不能反映应聘者从不同渠道理解信息、理解信息的同时做决策、预判以及根据现实情况灵活应变的能力，而这些能力对于管制员来说都是十分重要的。于是，在 1992 年，SHL 公司引入了基于计算机测试程序。该程序主要包括任务分类、相对方向辨别和运动目标识别三方面的内容，主要考察管制工作所具备的一些基本能力。

（4）面试。在面试前，面试官会得到应聘者的基本性格情况分析报告。依据此性格分析，面试分为技术面试和人事面试两种，前者由资深管制员担任，后者由人力资源部门人员担任。主要考察应聘者的职业动机和成就动机，如推理能力、沟通技巧、团队能力等。

（三）法国管制员选拔

欧洲大部分国家的管制员选拔都对除智力或能力因素外的各种认知能力和性格特征予以重点考虑，侧重于对应征者知识、技能和技巧的考核，目的侧重于提高预测应征者成功的可能性程度。而法国的理念与此截然不同，其管制员选拔主要依据应征者的学习成绩，重点是对应征者学术和教育方面的知识、技能和技巧的考评。应征者只要通过一系列书面的和口头的科学、外语和选考科目考试就可以进入航空院校就读。虽然与其他国家不同，但由于辅以其他的保障措施，通过这种方法招募的管制学员，95% 最后都成为合格的管制员。

1. 选拔程序

法国的管制员教育体制与其他国家也有所不同，一般来说，要进入 ENAC（法国国立民航大学）学习，高中生要参加高中会考，成绩优秀者进入科学类预科班学习两年，然后再参加"大学校"入学考试，最后进入 ENAC 学习。法国每年共招收管制员 180 名左右，一旦被选中，作为学员就享受正式的公务员身份和待遇，因此竞争十分激烈。一般报名和录取比例可达到 10∶1，甚至 20∶1 以上。目前 ENAC 里面的管制学员，大部分都是经过上述选拔方式录取的，约占管制学员的 90% 左右，另外还有一些少量的来自普通大学三年级的优秀学生。除学术成绩外，其他的要求主要是身体、视力、心智方面。

2. 测试内容

法国管制员选拔考试十分严格，考试分为笔试和口试两种，只有通过笔试的方可以参加口试。首先进行笔试，其中数学、物理、法语和英语为必考笔试部分，另外学生还要选考数学、物理和技术中的一科作为必考笔试选考科目。航空常识、计算机和第二外语作为笔试选考内容。笔试过关后才有资格进入下一轮口试阶段。为了达到教学资源充分利用，节约教育成本，提高教育效果，确定被录取的学生，将会在不同的月份分批进入学校，开始他们的民航空中交通管制员教育。学制安排为 36 个月，10 个模块，学员在这段时间内轮换到 ENAC 和各管制单位接受教育，学院和单位各自负责不同的模块教

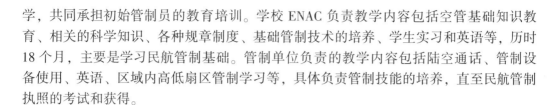

学，共同承担初始管制员的教育培训。学校 ENAC 负责教学内容包括空管基础知识教育、相关的科学知识、各种规章制度、基础管制技术的培养、学生实习和英语等，历时18 个月，主要是学习民航管制基础。管制单位负责的教学内容包括陆空通话、管制设备使用、英语、区域内高低扇区管制学习等，具体负责管制技能的培养，直至民航管制执照的考试和获得。

3. 工作地点重新部署计划

尽管法国在选拔管制员时并没有进行认知能力和心理学方面的测试，但其培养的高成功率一直为人称道，基本上所有的学员都最终成了合格的管制员。这主要有两方面的原因：一方面是其生源质量很高，能进入 ENAC 的学生主要经过科学类预科班的学习，而该预科班就以严格的选拔而著称，对学生数理逻辑等方面的能力要求很高，而这些能力与管制员工作相关性较高；另一重要的原因则是因为其实行了工作地点重新部署计划。重新部署计划指根据学员在培训中的表现，安排其工作地点。表现好的可优先选择工作单位，一般是大一些的区域管制中心，表现差的可选择小机场的塔台等。这样的优胜劣汰分级安排体系考虑了管制学员的能力情况，做到了各尽其才；人尽其用，保证了其管制学员的培训成功率。

（四）德国管制员选拔

1989 年德国空中交通管理局委托德国宇航中心（DLR）研发一套系统，目的是能检测出管制员选拔参选者完成多重任务的能力水平，研制重点是一套以计算机为基础的仪器，要求这套仪器能较好地模拟出执行实际 ATC 任务的能力特性。这套系统在 1990年研制完成开始试用，经过两年的不断完善，最终于 1992 年正式成为管制员选拔系统中的一个组成部分，被命名为"动态空中交通管制测验"。几年后，欧洲联合航空管理局决定将德国的这套选拔系统纳入欧洲联合航空管理局的选拔系统中，这也是目前欧洲唯一一套最具权威性的管制员选拔系统。

德国对管制员选拔的基本要求为：年龄 19~25 岁；学历达到大学入学水平；符合公务员在法律方面的要求；视力和色觉正常。测试前首先进行履历问卷调查，筛除约30% 的应聘者，以缩减以后参加测试所带来的交通和住宿费用（应聘人到汉堡参加测试的费用由德国空管机构负责）。测试分为两个阶段。

第一测试阶段为计算机化的群体测试，测试内容包括记忆能力、知觉速度、空间定向、注意集中性、数字能力、警觉性、英语笔试和个性问卷。

记忆能力测试包括视觉联想记忆和听觉短时记忆，听觉短时记忆的主要任务是要求被测者在收听听觉信号后，与下一次听觉信号进行对应（其中包含需要被测者排除的干扰信号）。英语能力测试包括笔试和听力两部分，其题目是专门为航空人员设计的选择题，测试考生未来职业所需的英语基础。空间定向测试题为选择题，测试原理为心理旋转。例如，给考生一个飞机图形，让考生回答飞机经过多次旋转（90°、180°、270°）之后的飞机图形。

第二测试阶段为个体测试，测试项目包括动态空中交通管制、进程单管理、选择反应时、英语口语、面试和体检。

（1）选择反应时测试。在被测试者对面的一块垂直的木板上有 8 个指示灯，在被测试者的前面有水平放置的按钮与指示灯对应，指示灯按照一定的时间间隔随机闪亮，要求被测试者尽快按下与闪亮的指示灯相对方向上的按钮，以测试被测者的反应速度。最后根据被测者的平均反应时间、偏离标准反应时间和总错误数打分。

（2）进程单管理，即简化的程序管制。一块程序管制的进程板，进程板上的报告点按地理位置摆放，每个飞机在每个报告点下都放有一个该报告点的进程单，要求被测者根据进程单上飞机预计报告点的时间排列进程单；根据听到的飞机高度和时间报告，修订进程单并将前一报告点下的进程单清除；根据给定的时间和高度间隔标准，标出有冲突的进程单。

（3）动态空中交通管制，即简化的雷达管制。计算机屏幕上显示一个管制扇区，有多架飞机飞越。被测者需要调整高度和飞行方向，以使飞机保持间隔并保持在扇区的边界之内；同时系统以语音方式提出有关交通状况的问题和要求，被测者需要按键选择或确认。最后根据飞机在扇区外的飞行时间、飞机间小于给定间隔的时间（安全性）、对语音问题答案的选择正确数、飞机的平均高度（经济性）、飞机通过扇区所飞航迹的长度（有效性）、偏离扇区出口的飞机架数（精确性）、以错误状态飞离扇区的飞机架数进行打分。

（4）英语口语和面试。由两名 DLR 的心理学家和两名经过特殊训练的空管人员进行长达一小时的会谈。在德国，应聘人数/通过第一阶段测试的人数/通过最终测试的人数比例约为 10：3：1。在应用后他们对该测试办法进行了验证，取得了较高的效度和信度。据介绍，目前在德国仅有极少数经过测试的管制员被淘汰。

二、我国管制员选拔概况

与发达国家相比，我国管制员的选拔起步较晚。改革开放前，我国管制员来源于军航管制员，主要考察政治背景和基本文化素质。改革开放后随着民航的快速发展，在 20 世纪 80 年代末，管制专业正式纳入国家教育体系，其选拔主要依据高考成绩和身体条件。从 1991 年开始，开始招收"4+1"或"3+1"的管制员，选拔条件也是专业成绩和身体条件等因素。随着形势的日益发展和管制环境的不断变化，管制部门逐渐认识到管制员选拔的重要性，并开展了一些管制员选拔方面的研究和实践，如华北空管局和空军航空医学研究所在 2000 年开发的"空中交通管制员心理选拔系统"，主要运用"卡特尔 16PF"人格问卷、"双声分听"和空中交通任务模拟游戏"生存"三种方法对新进管制员进行测评；中国民航大学和新疆空管局联合开发了"管制员综合测评系统"；西南空管局和中华英才网合作对新进管制员进行选拔。这时管制员的选拔状况是各个管制单位根据本单位的情况选择一种选拔系统进行管制员的选拔，选拔方法五花八门，选拔标准参差不齐，而且这些选拔系统的科学性、可靠性也都有待于进一步研究。

2009 年 10 月民航局空管局对全国管制员的选拔采取统一的测试，测试分为纸笔测试和计算机测试，纸笔测试的内容除管制行业的知识外，还包含英语、时事、历史等社科类知识，试题从专门成立的专家组所出题库中抽出，主要考查学生业务水平及其综合素质。计算机测试侧重于空管工作的职业技能，主要是测试学生的短时记忆和心算能力、空间定向能力、判断决策能力、语言表达和思维能力、运动协调能力、合理分配注意力的能力、应变创造能力和空间定向能力等这些管制员必须具备的基本素质。面试一般是采取各管制单位自行组织的方式。这是首次在全民航系统范围内组织的管制员选拔，目的是为管制员的选拔做到统一、公平、公开，但是该选拔体系还有待于进一步完善与提高。

第二节　管制员选拔的一般程序、方法及启示

一、管制员选拔前的准备

（一）制定管制员选拔计划

　　管制部门在选拔管制员之前需要进行一系列相互联系的工作，这些工作都必须有计划地进行。管制部门确定参加招选工作人员后，首先应该制订计划。人员选拔计划需要规定以下内容：
　　（1）确定管制单位有人员选拔需求的职位及需要选拔的人数。
　　（2）参选者必须具备的要求，如身体条件、学历要求、性格特点、技能水平、心理素质、航空知识等。
　　（3）确定选拔工作开始时间和完成时间。
　　（4）确定参加选拔工作的人员，或建立临时的、相应的选拔工作机构。
　　（5）确定选拔管制员的程序。
　　（6）管制单位选拔经费预算及来源。

（二）管制单位与参选人员的信息沟通

　　管制单位与参选者为实现自己的目的，需要寻找或创造与对方相遇的机会，并设法使对方了解自己的需求和能够提供的条件，双方都需要依靠媒介进行沟通。因此，管制单位在作出选拔计划后应该及时利用相关媒介（网站、报纸、电视等）发布招选通知，介绍有关材料，做好与参选者的信息沟通。
　　管制员选拔只有在参选者超过拟需人数时才有选择的余地，参选者与拟选的人数比率越大，选择的余地也越大，就越有可能选择到符合要求的参选者。选拔信息沟通工作的主要任务就是设法提高这个比率，使尽可能多的参选者报名。

二、管制员选拔的一般程序

选拔信息发出，参选者报名后，就应该开始进入对参选者的选拔工作。从参选者中选出称职的管制员，一般需要经过以下过程。

（一）审查参选者的资料

根据参选者的申请表、初步体检表、个人履历等资料进行审查，进行初步筛选，把明显不符合管制员要求的参选者排除掉。

（二）对参选者进行测量

使用谈话、问卷、测验等方法对通过初步筛选的参选者进行测量。问卷及测验方法必须是经过信度（reliability）和效度（validity）检验而符合要求的。选拔的信度是指一个测量工具或一种测量方法，用来测量同一个对象，若每次测量都得到相同或一致的结果，这种测量工具或方法就是信度高的。信度高低一般用信度系数（coefficient of reliability）表示。信度越高越好，理想的信度系数为1。在实际测量中，任何测量工具和方法，其信度系数都不可能到达1。但用于管制员选拔的测量一般要求有0.85以上的信度。效度是评价管制员选拔测量的另一个重要标准，是指选拔测量的真实性、准确性，也就是通过选拔测量的参选者确实是符合管制员要求的。一般在选拔测量中，必须具有良好的预测效度。所谓预测效度是指一种测量的结果能够用来成功地判断被测者将会到达某种状态程度。评价预测效度必须先确定衡量预测效果的标准，一般把这种标准称为效标（validity criterion）。测量分数与效标的相关值，称为效度系数（coefficient of validity），用它表示预测效度的高低，在管制员选拔测量中要求有0.3~0.4的预测效度。

在选拔测量中效标是否恰当是管制员选拔成败的关键，因此在制定或选择测量方法时，必须十分重视效标的选择。一般选择效标时应注意以下问题。

（1）相关性（relativity）。是指测量必须选用与管制工作目标有关的内容作为效标。

（2）可靠性（reliability）。效标测量必须能满足信度要求，同时也要有较高的可靠性。工作绩效的测量结果，容易受多方面因素的影响，采用多种效标测量的综合结果，有利于提高效标测量的可靠性。

（3）灵敏性（sensitivity）。是指效标测量能够反映出工作成效大小差别的程度。

（4）实用性（usability）。是指效标测量要适合于实际管制的工作来进行。

（5）防止偏见（prejudice）污染。效标测量容易受某些因素的影响而受到污染。如参选者的学历、经历、给评价者的第一印象等都可能成为效标污染的因素。

（三）确定录用标准

参选者的资料与测量结果必然是参差不齐的，因此，要有一个录取的标准。根据标准择优录用，是管制员选拔工作的一条重要原则。标准的高低，要看参选人数多少和测量分数的分布情形。参选者多，就可以把标准定得高一些，测量分数普遍较高时，也可把标准分数定得高一些。由于管制工作的特殊性，在选拔时，应尽量做到宁缺毋滥。

（四）见习及选拔效度检验

一般选拔过程，到录用这一阶段为止，但实际上选拔工作还没有结束。被录用的管制员有一个见习阶段，在见习期间内，给录用人员以必要的培训，同时考察他们是否能适应所分配的工作，若不适应，就要调整。这类似于法国管制员选拔中的工作重新部署计划。管制部门在见习期间还应搜集录用人员的工作成绩与表现，把它们与录用时的结果进行比较，并计算两者的相关系数以判定测量方法的预测效度。若预测效度高，表明所用的管制员选拔程序与方法是正确的，可以继续使用。否则，就需要分析原因，吸取教训。

三、管制员选拔的方法

选拔管制员，必须设法搜集有关参选者的信息，这些信息通常采用面谈、测验等方法获得。

（一）面谈

面谈是管制员选拔中常用的方法，它是参选者与选拔工作人员面对面进行的双向沟通信息的活动。面试询问的主要内容包括个人、家庭、学校情况、动机、意志、责任心、正义感、兴趣、自信心、记忆、思维等。通过询问，可以了解参选者对管制的态度、工作学习经历、有何特长等。而且通过面谈，还可以搜集到其他方法无法获取的信息。如参选者的英语水平、普通话水平、口头表达能力、临场应变能力、沟通技巧、团队能力等。当然面谈在实际使用中也有局限性。最明显的一点是面谈的效果容易受谈话人的谈话技巧和交谈时的态度所影响，因此在管制员选拔面试中，一般安排人力资源专家、资深管制员、心理学专家担任主考。

（二）测验

测验是管制员选拔中普遍使用的方法。管制员选拔中最常用的是智力测验、特殊能力测验和个性测验，这些测验一般通过纸笔、交互式计算机、集体活动等方式来实现。通过测验主要考察参选者是否具备管制员的一些基本素质和参选者的性格特征。这些基本素质主要包括数字的敏感能力和辨别能力、短时记忆和心算能力、空间定向能力、判断决策能力、语言表达和思维能力、运动协调能力、合理分配注意力的能力、应变创造能力、情绪控制能力、沟通协调能力等。性格特征鉴定的具体方法主要有卡特尔 16 种人格因素测试（16PF）、加州性格问卷（CPC）、明尼苏达多项人格问卷（MMPI）等，其中 16PF 测验使用率较高，也比较适合管制员的初始选拔。

四、管制员选录决策方法

一名合格的管制员必须具备多种素质能力。在选拔中对参选者进行相应的多项测试，每个参选者都获得了多项不同的测验分数，这种情况下，需要对参选者的成绩进行综合评估，最后根据评估结果进行录选。一般根据不同情况可采用下面几种方法。

（一）线性加权和法

线性加权和法是从两个或两个以上自变量来预测一个因变量的常用方法。线性加权和法作预测时有两个假设：假设自变量与因变量之间呈线性关系，即自变量增大时，因变量也随之变大；各个自变量之间可以互相补偿，即一个自变量值减小可以从其他自变量的增大中得到补偿，以使因变量值保持不变。因变量一般通过以下方程：

$$Y = w_1 x_1 + w_2 x_2 + \cdots + w_k x_k$$

式中，w_1，w_2，$\cdots$，w_k 为因变量的权重，且满足 $\sum_{i=1}^{k} w_i = 1$，一般可以通过专家打分、层次分析等方法确定；Y 为因变量；x_1，x_2，$\cdots$，x_k 为自变量。把线性加权和法应用于管制员选拔决策时，以不同的预测因素为自变量，以效标为因变量，通过加权和公式计算，求出不同参选者的 Y 值。根据 Y 值的大小作出选录决策。

（二）多项截止法

当一种或几种因素限制工作状态而它们又不能互相补偿时，人员选拔决策中不可一开始就使用线性加权和法，而应采用单项或多项截止法，把那些有任何一项测验低于截止点分数的参选者排除在外。这种方法不需要做任何计算，易于操作。但有两个问题，一是需要为每项测验确定一个截止点分数，并要为确定截止点找依据；二是这种方法只能确定可供选择的参选者范围，而无法为确定优先选择对象提供决策依据。因此，在录用参选者时，一般采取多项截止法与线性加权和法相结合，这样就能较好地做出管制员选拔的录用决策。

（三）多重筛选法

多重筛选法是把预测因素排成一定的顺序，把筛选过程分成若干阶段，分步筛选参选者的方法。这种方法需要经过较长时间和较为复杂的培训后才能做出录用决策，比较适合管制员的选拔。使用这种方法一般是对参选者先进行初选，先筛掉那些明显不符合要求的参选者，对留下的参选者做进一步的筛选。多重筛选有两种做法：一是分阶段逐步测定与评价，每一步淘汰一部分人，最后留下每一步审查都通过的人；二是确定测验高低分截止点，高分者录用，低分者淘汰，剩下的被暂时接受，经过一定培训后再做进一步筛选。这种方法主要优点是可以更有把握地选择到符合管制员要求的参选者，缺点是需要较长的时间和较高的费用。

五、管制员选拔带来的启示

　　管制员的选拔是一项复杂、系统的工作。由国外管制员的选拔概况，可以看出管制员选拔过程是一个不断研究、持续改进、连续发展的过程。我国目前虽然初步建立了一个统一的管制员选拔测试标准，但是评测系统的系统性、可靠性、科学性还有待于进一步的提高和完善。因此，需要做好长期不断研究的准备，尽量缩短与发达国家的差距。

　　从国外管制员选拔的内容来看，虽然测试方法各不相同，但是对于参选者测试的基本能力素质大致是相同的，这些能力素质主要包括数字的敏感能力和辨别能力、短时记忆和心算能力、空间定向能力、判断决策能力、语言表达和思维能力、运动协调能力、合理分配注意力的能力、应变创造能力、情绪控制能力、沟通协调能力等。可以借鉴和参考国外管制员选拔测试的方法和标准，建立一套适合中国国情的、科学的、信度和效度较高的选拔测试系统。

　　从国外管制员的选拔和培养来看，管制员的选拔是管制员培养中的一个重要环节，管制员的选拔应该贯穿招聘、培训、见习几个过程。选拔结束后，在见习期间内，给录用人员以必要的培训，考察他们是否能适应所分配的工作，若不适应，就要及时调整，重新分配部署，这样才能保证管制员培养的成功率。而且管制部门在见习期间还应搜集录用人员的工作成绩与表现，把它们与录用时的结果进行比较，并计算两者的相关系数以判定选拔测试方法的预测效度，对其科学性和可靠性进行检验。

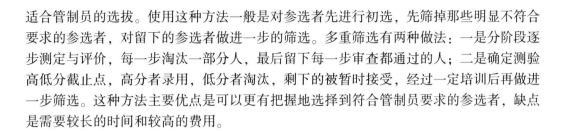

思考题

1. 比较国外管制员选拔方法的异同。
2. 简述管制员选拔的一般程序和步骤。
3. 选拔测验主要测试管制员哪些能力？
4. 简述管制员选录决策方法及各种方法的基本原理。

第十三章　高空环境对人的影响

高空环境对人的影响体现在多个方面。本章主要介绍高空气压变化方面的影响。它是导致出现高空缺氧症等的重要原因。如果处置不当，它们会直接削弱机组的飞行操纵表现，甚至可能酿成事故。理解和掌握高空气压环境对机组操作可能造成的潜在影响，有助于我们更好地配合和协助机组，例如管制员应预料到机组因使用氧气面罩而导致的陆空通话质量变差，应尽量将飞机保持在雷达覆盖范围内等等。本章的内容主要包括呼吸与血液循环系统、高空缺氧症、换气过度、高空减压病及中耳气压性损伤。

第一节　呼吸和血液循环系统简介

对呼吸和血液循环系统功能的影响，是高空低压环境对人体最严重的影响之一。为了便于理解高空缺氧症产生的机理，这里首先简单介绍人体的呼吸和血液循环系统。

一、呼吸系统

人体与外界环境的气体交换离不开呼吸与血液循环系统。其基本过程为：首先，氧气被吸入体内，由于肺泡与血液中的氧气分压存在差异，氧气便顺浓度差通过肺泡弥散性地进入血液，而后溶入血液的氧气便与血红蛋白相结合，经血液循环到达组织细胞。此时，血液氧气分压较高，而组织的氧浓度较低，故血液中的氧气便解离出来，进入组织细胞参加代谢过程，并引起能量的释放。其次，代谢后产生的二氧化碳又因浓度差而反向弥散入血液，最终到达肺泡，解离后被呼出体外。在生理学上，一般将这一过程称为两次呼吸，即外呼吸与内呼吸（如图 13.1）。

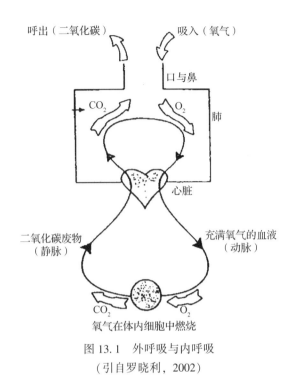

呼出（二氧化碳）　　吸入（氧气）

口与鼻

CO_2　　O_2

肺

心脏

二氧化碳废物　　充满氧气的血液
（静脉）　　（动脉）

CO_2　　O_2

氧气在体内细胞中燃烧

图 13.1　外呼吸与内呼吸

（引自罗晓利，2002）

外呼吸也称肺呼吸，主要包括在肺泡内进行的两个过程：首先，从外界吸入人体内的氧气通过肺泡弥散入血液，并由血红蛋白运送到组织；其次，血液中的二氧化碳弥散入肺并被呼出体外。内呼吸也称组织呼吸，主要包括：由血红蛋白运送到身体组织的氧气从血液中解离出来，弥散性地进入人体组织细胞参加代谢反应；代谢后产生的二氧化碳反向进入血液。

二、血液及血液循环系统

血液由血浆和血细胞组成。血浆中除含有大量水分以外，还有无机盐、纤维蛋白原、白蛋白、球蛋白、酶、激素、各种营养物质、代谢产物等。血细胞包括红细胞、白细胞和血小板。其中红细胞的主要功能是运输氧、电解质、葡萄糖和氨基酸这些人体新陈代谢所必需的物质，以及运输二氧化碳等。红细胞具体通过血红蛋白运送氧气。

血液循环可分为肺循环和体循环（如图 13.2）。血液由右心室流出，经肺动脉流到肺毛细血管，在此与肺泡进行气体交换，吸收氧气并排出二氧化碳，静脉血变为动脉血，然后流回左心房，这一循环为肺循环。血液由左心室流出，经主动脉及其各级分支流到全身的毛细血管，并在此进行物质交换，供给组织细胞氧气和营养物质，运走二氧化碳和代谢产物，动脉血变为静脉血，再经各级分支汇合成上、下腔静脉，最终流回右心房，这一循环为体循环。

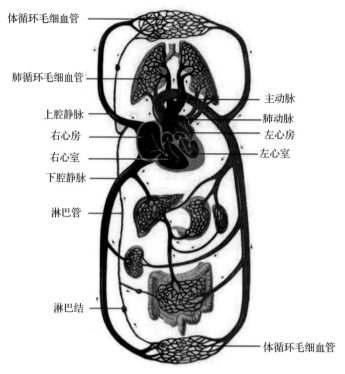

体循环毛细血管

肺循环毛细血管

上腔静脉

右心房

右心室

下腔静脉

淋巴管

淋巴结

主动脉

肺动脉

左心房

左心室

体循环毛细血管

图 13.2　肺循环和体循环

（引自罗晓利，2002）

三、血氧饱和度

血氧饱和度是指血液中被氧结合的氧合血红蛋白的容量占全部可结合的血红蛋白容量的百分比，即血液中血氧的浓度。它是呼吸循环的重要生理参数。在海平面，正常人体动脉血的血氧饱和度为 98%，静脉血为 75%。监测血氧饱和度可对血红蛋白的携氧能力进行评估。血氧饱和度会受一氧化碳、海拔高度等因素的影响。由于一氧化碳与血红蛋白的亲和力比氧气高 200 倍以上，因此只要吸入的气体中含有一氧化碳，血红蛋白便会率先和一氧化碳结合，从而使血红蛋白的携氧能力大幅下降。血氧饱和度还随海拔高度的增加而下降，在超过一定的高度阈限以后，人将会迅速失去意识。

现代客机一般通过座舱增压来应对高空低压环境对人的不利影响。增压座舱是舱内空气压力高于环境气压的座舱，又称气密座舱。增压座舱内的大气压力由系统控制，使之高于环境气压并根据飞行高度自动调节，以此确保乘员在高空飞行时具有安全、舒适的舱内环境。商业航线飞机在 30000 英尺飞行时，客舱内部的压力会通过增压设备保持在高度为 6000~8000 英尺。需注意的是，在高空飞行时可能会因操作失误或机体结构

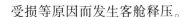

受损等原因而发生客舱释压。

第二节　高空缺氧症及换气过度

一、高空缺氧症含义及类型

高空缺氧症是指组织得不到正常的氧气供应，或者不能充分利用氧来进行代谢活动所引起的一系列生理及病理性反应。根据引起缺氧的原因不同，可将高空缺氧症分为缺氧性缺氧症、贫血性缺氧症、循环停滞性缺氧症和组织中毒性缺氧症四种类型。

（一）缺氧性缺氧症

指当肺部不能提供充足的氧气溶入血液或肺部不能有效地交换氧气时产生的缺氧症。飞行中引起缺氧性缺氧症的最常见原因是在没有使用增压或供氧设备的情况下处于太高的飞行高度。由于氧分压降低，每次吸入和弥散入血液的氧气量将减少。在低于10000英尺的飞行高度时，大多数人还能挺得住，但在此高度以上，缺氧所导致的影响将随高度增加愈发严重。

（二）贫血性缺氧症

血液携带氧气的能力受到破坏时，将引起贫血性缺氧症。此时肺部的氧气量并未减少，但血细胞减少，如患贫血病、献血以及一氧化碳中毒引起的血红蛋白与氧的亲和力下降等，都可导致贫血性缺氧症。一氧化碳是民用航空中引起贫血性缺氧症的最常见原因。发动机泄漏的废气、烟草制品如香烟和雪茄产生的烟雾等都可能引发贫血性缺氧症。

（三）循环停滞性缺氧症

对于航线运输机飞行人员来说，这类缺氧症极少发生，但对通用航空飞行员来说则可能由于正 G 效应而引起。当局部或全身性的血流量减少，血流速度较正常条件下慢时，可引起这类缺氧症。在正过载的情况下，人脑及视网膜组织的血流量将减少，从而导致其处于缺氧状态。正过载在视觉上体现为黑视或灰视；负过载在视觉上体现为红视。

（四）组织中毒性缺氧症

这类缺氧症是由于人体组织不能从血液中摄取所需要的氧气而引起。此时，血液的携氧能力和循环功能并未受到损害，且血液中有足够的氧气，但人体细胞却丧失了摄氧的能力。在飞行中，这类缺氧症常因酒精或药物中毒等原因而造成。

二、高空缺氧症的症状和有用意识时间

（一）高空缺氧症的症状

高空缺氧症是航空界极为重视的一个问题。其主要原因是它具有很大的隐蔽性，悄悄地降临在飞行员身上，很难觉察，甚至飞行员在发生缺氧时通常还自我感觉良好（见表13-1），待发现时却为时已晚。

表 13-1　高空缺氧症的症状

观察者观察到的现象	缺氧者自己体验到的状况
心理上的变化： 兴奋和愉悦 操作能力下降 神志不清 判断力下降	心理体验： 兴奋和愉悦 操作能力良好
生理上的变化： 呼吸加快 协调性降低 意识丧失	生理上的变化： 头晕目眩 恶心 头痛 震颤
行为上的变化： 攻击性增强	视觉上的变化： 模糊不清 管状视觉

（引自罗晓利，2002）

（二）有用意识时间

有用意识时间是指在特定高度上失压、缺氧后，可供进行合理的活命决策和实施相应操作的最大时间限度，亦指在没有氧气供给的情况下飞行员能有效地维持正常操作的时间。影响有用意识时间的主要因素包括：①飞行的高度。随着高度的增加，有用意识时间会急剧缩短（见表13-2）。②飞机上升的速率。上升得越快，缺氧症的反应就越严重。③身体活动情况。活动量越大，有用意识时间将越短（见表13-2）。④身体是否良好。身体状态越差，有用意识时间越短。⑤是否吸烟。吸烟者比非吸烟者的有用意识时间短。

表 13-2 有用意识时间

高度		静坐时	轻微活动时
英尺（ft）	米（m）		
40000	12200	30 秒	18 秒
35000	10670	45 秒	30 秒
30000	9140	1 分 15 秒	45 秒
25000	7620	3 分	2 分
22000	6710	10 分	5 分
20000	6100	12 分	5 分
18000	5490	30 分	20 分

（引自罗晓利，2002）

三、换气过度

换气过度是指过深、过快的呼吸所引起的体内氧气过剩、血液二氧化碳化学平衡被打破的现象。引起过度换气的因素很多，常见的如应激情境所引起的呼吸反射性加深、加快，以及在较高高度上缺氧时所引起的呼吸加深加快等等。换气过度的很多症状与高空缺氧症非常相似，但产生的机理却截然不同。一个是体内氧气过剩；另一个是氧气不足。换气过度还具有自我加强，即正反馈的性质。一旦进入换气过度状态，当事者可能会因觉得气喘吁吁而误认为是氧气不足，进而可能会加快加深呼吸，最终造成换气过度愈发严重。

对换气过度的预防与克服，其首要措施是能够正确识别它，判断自己究竟是处于缺氧状态还是换气过度状态。在实际飞行中，缺氧与换气过度往往交织在一起。譬如，在某一高度上，可能先发生缺氧，由于人体的自我调节机制，呼吸会反射性地增加以补充氧气；另一方面，在意识到缺氧而吸氧时，也许会吸氧过度。这两种情况下都可能造成机组由缺氧转化为过度换气。因此，如果在供氧后仍然觉得气喘吁吁，那么就应该判断为出现了换气过度。此时，常见的应对方法有：降低呼吸频率，减小呼吸深度，找机会多说话，以及缓慢地吸入一小纸袋二氧化碳等。

第三节　高空低压对人的物理性影响

高空大气压力的变化除了可能造成高空缺氧症以外，还会对人体的一些器官或组织造成物理性的影响。这里主要介绍高空胃肠胀气、高空减压病及中耳气压性损伤。

一、高空胃肠胀气

随着飞行高度的增加，由于低气压的作用，滞留在胃肠道的气体便会发生膨胀。轻者感到胃肠不适，重者可感到腹胀和腹痛，在极端的情况下甚至可引起晕厥。影响高空胃肠胀气的因素主要包括：上升高度、上升速率、胃肠道的机能状态等。预防高空胃肠胀气的措施包括：进餐不可太快，以减少所吞咽的气体；不吃或少吃不易消化的食物以及产气的食品饮料；进餐要定时、定量，使胃肠活动保持正常等。

二、高空减压病

高空减压病是人在飞机爬升时可能发生的一种特殊症状，其主要表现为关节疼痛，有时出现皮肤刺痛或瘙痒感觉，以及咳嗽、胸痛等，极端情况下甚至可导致休克。高空减压病产生的原因是大气压降低时在组织、体液中溶解的氮气离析出来形成气泡。血管内形成的气泡，可成为气体栓子堵塞住血管，而在其他部位形成的气泡则可能压迫局部组织。根据形成气泡的多少以及栓塞或压迫部位的不同，可引起不同的症状。

高空减压病的发生具有一定的阈限高度，绝大多数都是在上升到 8000 米以上高空并停留一段时间以后发病的。当降至 8000 米以下，症状一般都能消失。即便在阈限高度以上，也并非每个人都会发生高空减压病。这要因人、因机型而定。一般而言，呼吸及循环系统机能有问题的人容易发病，座舱余压较高的机型比座舱余压低的机型发病率低。

目前，随着人们生活水平的改善和娱乐项目的增多，潜水运动在一些地区已逐渐流行。需要注意的是，飞行员在非减压性潜水（30 英尺以上）后，至少应相隔 12 小时才能飞行，减压性潜水（30 英尺以下）后则必须间隔 24 小时才能飞行。另外，空运患有"减压病"的潜水员去医院就医时应相当谨慎，飞行高度应比常规高度低，否则潜水员就会非常危险。

三、中耳气压性损伤

当遭遇气压急剧变化时，中耳腔及鼻窦内气体的容积或压力也将迅速改变，进而可能造成不舒服、疼痛或损伤。中耳气压性损伤与中耳咽鼓管的结构特性有关。咽鼓管（亦称耳咽管）为一斜行管道（见图 13.3），其功能是与外界相通以维持与外界的气压平衡。该管道在向前下、内侧走行过程中管腔逐渐变窄，最狭窄处称为峡部。由于峡部的存在，使咽鼓管具有"单向活门"的性质。当鼓室腔内压力高于外界时，高压气体可冲开咽鼓管排出；反之若无主动开放咽鼓管的动作，环境高压气体便不可能进入咽鼓管内部。

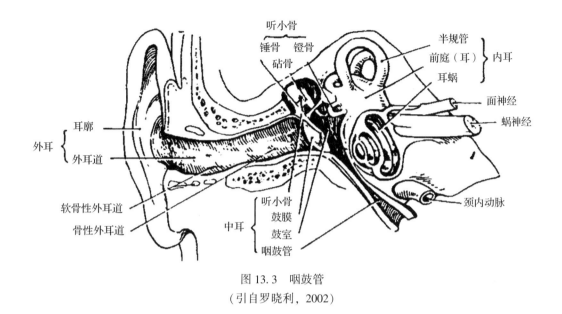

图 13.3　咽鼓管

（引自罗晓利，2002）

在正常情况下，中耳鼓室内的压力与外耳道及咽喉内的压力相等，耳鼓膜处于平衡状态，人不会有不适感。在飞机爬升时，外耳道及咽喉内的压力均减小，使鼓室内的压力呈正压，于是耳鼓膜往外凸，人随即产生耳胀的感觉，随着鼓室内气体的排出，耳胀感会自行消失。在飞机下降时，随着外界气压不断增高，鼓室内形成负压，从而鼓膜内陷，产生耳压感及听力减退。此时，需要主动做咽鼓管通气动作，使外界气体进入鼓室，在达到内外压力平衡后，耳压感及听力减退现象便会消失。

一般情况下，飞行中气压的变化对中耳的影响更多造成的是耳胀、耳鸣等不舒适感，但需要注意的是，若出现相关疾病如上呼吸道感染等而使咽鼓管通气不良或阻塞时，中耳鼓室便会变成没有出口的无效腔，从而可能造成严重的气压性损伤，出现诸如耳痛，甚至鼓膜穿孔等后果。中耳气压性损伤多发生于 4000 米以下，尤以 1000~2000 米高度为最多。避免中耳气压性损伤的方法主要有：运动软腭法、捏鼻鼓气法和吞咽法。

思考题

1. 血红蛋白的功能及血氧饱和度的含义是什么？
2. 什么是高空缺氧症？高空缺氧症的主要类型有哪些？
3. 简述有用意识时间的含义及其影响因素。
4. 简述换气过度的含义及其发生情景。
5. 高空减压病产生的原因及主要症状是什么？
6. 避免中耳气压性损伤的常用方法有哪些？

第十四章 飞行错觉

　　飞行错觉是导致航空事故的一个重要诱因。有很多因素会加剧飞行错觉的风险，比如缺乏清晰的天地线或视景模糊、单座飞行、疲劳及高工作负荷等。飞行错觉的产生与人的感觉器官的局限性密切相关。如果能正确识别出错觉，并严格按照仪表指示进行飞行，一般不会有严重影响，然而若机组并未意识到自己出现了错觉，或者相信了这种错觉，并按其进行操纵，那么就会使飞行的姿态、位置等出现严重偏差，进而可能造成灾难性后果。因此，在空中交通指挥活动中，从预防错觉危害的角度加强对机组的监控，必要时提供提醒与协助，对于保障飞行安全也至关重要。

第一节　飞行错觉概述

一、飞行空间定向及其涉及的感觉器官

　　飞行空间定向是飞行员在飞行中对于自身、飞机以及飞行环境的认识能力，具体包括飞行员对姿态、地点、空间、时间以及运动的知觉。飞行空间定向的感觉器官主要由眼睛、内耳前庭器官以及本体感受器所组成（如图 14.1）。视觉系统是这三个系统中最重要的空间定向器官。它提供了绝大部分的飞行定向信息。在视觉线索较差或缺乏的情况下，不仅容易出现视觉性错觉，而且也极易导致前庭本体性错觉。这主要是由于视空间知觉的特性和前庭器官的生理构造特点所决定。

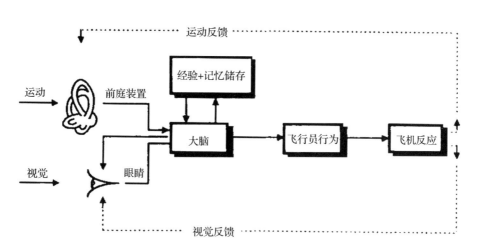

图 14.1　飞行空间定向涉及的感觉器官
(引自罗晓利，2002)

二、前庭器官

人的前庭器官涉及空间定向的主要有半规管和耳石器。它们是感受速度变化和姿态变化的重要器官。

（一）半规管

半规管主要负责感知角加速度。它由三条相互正交的管道组成，分别感受滚转、俯仰及偏转运动（如图 14.2）。管道中充满了液体淋巴液。管道中央为终帽，它是一种凝胶结构，被感觉纤毛包围，位于前庭神经的末梢。在角加速运动时，有关的半规管也随之作同向的加速运动，但位于半规管内的淋巴液却因惯性作用会向反方向运动，致使感觉纤毛弯曲，进而产生角加速运动的感觉。当角加速运动停止而改为匀速运动时，半规管内淋巴液的运动速度逐渐赶上半规管的运动速度。此时淋巴液与半规管之间便不再存在速度上的差异，从而感觉纤毛不再弯曲，角加速运动的感觉也随之消失（如图14.3）。

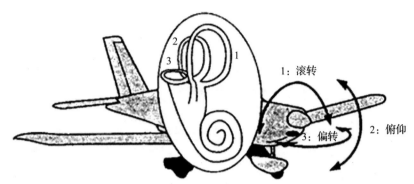

图 14.2　分管滚转、俯仰和偏转的三个半规管
（引自罗晓利，2002）

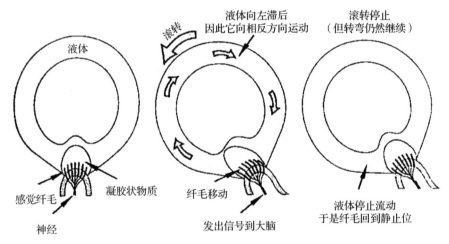

图 14.3　半规管感受角加速运动的机理
（引自罗晓利，2002）

（二）耳石器

耳石器主要负责感受重力和线加速度。当头部处于正常位置时，耳石膜与毛细胞的相对位置没有发生改变，因而大脑将此信息解释为"纤毛"直立。此时的耳石膜受到 1 G 的垂直作用力。当头部倾斜或向前向后运动时，耳石膜在重力的作用下便产生运动，使其与毛细胞的相对位置发生改变，从而导致毛细胞产生神经信号，并传导到大脑，产生头部倾斜的感觉。类似地，当人体作线加速度时，耳石膜与毛细胞的相对位置也会发生改变，最终纤毛弯曲从而刺激毛细胞兴奋，并传导到大脑，使人产生加、减速的感觉。当停止线性加减速运动而转为匀速运动时，毛细胞与耳石膜的相对位置关系又恢复正常，使人感觉不到飞机在运动（如图 14.4）。需要注意的是，耳石器只能觉察加速度的合力，而不能辨别构成合力的分力的来源。

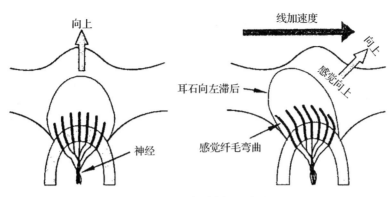

图 14.4　耳石器感受线加速度的机理
（引自罗晓利，2002）

三、飞行错觉的含义及其特点

飞行错觉也叫飞行空间定向障碍，是指飞行员对飞行中所处位置、姿态或运动状态的不正确的心理表象，是对飞机真实状态的歪曲。飞行错觉的发生具有普遍性。许多飞行员在实际飞行中都可能体验到某种或多种形式的错觉。飞行错觉的发生也具有特发性。在气象条件方面，以复杂气象飞行时所发生的错觉为最多；单座飞机飞行员比多座飞机飞行员的错觉发生率高；心理品质差、健康状态不佳、疲劳的飞行员的错觉发生率较高；飞行学员尤其是仪表飞行训练初期的学员，比有经验的飞行员错觉发生率高。再者，飞行错觉具有高危害性。飞行错觉是影响飞行安全的一个重要因素，其直接或间接导致过不少飞行事故。最后，飞行错觉具有可预防性。当我们认识到产生飞行错觉的客观条件和主观因素的规律后，完全可以通过技能训练和心理训练，在发生前积极预防，在发生后努力克服来降低飞行错觉的发生率和事故率。

第二节　飞行错觉的类型

飞行错觉从不同的角度可以划分为不同的类型，比如可以按照飞行员主观体验到的错觉表现形式进行划分，也可以按照飞行各阶段飞行员可能发生的错觉来进行分类。这里根据飞行错觉产生感官的不同，将其分为视性错觉和前庭本体性错觉两大类。

一、视性错觉

视空间知觉对于飞行安全至关重要，但多样的地形特征及大气状况都会让人产生视性错觉。视性错觉主要是由于视觉器官向大脑提供了错误的信息或提供的正确信息被大脑进行了错误的解释而导致。视性错觉通常发生在视觉参照模糊不清或视觉参照发生改变等情境下。影响错觉的典型视觉参照包括：机场附近的灯光、机场附近的地形、跑道尺寸、跑道坡度等。常见的视性错觉主要有以下几种：

（一）虚假天地线错觉

当自然天地线模糊不清或不明显时，飞行员有时会误将虚假的天地线当作自然天地线。其常发生的情境有：在起飞和着陆过程中，将城市或海岸排成一行的灯光误认为是自然的天地线（如图14.5）；或者在巡航飞行中遇到带斜坡的云层线比自然天地线更突出时，飞行员将倾斜的云层当作自然天地线使用。

图 14.5　虚假天地线错觉

（引自罗晓利，2002）

（二）光线引起的错觉

该错觉主要是由于人按照上明下暗的定向习惯而导致。人在地面活动时，习惯于按天和地进行上、下定向，天空明亮为上，地面阴暗为下。如果这一定向习惯在复杂气象条件或者夜间飞行中继续沿用，就可能引发光线错觉。常发生的情境有：在云层之间飞行时，若上面云层较厚且黑，下面云层较薄且明时，就容易使飞行员产生倒飞错觉。再者，复杂气象条件下，当地面或水面亮度比天空亮时，也极易使飞行员产生倒飞错觉。另外，在云中飞行时，若光线从机头方向透射过来，则可能使飞行员产生上仰错觉。反之，若光线从飞机尾部方向透射过来，则易产生下滑错觉。

（三）视性距离/高度错觉

1. 跑道坡度和地形坡度引发的高度错觉

向上带坡度的跑道或机场周围地形，可使飞行员产生进场偏高的错觉（如图14.6

和图 14.7 所示）。如果飞行员按这一错觉操纵飞机，则会有接地过早的风险。反之，向下带坡度的跑道或机场周围地形，则会使飞行员产生进场偏低的错觉。如果飞行员按这一错觉操纵飞机，则会有冲出跑道的风险。

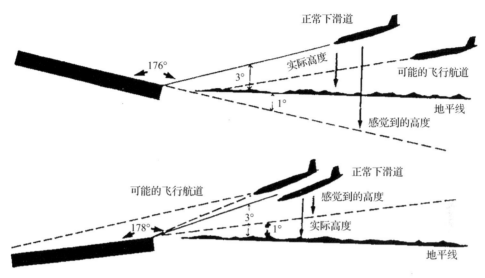

图 14.6　跑道坡度诱发的进近高度错觉
（引自罗晓利，2002）

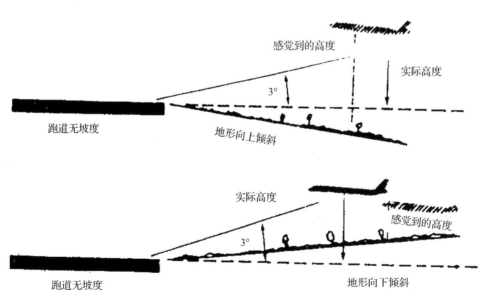

图 14.7　地形坡度诱发的进近高度错觉
（引自罗晓利，2002）

2. 跑道宽度引发的高度错觉

比常规偏窄的跑道容易使飞行员产生进场高度偏高的错觉（如图14.8）。如果没有识别出这种错觉，飞行员就可能以偏低的高度进近，在进近中会有撞上障碍物或者过早接地的危险。反之，比常规跑道宽的跑道会使飞行员产生进场高度偏低的错觉，进而可能造成飞行员接地过晚或有冲出跑道的风险。

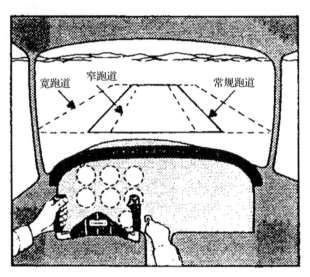

图14.8 跑道宽度引发的进近高度错觉

（引自罗晓利，2002）

3. "黑洞"效应与"白洞"效应

在黑暗区域或者白雪覆盖等地形特征不明显的区域进近时，也容易使飞行员产生错觉而误以为飞机比实际高度要高，即出现"黑洞"效应和"白洞"效应现象。"黑洞"效应是指黑夜在仅有跑道边灯，无城镇灯光和街灯，也没有周围自然地形参照的情况下，引起进场高度偏高的错觉现象。如果飞行员按照这一错觉操纵飞机就会压低机头使飞机进场偏低。"白洞"效应是指跑道周围被白雪覆盖，使飞行员在进近过程中无参照物可循，导致其难以发现跑道或主观感觉进场偏高的错觉现象。如果按这一错觉操纵飞机，便可能使飞机进场偏低，造成到达不了接地点便接地的后果。

表14-1归纳了进近过程中一些常见的视性距离错觉。

表 14-1 常见的进近视性距离错觉

发生情境	产生的错觉	实际结果
向上带坡度的地形或跑道	进场高度偏高	进场偏低
比常规偏窄的跑道	进场高度偏高	进场偏低
无特征的地形	进场高度偏高	进场偏低
风挡玻璃上的雨滴	进场高度偏高	进场偏低
雾霾	进场高度偏高	进场偏低
向下带坡度的跑道或地形	进场高度偏低	进场偏高
比常规偏宽的跑道	进场高度偏低	进场偏高
明亮的跑道和进近灯	离着陆点过近	进场高度偏高
穿雾	机头上仰	陡峭的进近

(引自罗晓利，2002)

（四）视性运动错觉

其主要是由于不适宜的视觉线索引起的速度错觉和虚假运动错觉，比如滑行时飞行员眼睛的离地高度就可能导致飞行员误判滑行速度。由小飞机向大飞机改装的学员有时会出现滑行速度过快的现象。其原因在于大飞机座舱比小飞机座舱要高一些。飞行员由于坐得较高，因而选择的视觉参照物便要离飞机远一些。这便会产生滑行速度相对较慢的错觉，从而可能造成实际滑行速度过快或超过限定。

二、前庭本体性错觉

在飞行中，当我们的视觉信息受到限制时，会下意识地对来自前庭觉和本体觉的信息变得更加敏感。如果在没有其他可靠的视觉信息做参考的情况下，它们就会给我们提供错误的空间定向信息。这就是前庭本体性错觉。其主要包括以下类别：

（一）倾斜错觉

倾斜错觉是飞行过程中最常见的一类错觉。它是指飞行员将平直飞行的飞机知觉为带着坡度在飞行，或者将带着坡度飞行的飞机知觉为直线平飞的现象。比如当飞机滚转的角加速度低于感觉阈限时或者滚转速度保持恒定时，前庭器官中的半规管就会感受不到飞机的滚转，而仍旧以为飞机是在平飞。倾斜错觉常发生于仪表飞行中，飞行员因某些原因，如阅读航图等而未密切注意仪表。

（二）躯体重力错觉

躯体重力错觉是指飞机在做直线加减速运动或径向加减速运动时，因惯性力作用于前庭耳石器和本体感觉器所引起的一类错觉。在飞机做线性加速或减速运动过程中，会产生俯仰错觉（如图 14.9），例如起飞过程中突然的加速，会产生飞机处于机头上仰的错觉，而突然收油门造成的减速则会产生与之相反的感觉。此外，在视觉受限等条件下，飞机以缓慢的速度由平飞进入转弯时，飞行员会体验到飞机不是在转弯，而是在上升（如图 14.10）。反之，当飞机从转弯改为平飞时，飞行员又会感到飞机在下滑。如果飞行员相信了这些错觉而没有参照仪表进行操作，那么其结果将是非常危险的，比如失定向的飞行员可能会向前推驾驶杆，使飞机处于危险的俯冲姿态，或者过度拉起机头使飞机进入失速状态等。

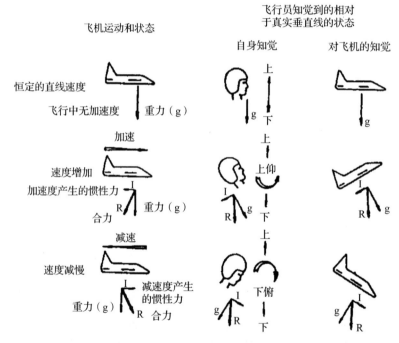

图 14.9　直线加减速飞行引起的躯体重力错觉

（引自罗晓利，2002）

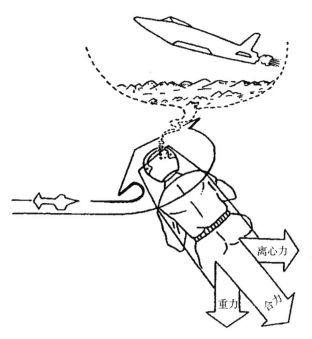

图 14.10 转弯飞行中的躯体重力错觉
（引自罗晓利，2002）

（三）躯体旋动错觉

躯体旋动错觉又称反旋转错觉，是指飞行员在受角加速度刺激后，所产生的与原旋转方向相反的旋转错觉。如图 14.11 所示，当匀速角运动持续一段时间后，管道内的淋巴液的运动速度最终会与半规管的旋转速度保持一致，从而感觉纤毛不再弯曲。当角运动停止后，管道中的内淋巴液会暂时保持原来运动方向，并使感觉纤毛发生偏斜，从而体验到与实际旋转方向相反的角运动，这就是反旋转错觉。

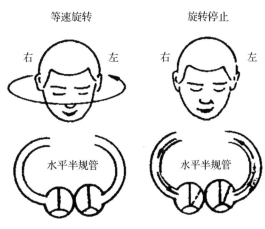

图 14.11 躯体旋动错觉发生的机理
（引自罗晓利，2002）

（四）科里奥利错觉

科里奥利错觉又称交叉力偶错觉。它是指当人体绕垂直轴旋转的同时，头又绕纵轴倾动所产生的绕第三轴滚转的一种错觉。在实际飞行中，当飞机在做盘旋、改变坡度、横滚的同时，飞行员又做低头、仰头、左右倾动头部或弯腰等动作时就最易发生这种错觉。比如飞行员在按仪表做下滑转弯飞行的同时，又转头操纵侧仪表板上的开关、旋钮等。科里奥利错觉常常突然发生，且强度大，可使人产生强烈的植物性神经反应，出现眩晕感、旋转感及翻转感等，往往使飞行员不知所措，因而易导致严重飞行事故。有人认为它是最具威胁性的飞行错觉之一。这种错觉会使飞行员迅速失去对飞机的控制。

第三节　飞行错觉的预防与克服

由于人类感官的局限性，我们不可能完全杜绝飞行错觉的产生，但是可以通过学习和训练，对其进行有效的识别和预防，以规避错觉可能带来的风险。

一、一般建议

（1）熟知各类错觉发生的条件、机理及情景，从而提高自己的情景意识。这是预防飞行错觉的首要前提。

（2）要相信和依靠仪表来进行飞行，不能凭感觉去操纵飞机。

（3）如无必要，不要同时混合使用仪表和目视信息进行飞行。

（4）在能见度不好时应及早转入仪表飞行。一旦转入仪表飞行，在外界目标不能清楚看见之前，一直要保持按照仪表飞行。

（5）避免头部突然转动，尤其在起飞、转弯及进近着陆过程中。

（6）在夜间以及能见度不好的情况下要特别警惕。

（7）要意识到身体状态如疲劳、睡眠不足以及轻度缺氧等都会加剧飞行错觉。

二、特殊建议

对于不同的错觉类型或不同的飞行阶段，应对错觉时的侧重点也有所不同，比如为了避免云层等参照物导致的错觉，飞行时就要注意不要以云层作为水平的基准，尤其在斜坡云层上飞行时应格外小心。此处以进近及着陆阶段的错觉预防为例，可采取的措施有：

（1）在不熟悉的目的地机场进近时，尤其在夜间或者天气恶劣的条件下，要做好预防这些视性错觉的准备，比如应当充分利用机场图及机场使用细则，提前知晓跑道坡度、地形以及灯光等情况。

（2）保持相对恒定的起落航线，在第五边尽可能保持恒定的起落航线高度。

（3）尽量在离跑道头的同样的相对位置点进入第四边。

（4）在同一点开始下滑，并注意俯仰角和油门设置，以便保持空速和下降速率。

（5）夜间进近时，应充分利用辅助设施，如跑道边灯和目视进近坡度指示系统（VASI），以便保持稳定的进近。

（6）尽可能多地使用其他线索来补充视觉信息。例如在"黑洞"或"白洞"机场上空进近时，应使用仪表着陆系统。如果没有这些设备可利用，则应认真监视升降速度表（VSI）以确保合理的下降速率，不致引起太低的进近。

三、克服措施

当突然产生了严重的飞行错觉而难以定向和操纵飞机时，应当：

（1）立即转入仪表飞行，反复、综合地检查仪表，并严格按照仪表指示进行操纵。

（2）在各个仪表间灵活分配好注意力，尤其要随时注意和控制好飞行高度。

（3）在外界视觉信息不清晰可见之前不做仪表与目视的混合飞行。

（4）在最低复飞点以上及时果断地复飞。

（5）积极寻求相关帮助。

思考题

1. 飞行空间定向涉及的感觉器官有哪些？
2. 半规管与耳石器在飞行空间定向中的功能各是什么？
3. 什么是飞行错觉？飞行错觉有何特点？
4. 常见的视性错觉有哪些？
5. 常见的前庭本体性错觉有哪些？
6. 如何预防和克服飞行错觉？

参考文献

［1］石荣，姜泽．基于结构方程模型的管制员组内排班影响因素研究［J］．现代计算机，2021，2，43-45.

［2］石荣，杨家忠．基于 DEMATEL 方法的管制员绩效影响因素分析［J］．中国民航大学学报，2016，34（4）：31-35.

［3］丁松滨，石荣，施和平．基于系统动力学的空中交通系统安全管理研究［J］．交通运输工程与信息学报，2006（4）：1-7.

［4］丁松滨、石荣、施和平．空中交通管制人员风险评价的证据理论模型［J］．系统仿真学报，2007（15）：3368-3371.

［5］石荣，李明捷．变权综合法在航空公司风险评价中的应用研究［J］．中国安全生产科学技术，2011，7（10），143-148.

［6］石荣，刘澜等．基于突变评价法的机务维修人员安全评价研究［J］．安全与环境学报，2011（3）：247-250.

［7］石荣，刘澜等．基于 CBR 的飞行事故及事故征候辅助调查方法［J］．空军工程大学学报，2010，11（5）：21-25.

［8］石荣．基于最优组合赋权的航空公司飞行安全风险评估［J］．交通运输工程与信息学报，2014，12（2）：36-41.

［9］罗渝川，高婧蕾，刘玉婷，罗晓利．国内管制员疲劳检测方法研究现状与展望［J］．中国民航飞行学院学报，2022，33（01）：5-9.

［10］罗渝川，韩新营，罗晓利.2006—2015 年间中国民航事故及事故征候的统计分析［J］．中国民航飞行学院学报，2018，29（03）：21-24+29.

［11］罗渝川，史晓静，杨家忠，邓雪梅．国内航线运行中威胁与机组差错的相关性研究［J］．中国安全科学学报，2016，26（04）：24-28.

［12］邓娟．疲劳和厌倦对空中交通管制工作的影响［J］．中国民航飞行学院学报，2004（4）：12-14.

［13］邓娟．对空中交通管制员的信息加工错误的分析［J］．西南民族大学学报（社科版），2004（1）：407-410.

［14］邓文颖．影响管制员注意行为的因素和注意力分配的模式［A］．中国民航空中交

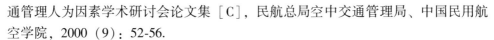

通管理人为因素学术研讨会论文集［C］，民航总局空中交通管理局、中国民用航空学院，2000（9）：52-56.

[15] 杜毅．人体生物节律理论在空中交通管制领域的应用［J］．中国民航学院学报，2004，22（增刊）：68-70.

[16] 贺弋，贺堃．生物节律与人类工效关系的探讨［J］．人类工效学，2000（1）：50-53.

[17] 皇甫恩．航空心理学［M］．西安：陕西科学技术出版社，1989.

[18] 栗继祖．安全行为学［M］．北京：机械工业出版社，2009.

[19] 刘远．关于空中交通管制员选拔工作的探索［J］．中国民用航空，2008（9）：50-52.

[20] 吕人力．班组资源管理——团队工作条件下防止"人为因素"的探讨［J］．空中交通管理，2000（6）：56-61.

[21] 罗晓利．飞行中人的因素［M］．成都：西南交通大学出版社，2002.

[22] 罗晓利．驾驶舱资源管理［M］．成都：西南交通大学出版社，2002.

[23] 黄希庭．心理学导论［M］．北京：人民教育出版社，1991.

[24] 霍志勤，吕人力，史亚杰．民航运行中的威胁与差错管理［J］．中国安全科学学报，2007（12）：60-65.

[25] 苗璇，刘永刚．国际管制员选拔综述及其启示［J］．中国民用航空，2008（12）：18-21.

[26] 郭伏，钱三省．人因工程学［M］．北京：机械工业出版社，2007.

[27] 民用航空局空管局人为因素课题组．空管人为因素报告［R］．北京：民用航空局空管局，2002.

[28] 黄久龙．空管安全纵横谈［M］．上海：上海远东出版社，2009.

[29] 牟海鹰．Enhancing TRM，Achieving Safe and Efficient Air Traffic Services［A］．人为因素与航空安全——2009国际航空人为因素研讨会论文集［C］，中国民航出版社，2009.

[30] 漆俊杰．合理安排管制室班组搭配［J］．中国民航飞行学院学报，2001（9）：6-7.

[31] 郝学芹，武国城等．空中交通管制人员心理选拔的历史及现状［J］．中华航空航天医学杂志，2001（4）：250-254.

[32] 施和平．空中交通管理新论［M］．厦门：厦门大学出版社，2001.

[33] 谭鑫，牟海鹰．空中交通管制员的情景意识与航空安全［J］．中国安全生产科学技术，2006（5）：99-102.

[34] 吴雪来，潘益军．如何打造空管班组的黄金组合［J］．空中交通管理，2008（7）：8-9.

[35] 闫少华．基于信息加工模型的管制员差错分类与分析［J］．中国安全科学学报，2009（8）：121-125.

[36] 杨家忠，张侃．空中交通管制员情景意识的个体差异［J］．人类工效学，2008

（2）：12-14.

[37] 姚虹翔.管制员工作负荷评估方法研究［D］.南京：南京航空航天大学，2007.

[38] 张春兴.现代心理学——现代人研究自身问题的科学（第2版）［M］.上海：上海人民出版社，2005.

[39] 张德，吴志明.组织行为学（第二版）［M］.大连：东北财经大学出版社，2006.

[40] 张瑞庆.加强班组资源管理研究，促进空管运行安全高效（一）［J］.空中交通管理，2001（6）：6-7.

[41] 张晓莉，阎建中.管制员疲劳的产生和预防对策［J］.民航管理，2009（6）：99-103.

[42] 朱祖祥.工程心理学教程［M］.北京：人民教育出版社，2003.

[43] C.D.威肯斯，J.G.霍兰兹著，张侃等译.人因工程学导论［M］.上海：华东师范大学出版社，2007.

[44] Endsley M R. Toward a theory of situation awareness in dynamic systems［J］. Human Factors, 1995, 37（1）：32-64.

[45] Duane P. Schultz, Sydney Ellen Schultz. 时勘等，译.工业与组织心理学［M］.北京：中国轻工业出版社，2004.

[46] Endsley M R, Garland D J. Situation awareness analysis and measurement［M］. Mahwah, NJ：Erlbaum, 2000.

[47] ICAO. Safety Management Manual（Doc 9859 AN/474）. 2009.

[48] Reason J. Human Error［M］. Cambridge：Cambridge University Press, 1990：46-52.

[49] ICAO. Human Factors in Air Traffic Control（Vol. Circular 241-AN/145）［S］. 1993.

[50] ICAO. Human Factors Digest Number［S］. 2003.

[51] ICAO. Threat and Error Management（TEM）in Air Traffic Control［S］. 2008.

[52] Worldring M. Team Resource Management in European Air Traffic Control［J］. Air & Space Europe, 1999（1）：81-84.

[53] Shappell S. A. Wiegmann D. A. A human Error Approach to Accident Investigation：The Taxonomy of Unsafe Operations［J］. The International Journal of Aviation psychology, 1997a：269-291.

[54] Shi Rong, Liu lan, Yang jia-zhong, Li ming-jie. Application of catastrophe evaluation method in risk assessment of SMS in civil aviation. 2010 WASE International Conference on Information Engineering. 2010：157-160.

[55] Eduardo Salas, Dan Maurino. Human Factors in Aviation［M］. Second Edition. Orlando：Academic Press, 2010.

[56] http：//www. carnoc. com

[57] http：//www. xmatc. com

[58] http：//scass. air-safety. com